高木仁三郎　反原子力文選

核化学者の市民科学者への道

高木仁三郎 著
佐々木 力 編　高木久仁子・西尾 漠 編集協力

未來社

1995年9月　調布の自宅にて（撮影：嶋田達也）朝日新聞「ひと」欄

1997年12月　ストックホルムでのライトライブリフッド賞授賞式にて，シュナイダー・ユクスキュル・高木

1999年10月　鴨川市における高木仁三郎と久仁子（撮影：永田忠彦）

高木仁三郎　反原子力文選——核化学者の市民科学者への道★目次

高木仁三郎　反原子力文選

——核化学者の市民科学者への道

装幀——戸田ツトム＋今垣知沙子

日本戦後学問思想史のなかの高木仁三郎——解説的序論

佐々木 力

1 自然科学思想と政治体制の相関——三谷太一郎『日本の近代とは何であったか』から学ぶ

二〇一七年春、岩波新書の一冊、三谷太一郎著『日本の近代とは何であったか——問題史的考察』が刊行され、かなり大きな話題になった。日本政治史専攻の三谷太一郎教授は、私の郷里に近い古川の偉人で大正デモクラシーの旗手、吉野作造の研究者としても知られ、かねてから私は三谷の著作の愛読者であったのだが、政党政治／資本主義／植民地帝国／天皇制という四つの項目について長年の研究成果に基づく学問的叡智を開陳して綴られた今回の著作は私の特別の関心を惹いた。熱心に読んだあと、いくにんかの友人にも奨めた。その主たる理由は、第一に、ウォルター・バジョット（一八二六—一八七七）の『自然学と政治学——政治社会に対する〈自然淘汰〉と〈遺伝〉の原則の適用に関する考察』（Walter Bagehot, *Physics and Politics: Thoughts on the Application of the Principles of 'Natural Selection' and 'Inheritance' to Political Society*, Kegan Paul, 1872）を援用しながら、自然科学思想が政治体制と密接な関係をもつことを示唆していたからにほかならない。第二に、二〇一一年三月の東日本大震災によって起こった福島の原子力発電所事故に関して、三谷はこう述懐していたからでもある。「二〇一一年の東日本大震災による原発事故によって、幕末以来の日本の近代化路線に致命的な挫折をもたらしたことも否定できません。原発には、現在および将来の日本の資本主義の全機能が集中していたからです。原発事故は、日本近代の最大の成果の一つであった日本資本主義の基盤そのものへの疑問を突きつけたといってもいいすぎではないと思います。それは、すなわち日本近代そのものへの根元的批判を惹起しました」(前掲書、二五〇ページ)。

もっとも、三谷がバジョットの所見を介して開陳した自然科学思想と政治体制との相関関係についての指摘は、それほど独創的というわけではない。十七世紀西欧の科学革命を専門学問分野とする私は、以前、ガリレオ・ガリレイの機械論的自然科学思想を、同じイタリアのニッコロ・マキァヴェッリの政治思想と引き比べ、その類似性を指摘したことがある。そのさい、エルンスト・カッシーラーが『国家の神話』において、ガリレオの『新科学論議』(*Discorsi*)とマキァヴェッリの『君主論』の思想的類似性を指摘した文面が印象的であったことが影響した。カッシーラーは書いている。「ガリレオの動力学が近代自然科学の基礎になったのとまったく同じように、マキァヴェッリは政治科学の新しい道を拓いたのであった」(Ernst Cassirer, *The Myth of the State*, Yale University Press, 1946; The 1963 Version, p. 130; 宮田光雄訳『国家の神話』講談社学術文庫、二〇一八年、二二四ページ。訳文は原文によって修訂してある)。フィレンツェの書記官のマキァヴェッリは、いわば「力の政治学」を創始した。他方のガリレオは、「力の自然科学」=機械論的自然像を切り拓いたのであった。類似性は明白であろう。

バジョットが、十九世紀自然科学と同時代の政治学との相関関係と描いたとすれば、カッシーラーは、ルネサンスから十七世紀にかけての自然科学思想と力のリアリズムの政治哲学の類似性を明解に解き明かしてくれたわけなのであった。

2　近代自然科学技術のありかたを〝進歩〟という歴史的概念を問い直すなかから位置づける

──ヴァルター・ベンヤミン『歴史の概念について』を参照しながら

今日の歴史哲学において、ドイツのヴァルター・ベンヤミン（一八九二―一九四〇）の遺作『歴史の概念について』が大きな注目を浴びている。私はその非凡な思想的洞察にかなり早くから着目し、そのために、ベンヤミン研究の先駆者で京都大学のドイツ文学研究者の野村修教授と京都訪問時にお会いしたことがある。野村修『ベンヤミンの生涯』（平凡社ライブラリー、一九九三年）は、ベンヤミンの伝記についての基本書である。『歴史の概念について』（しばしば『歴史哲学テーゼ』とも呼ばれる）の日本語テキストとその厳密な評注に関しては、早稲田大学の鹿島徹氏が、未來社から二〇一五年に、『［新訳・評注］歴史の概念について』を公刊している。その著作は、二〇一〇年に出版されたベンヤミン全集の新版の第十九巻が印刷した新テキストに基づき、既成訳と突き合わせたうえで、精確な邦訳文と詳細な注釈とを提供してくれている。私は、その書が刊行された直後の二〇一五年夏、鹿島氏と東京で面談し、その苦心の訳業についてお話をうかがったことがある。その書が卓越しているのは、読みがいある訳文と評注もさることながら、政治史的コンテクストをしっかりととらえている点である。

目下の考察のために、私は、鹿島氏の前掲『［新訳・評注］歴史の概念について』に基づいて、ベンヤミンの『歴史の概念について』の解釈を試みることとする。ただし、ドイツ語原文と対照させて、訳文は多少改編して引用する場合がある。

ベンヤミンの『歴史の概念について』は、マルクス主義的思想家としての著者が一九四〇年に自死するまで彫琢しつづけた著作である。主要な動機は、改良主義者でコンフォーミスト（大衆迎合主義）の社会民主党への明示的批判と、はっきりとは言及していないが、ヒトラーとの独ソ不可侵条約を一九三九年に締結するにいた至ったスターリン主義官僚の支配するソ連邦に対する思想的叛逆を歴史観に仮託して提示することであった。そのさい、戦後に全体主義批判を公にするハンナ・アーレントと、彼女のパートナーであったハインリヒ・ブレッヒャーとの交流が大きな意味をもったはずである。ブレッヒャーは、ドイツ共産党の反対派で、党からの追放の憂き目にあっていた。そしてベンヤミンは、恋仲だった女性の影響もあって、トロツキイのほとんどの著作をひもといていた。ベンヤミンは、独ソ不可侵条約によって、突然、スターリン主義のソ連邦に批判的になったわけではなく、その潜流は、一九二〇年代から存在したとみるのが正しい見方であろう。一九三一年六月初旬にブレヒトとのあいだで交わした討論の記録が日記のなかに書かれている。それによれば、「ブレヒトは、〈トロツキーはヨーロッパの現存の著述家のなかでもっとも偉大な人物だ、という主張には充分な根拠がある〉と考えている。われわれはトロツキーの本から知っているエピソードを、いろいろ語り合った」(浅井健二郎編訳『ベンヤミン・コレクション7』ちくま学芸文庫、二〇一四年、一四九ページ)。一九二九年初めにスターリンによって国外追放されたレフ・トロツキイは、一九三一年当時、トルコのイスタンブルから海に出たプリンキポ島で、自伝『わが生涯』をものし、その後は畢生の傑作『ロシア革命史』を執筆していた。「プリンキポ」とは王子たちの意味で、ビザンティン帝国で正統ならざる王子たちが追放された島である。近隣に位置する島のなかでは最大である。私は、二〇一四年五月下旬にイスタンブルを訪問したついでに、その島に渡ったことがある。トロツキイの元屋敷は廃墟そのもので、カモメの巣になっていた。けれども、この屋敷内で、彼は存分に健筆をふるうことができたのであった。

ベンヤミンの『歴史の概念について』に帰ることとする。彼は、党派的帰属はなかったものの、歴史哲学に関しては先鋭な観点を胚胎するにいたった。とくに、社会民主主義者やスターリン派が喧伝していた凡庸な進歩概念には、強烈な批判の刃を突きつけた。そのことは、パリで書き継がれた『パサージュ論』の草稿群Nに見逃すことのできない文面がたくさん盛られている事実から明らかである。

ここでは、『歴史の概念について』のテーゼ「XI」に集中して着目することとする。ベンヤミンがそこで批判するのは、社会民主党(ならびに共産党)の歴史観である。

社会民主党にはそもそものはじめからコンフォーミズムが巣食っていた。その政治戦術にだけでなく、経済的諸見解にもそれはこびりついている。のちの崩壊の原因は、このコンフォーミズムにあるのだ。

ドイツの労働者階級がここまで堕落するにいたったのは、自分たちこそ流れにしたがって泳いでいるとの考えによるところがいちばん大きい。彼らがそれにしたがって泳いでいるつもりでいる流れが生ずるための水路の傾斜は、技術的発展のことだとされる。

ベンヤミンの批判には先縦がいる。ほかならぬマルクスである。マルクスはドイツ社会民主党の一八七五年『ゴータ綱領』への批判のなかでこう書いていた。この綱領の定義によれば、労働とは「すべての富と文化の源泉」であるという。そこで、ベンヤミンは注意を喚起する。「マルクスは不吉な予感に駆られて、つぎのように返している。労働力以外の所有物をもたない人間は「すでに所有者となっている他の人間の奴隷にならざるをえない」、と。ベンヤミンはつづける。「それにもかかわらず混迷はさらに広がってゆき、そのあとすぐにヨーゼフ・ディーツゲンがつぎのように告知するにいたった。「労働、それが新時代の救世主の名である」」。「労働とは何かについてのこの俗流マルクス主義的概念は、労働者が労働の産物を手中に収めることができない場合にはその産物が労働者自身にどのように作用するのかという問いかけを、ほとんど相手にしようとしない。自然支配の進歩のみを認め、社会の退歩を見てとろうとはしないのだ。のちのファシズムのもとに現われることになるテクノクラシーの諸特性を、それはすでに見ている」。ここで、テクノクラシーとは、技術を至上と見なし、その権力をもっと強力にもっと広範に行使しようとする制度を指す。

俗流マルクス主義の労働概念の理解の仕方にしたがえば、「ついには自然の搾取にいたるわけなのだが、この自然の搾取をひとはプロレタリアートの搾取とは対極にあるものととらえて、無邪気な満足にひたっている」。このような自然理解と対極的に、十九世紀前半のユートピア社会主義の労働と自然のとらえ方は「自然を搾取することからははるかに遠く、自然がその胎内に可能態としてまどろんでいるものを産み出すのに手を貸しうるものである。ところが、堕落した労働概念を補完する自然はといえば、ディーツゲンの表現によれば、『無料《ただ》でそこにある』というのだ」。

ここには、「労働」と「自然」の相関関係についての重要な認識の仕方が示唆されている。批判の対象は、ヨーゼフ・ディーツゲン（一八二八—一八八八）という労働者にして哲学者をも自認した著作家に絞っている。この人物は、「弁証法的唯物論」（dealektischer Materialismus）という一時代前までには「マルクス主義哲学」のブランド名ともなった呼称を創作したことで知られる。一八八七年のことであった。この呼称は、この年にはすでに亡くなっていたマルクスによって使用されたことは当然なく、そしてエンゲルスによっても用いられたことはない。哲学ブランド名としての「弁証法的唯物論」なる哲学的概念はもとより、以上のような「労働」と「自然」の理解も、社会主義思想の通俗的解説のなかで流通するようになったということだ。

ここで、ベンヤミンが、労働の搾取というなじみの概念を使用するだけではなく、「自然の搾取」（Die Ausbeutung der Natur）という概念に重要な役割を演じさせていることが注目される。ここで、しっかりと念頭に置いておかなければならないのは、ベンヤミンの歴史認識ないし政治認識の明確な敵が、ヒトラーを頭目とするドイツ・ファシズムであったことは片時も忘れてはならない。ベンヤミンは、一九三〇年の「ドイツ・ファシズムの理論」なるレヴュー・エッセイにおいて、戦争に動員される技術を先鋭に批判し、「技術は思い違いをしたのだ。というのも、技術が英雄的な相貌と思ったものは、ヒッポクラテスの相貌、すなわち死相だったからだ」（浅井健二郎編訳『ベンヤミン・コレクション4』ちくま学芸文庫、二〇〇七年、五八三ページ）と注意しているからだ。ドイツ・ファシズムが極端なテクノクラシーを信奉していたことはよく知られている。そのテクノクラートの一部は、ドイツの敗戦後、アメリカ合州国に移った。

ともあれ、ベンヤミンが、『歴史の概念について』のなかで、近代科学技術が「自然の搾取」のエージェントとして働くことに気づいていたこと、その技術による「進歩」が同時に社会にとっては「退歩」でありうることをもしっかりと確認しておくこととしよう。

ベンヤミンは、近代科学技術を推進役とする「進歩」に大きな疑問の念を宿した思想家でもあった。鹿島徹は、『歴史の概念について』に関連する草稿から、つぎの一文に注目している。「マルクスはもろもろの革命を世界史の機関車であるという。だが事情はまったく異なっているかもしれない。それらは列車に乗って旅している人類が非常ブレーキを作動することなのかもしれない」（鹿島、前掲書、一四八ページ）。

3 「科学としての反原子力」の学問思想的系譜
——武谷三男—水戸巌—久米三四郎、そして高木仁三郎

わが高木仁三郎は、一九七五年から新しく立ち上がった原子力資料情報室の専従として働くこととなった。無給であった。ここでその情報室の初代代表になったのが武谷三男であったことは確認しておかれるべきことがらである。

武谷三男（一九一一—二〇〇〇）は、京都大学で物理学を学び、戦中には政治的な迫害にあった。戦後は、湯川秀樹などといっしょに近代科学の価値を最大限評価しながら、「科学に基づくテクノロジー」の運用について冷静で正当な判断を試みようと影響力大きい論陣を張った。武谷の科学技術論における学問思想史的位置については、水戸巌（一九三三—一九八六）の遺作論集『原発は滅び行く恐竜である』（緑風出版、二〇一四年）の末尾に「水戸巌に捧ぐ」としてまとめられた、一九八八年一月三十一日の東京での水戸を追悼する集会で話された発言を見るにしくはない。水戸はチェルノブイリ原子力発電所事故が起こった一九八六年の年末に二人のご子息といっしょに冬の剱岳で遭難死してしまい、それで、この追悼集会になったわけである。簡明に要約すれば、武谷は、核物理学者の水戸巌や核化学者の久米三四郎（一九二六—二〇〇九）、そして高木仁三郎らが畏敬していた科学者であった。だが、しばしば武谷は「科学主義者」

のレッテルを貼られる知識人でもあった。私は、幾度か武谷と直接にかなり率直な議論を闘わしたことがある。彼は、たしかに科学的知識への信頼を捨てたことはない。しかしながら、晩年は、核兵器に対しても、それから原子力発電に対しても否定的になった。おそらく、年少の科学者たちの議論が武谷をも変えたというのが実情であったかもしれない。

武谷は、近代科学一般に肯定的考えをもつと同時にマルクス主義思想の信奉者でもあった。彼は、日本においてだけではなく、ブラジルのサンパウロ大学でも大きな尊敬を集めた学者であった。サンパウロ大学の日系二世のショウゾウ・モトヤマはそういった武谷を信頼する科学史家である。

武谷を科学者として尊敬し、さらにマルクス主義思想をもかなり真剣に継承しようとした核物理学者が水戸巌であった。彼は、高木と共著で、『われらチェルノブイリの虜囚——日本原発列島を抉る』（三一新書、一九八七年）を出版している。ただし水戸にとっては遺著となってしまった。水戸の世代になると、原子力発電に対してはほぼ完全に否定的になる。まさしく、放射線が統制不可能であるという事実が、核科学的知識のうえに、ほとんど常識的に確認されるようになっていたからにほかならない。

水戸によって原子力発電所建設に反対する住民の運動への参加を求められたのが、大阪大学の核化学者の久米三四郎であった。彼の『科学としての反原発』と題された著書が、七つ森書館から二〇一〇年に出版されている。福島での原発過酷事故の直後の二〇一一年四月には、初版第二刷が出ている。私は、この第二刷本をひもとき、強い印象をもたされた。久米らの警告が実証されてしまったからであった。

私の郷里の宮城県加美町は、二〇一四年初めに、放射性指定廃棄物最終処分場の候補地となり、町民全体が調査すら拒否するという「強硬」な反対自治体として注目されるようになった。猪俣洋文町長はその反対運動の先頭に立ったのであるが、その反対の最大の根拠は——彼が町役場で私に語っていうには——「認められないのは科学的根拠からだ」であった。この立言は完全に正しい。

なお、こういった経緯に関しては、拙著『反原子力の自然哲学』（未來社、二〇一六年）の第五章「東アジアにおける環境社会主義」の第二節「他人事でなくなった放射能」を参照していただければ、幸甚である。なお、加美町の放射性廃棄物最終処分場案は幸いなことに潰えてしまった。

4　もっとも包括的でもっとも先鋭な反原子力運動の実践的旗手となった高木仁三郎
――核化学者の反原子力への道

それでは、高木仁三郎の思想は、今日どのように評価されるべきなのであろうか。

私は、今年八月二十五日と二十六日の二日間、栃木県佐野市で開催された全国和算研究集会で「和算の成立」という題目で講演してきたばかりなのであるが、佐野市郷土博物館には、田中正造（一八四一―一九一三）による足尾銅山から引き起こされた鉱毒事件に抵抗しての生涯について展示したかなり充実した一室がある。私は、その展示を総攬して、足尾鉱毒事件に抗する闘いに生涯を捧げたのが田中正造であったとすれば、日本の原子力技術の危険性に警告するための闘いに生命を捧げたのが高木仁三郎なのだと思った。

田中正造の闘いの生については、林竹二の名著『田中正造の生涯』（講談社現代新書、一九七六年）を読まれたい。卓越した教育学者によるみごとな一冊である。さらに小松裕『田中正造の近代』（現代企画室、二〇〇一年）は、現代的田中論として揺るぎない観点を提示してくれている。その「序章」は多面的な田中像を紹介しており、研究史としてとても充実している。ちなみに、すぐれた日本近代史家であった小松は、残念ながら、二〇一五年春（一九五四年生まれ）に亡くなった。今日では、環境問題への真剣なまなざしが一般市民のあいだに芽生えている中国でも、田中正造の思想が新たに生まれ出ようとしている。

高木仁三郎の生涯の概要は、岩波新書の自伝的小冊『市民科学者として生きる』をひもとけば、かなりの程度、掌握できるのではないかと思う。死去する約一年前の一九九九年九月の出版である。高木は、その書の末尾を飾っている「《声明》科学技術の非武装化を」について討論するために、一九九八年夏に当時の岩波書店の岡本厚『世界』編集長の呼びかけに応えて、私と同書店の地下の小部屋に集った。どうして高木と私かというと、それに先立って、私は、パリ第七大学の日本科学史に関する集中講義に出向いていたのであったが、ちょうど『共産党宣言』刊行から一五〇年目のその年に、期せずしてパリでその出版を記念する大きな国際会議が開催され、私はその報告を岩波書店の編集者にファックスで送付し、かつインドとパキスタンの原子爆弾実験に対する慨嘆の気持ちを伝えたからであった。ところが、討論が充分進行しないうちに、高木は用意された食事もとらず、引き上げてしまった。結局、声明の草案は私が綴り、高木が手を入れて完成稿にするという手順を踏むこととなった。高木が中途で引き上げることになったのは、結腸癌ないしその病気の可能性の告知を受け、声明どころではなくなった状況を抱えたからであった。私の草案を読んだ高木は、かなり完成度が高いと漏らしたらしい。

結局、声明は八月六日の広島の原爆記念日の日付けで完成し、国内の署名を募り、さらに海外にも発信されることとなった。その文面は、『世界』の一九九八年九月号に掲載された。

ともあれ、高木の核化学者としての生涯の本質的部分は、『市民科学として生きる』から読み取ることができるのである。高木は、一九三八年七月十八日に群馬県の前橋の医師の家庭に生を享けた。受験校である前橋高校を卒業するや、東京大学を受験し、理学部化学科に進学した。数学を愛好していたようであるが、東大の数学教員の講義に圧倒され、数学修学は断念し、本郷で化学を学ぶこととなった。それほど政治的青年というわけではなかったようであるが、同学年には文学部の樺美智子さん（一九三七年十一月八日生まれ）も在学しており、一九六〇年の日米安全保障条約反対の意志は共有したようである。

高木は核化学を専修し、大学院には進学せず、日本原子力事業に就職した。それからの現場での仕事は、彼を他の人にはまねのできない緻密な科学的判断の可能な化学者に成長させることとなる。その後、東京大学原子核研究所の助手に転身し、放射能と格闘する日々を過ごす。

そのような時代に、高木は、物理学史家として重要な著作を刊行していた廣重徹（一九二八—一九七五）が中央公論社の月刊誌『自然』の一九六九年二月号に掲載した「問い直される科学の意味——体制化された科学とその変革」（二〇—三〇ページ）を読み、大きな衝撃を受ける。当時、廣重は、日本大学理工学部の教員だった。その論考は、その後、朝日選書の一冊『近代科学再考』のなかに収録されて一九七九年に出版された。ただし、かなりインパクトの強い前年の全国学園闘争に言及した「はじめに」は、この選書版では小文字にされ、論考末に印刷されてしまっている。また、東大闘争の最中に撮影された二点の写真も割愛されている。そのなかの一点には、「研究者にとって東大斗争とは？」と書かれた立て看板が写っている。廣重のその論考の締めくくりのことばは、「科学を絶対的な善とみる価値観は転換されねばならない。科学が人間解放のための盟友となりうるかどうかは、この価値観の転換と科学の構造の変革とにかかっているのである」。

私は当時、二十一歳で、東北大学理学部の最終学年の学生で、卒業を控えていた。未だコピーも自由にできる時代ではなく、廣重の前記論文を同学年の学生たちと謄写版刷りにして印刷し、理科系学部の学生に回覧しようとした思い出がある。ともあれ、科学者とその卵にとっては重要な論考であった。

同年の一九六九年の七月、高木は東京都立大学理学部の助教授となった。そこでは、かなりの違和感をもたされたようである。（西）ドイツに留学し、そこで多くを学んだあと、結局、一九七三年八月末にそこから退職してしまう。

高木の現代科学技術に対する批判的観点は、一九七〇年には打ち出され始めている。最初に注目したジャーナリズムは、そのころ若い学生や労働者によって熱心に読まれた週刊誌の『朝日ジャーナル』であった。

高木仁三郎のみずからの生きざまについての潔さは、東京都立大学辞職の決断に示されたように、腐ったしがらみとはきっぱりと決別するという点にあると思う。彼は、『市民科学者として生きる』のなかで書いている。「自分の子どものときからの経験と反省を踏まえ、自分の前につきつけられた問題から逃げないこと、いかなる組織や権威に対しても独立を保ち、すべての問題に知的誠実さをもって対処すること、という、「自立的個人」という観点から生き、行動してきた。自分にとって原子力資料情報室も、あくまでそのような個の倫理観の延長上にあった」（一五四ページ）。この自己省察のことばは、高木から多くを教えられてきた私からみても、まったく的確だと思う。

高木の最初の言論活動は、シーボーグによって発見された猛毒のプルトニウムの危険性を総合的にとらえ、人びとに警告を発することであった。そうして先にも触れたように、一九七五年に創設された原子力資料情報室の無給の専従者としてみずからの生の軌跡を定めることとなった。東京大学で学んだ核化学の知識を全面的に活かしながらも、学者とか科学者としての身分的拘束から脱し、「自前の科学」とか「市民科学」とかいったいかなる特権的な社会的地位にもとらわれることのない科学的知識をもってモラル的に高潔な生をみずから生き抜くこととなるわけである。そのような過程で、彼が発見したのは、岩手の詩人宮澤賢治（一八九六―一九三三）の自然観なり知識像であった。

高木は、特別強烈な原子力批判の思想を当初から保持していたわけではない。むしろ、みずから学び、みずから成長してゆくという生き方を選択していったのではないか。先に田中正造についての佐野市郷土博物館展示に触れたが、私がその展示を熱心に見てまわっていると、ある篤実な館員が話しに近づいてきてくれ、田中正造は、政治家としては歩みを自由民権運動から始めたのであったが、渡良瀬川沿いの被害住民とともに、彼らからおおいに学び、「不断に成長していったのだ」と語るのであった。高木もそうだったのではないか、と私は思うのであった。

原子力一般について、高木はこう述べている。「原子力には、放射能の生命と生態系への危険性、とりわけ原発の巨大事故のリスクの問題がある。巨大科学技術システムが共通に負っている、決してゼロにはできない破局的事故の可能性、それに絡むヒューマンエラーの可能性の問題が、原子力には凝縮した形で存在している。一度でも起これば、取り返し不可能な影響を全地上の生命に与え得るような事故の可能性に対して、技術によって確率を下げるというだけでは、究極的な安心（心の平和）を人々に与えることはできないだろう」（前掲書、二一七ページ）。現代日本には未だに原子力発電所再稼働を支持する論客が存在する。彼らは、この高木の心からの警告を傾聴すべきであろう。

高木は、みずからを「理想主義者」と規定している。現代科学技術のありかたについての考えだけではなく、人間の生き方や社会の進むべき方向に関しての思想も、たしかにそうだったかもしれない。彼は、みずからの信条といったことについて、つぎのように簡明にまとめている（前掲書、二三九ページ）。

(1)人と人、人と自然が相互に抑圧的でないような社会であること
(2)平和的な暮らしが保障されること
(3)公正な社会であること
(4)このような世界が持続可能的に保障されること

高木は、「現代とくに重要になっているのは、人と自然の共生と、多様な文化・人種の間の共生の問題だろう」と注記している。ともすれば理想を失いがちな現代の日本人、ことに若者は、このことばを心に銘記すべきであろう。

高木の科学技術思想、それからもっと一般的な人間観・社会観の包括的なとらえ直しは、私が据えた狭いプロクルーステースの狭小な寝台に乗せては試みないこととする。田中正造の歴史的とらえ直しがそうであったように、今後の世代の重要な課題とすべきであろう。

5　本書はいかにひもとかれるべきか？

高木からたくさんのことを教えられてきた私は二〇一六年夏に拙著『反原子力の自然哲学』を公刊させていただい

た。未來社からであった。その年末、未來社を訪問した私は、帰りがけに西谷能英社長から、高木さんの著作選刊行についての意見を打診され、その編集を手がけてはいただけないであろうかと提案された。私は、「グッド・アイディアだ」と即答した。さっそく、以前から交流があり、高木仁三郎の連れ合い《パートナー》だった高木久仁子さんに意見を求めた。彼女はすぐ賛同してくれた。高木が原子力資料情報室の共同代表を委ねた西尾漠氏にも編集への協力を求めたところ、彼からも助力を惜しまないという回答をえた。ちなみに、高木は、晩年、私との私的対話のなかで、西尾氏を自分のもっとも信頼している盟友として言及したことがある。高木仁三郎のいわば「親衛隊」三名の編集体制はこうしてできた。

これまで出版された高木著作集というと、没後一年後の二〇〇一年秋から全十二巻で編集された『高木仁三郎著作集』（七つ森書館、二〇〇一―〇四年）と、佐高信と中里英章によって編集され、岩波現代文庫の一冊として出版された『高木仁三郎セレクション』（二〇一二年）とがある。前者は、高木の信頼する東京都立大学時代の元学生の中里英章氏によってなされた包括的著作集であり、いまなお標準的であるが、ひもとくには膨大すぎる憾みがある。後者は、手にとって参照するのには便利であるが、前者とは対照的に小ぶり過ぎる。それで、本著作選の主たる編集者としての私は、編集協力者の高木久仁子、西尾漠両名の協力を得て、精選はするものの読みがいのある一巻本を新たな読者に届けようと思い定めた。可能なかぎり、先行する二著作集には未収録の論考を収録しようと努力した。また、著作の包括的目録にもっとも通じた高木久仁子さんには、できるかぎり完全な目録を作成していただいた。こうしてできた目録に沿って、欲を言えば、後世に残るような新著作集が世に問われることが望まれる。だが、その作業は後生に委ねることとしよう。

最後に残された私の課題は、高木の反原子力思想の骨格的エッセンスを収録された論考を剔出することによって点描的に示すことである。

まず、一九九七年末にスウェーデンのストックホルムで話された「一九九七年ライト・ライブリフッド賞受賞スピーチ」を参照されるとよいかもしれない。「ライト・ライブリフッド賞」(The Right Livelihood Award) とは、「もうひとつのノーベル賞」とも呼ばれ、かならずしも体制にとらわれない人を称える名誉ある賞のことで、学識だけではなく、「正しい生きざま」をも称揚する意味を担っている。前記『高木仁三郎著作集4』には、英文が収録されている(pp. 496-505)。核化学者として、プルトニウムの使用に対する認識から説き起こし、みずからの「市民のための科学」のありかたにも言及した、とても心温まる呼びかけとなっている。翌年、高木は癌を発病することとなるのであるから、このときが彼の生涯でもっとも幸せな瞬間だったかもしれない。

ついで、「専門的批判の組織化について」をひもとかれたい、というよりも、熟読されたい。これは、一九八八年に公表された論考であるが、とくに(西)ドイツのエコロジー思想と運動から学び、いわゆる「原子力ムラ」の科学者・技術者に向けて、原子力テクノロジーのリスクにいかに対処するか警告し、きわめて学問的に水準が高い。これ以上の高い識見を打ち出せる原子力テクノクラートが存在するかどうか、思いめぐらしてみられたい。私は、この論考を公刊前に精読する機会をもったが、それ以降、高木の学識と人間性の全面的支持者になった。

そのあと、高木の事実上のデビュー作「現代科学の超克をめざして——新しく科学を学ぶ諸君へ」に進まれてはいかがであろうか。本エッセイは、『朝日ジャーナル』の一九七〇年四月二十六日号に掲載された。高木は当時、都立大学理学部の助教授であった。前年の廣重徹論文を受けて、もっと具体的、実践的に科学とそれに基づくテクノロジーのありかたの問い直しをみずからに、そして学生に迫っている。高木は、『市民科学者として生きる』のなかで、廣重の学問的姿勢の不十分性を指摘している(一一〇ページ)。その指摘の基本線は正しいだろうが、ただし、廣重に高木と同等の姿勢を求めるのは、「ないものねだり」と言えなくもない要求のような気もする。というのは、廣重は本質的に理論物理学者であり、原子核化学とその関連分野について、「専門的批判」を展開する学識は充分にもっていなかっただろうからにほかならない。その理解は、私自身に対しても当てはまるであろう。私は本来、純粋数学を専攻する数学徒であり、科学技術論は、ある分野の具体的、実践的現場においては充分には展開できない憾みがある。

十全な専門的批判のためには、「新規巻き直し」が必要になるであろう。ただし、ほとんどアカデミズムの中心部に居つづけた科学史家として、科学の隣接分野の誰の議論を支持すべきであるかの判定はかなり責任をもってできる。核化学者としての高木の応援部隊であるのは、その学者としての責任倫理のゆえなのである。高木を最初に見いだしたジャーナリズムは朝日ジャーナル編集部であった、岩波書店の編集者があとにつづいた。

高木は、一九九五年一月の阪神淡路大震災直後から、大地震が原子力発電所に及ぼす悲劇的効果について、よく認識していた。そのことは、「核施設と非常事態――地震対策の検証を中心に」なるかなり専門的な論考から明らかである。この論考は、一九九五年、すなわち阪神での大地震の直後に、『日本物理学会誌』に掲載された。福島での原発事故が「想定外」だとする東京電力の言い訳はまったくの嘘である。私は二〇一一年三月の東日本大震災を直接には経験していない。ちょうどその年の同時期に、パリの科学アカデミーからの招請で、生誕二百年を迎えるエヴァリスト・ガロワについての講演をしにフランスに滞在していたからである。パリを三月十二日午後に飛び立ち三月十三日正午過ぎに横浜の自宅マンションに到着するや、書架は崩れ、書物は津波に流されたかのような状態であった。書物を整理する過程で、原子力資料情報室が阪神大震災直後に発行した「地震大国に原発はごめんだ」なるリーフレットが見つかった。その最後のページには、「根本的な対策は原発を止めること」と唱ってあった。私は、高木の原子力テクノロジーに対する包括的姿勢に改めて感心したのだった。

本序論の執筆を終えようとする九月六日未明、北海道胆振地方を震源とする最大震度7の大地震が起こった。苫東厚真火力発電所はほぼ完全な機能停止状態に置かれてしまった。この程度の地震は日本ではどこで起こっても不思議はない、とコメンテイターは述べていた。ほとんど誰も触れていなかったようであるが、これが原子力発電所を襲っていたら、どうであろうか？　原発は稼働を前提として存在しているのである。一度目は「悲劇」、二度目は「喜劇」ではすまないと思うが、いかがであろうか？　原発は即刻、閉鎖以外の選択肢はありえないと私は信ずる。

最後に高木が亡くなる直前に書かれた長篇「現在の計画では地層処分は成立しない」に挑戦していただきたい。これは、地層処分問題研究グループ『『高レベル放射性廃棄物地層処分の技術的信頼性』批判』の第6章である。高木学校＋原子力資料情報室から二〇〇〇年夏に出版された。私はこの小冊を二〇一五年十二月に高木久仁子さんから北京の中国科学院大学人文学院まで郵送していただき、到着後、ただちに読了した。私の郷里が同様の技術で、放射性廃棄物の最終処分場候補地になってしまっていたからである。高木は、所与の時点で放射性物質にどう対処すべきか、現実的に思考しつづけた。そのような核化学者の誠実な姿勢が最後に近い時点で開陳されたのが本論考なのである。高木は二〇〇〇年十月八日、この世を去った。高木の原子力テクノロジーに対する説得力のある詳細な識見は、核化学を体系的に学び、放射能と接する現場で長年生きた一九六九年以前の経験から湧き出ていることが納得されるにちがいない。

最後の最後に、高木久仁子による附論「高木仁三郎へのいやがらせ」にはぜひ目を通していただきたい。この文面の主要部の内容は、『市民科学として生きる』中で言及されているが、そのおぞましさには改めて嘆息を余儀なくされる。このエッセイの初出は、海渡雄一編『反原発へのいやがらせ全記録——原子力ムラの品性を嗤う』(明石書店、二〇一四年)である。東京大学内では明確な反原子力の論客であった私もある種のいやがらせの対象になったことがあるが、まさしく命を懸けて闘っていた高木へのいやがらせは比較にならないほど悪質であった。

高木の科学者として人間としての特筆すべき位置は、けっして反原子力の論客という限定された立場から判断すべきではないだろう。『市民科学者として生きる』の文面のある小見出しには、「原発問題の中にすべてがある」とある(二一六ページ)。そこで小論の冒頭に帰って省みられたい。三谷太一郎教授は、近代日本資本主義のさまざまな構成要素の集約点として福島の原発事故を見ていた。高木仁三郎の思想的位置の枢要性と確実性はここから読み取れるのである。現代が、高度な近代自然科学と、それに基づくテクノロジーの基盤の上に成立していることを省みられたい。

私は一九九六年夏に岩波新書の一冊として『科学論入門』を公刊させていただいた。その年末、渡部昇一氏を中心とする保守主義的思想グループから、彼らの会議への出席の要請を受けた。その小著に対する皮肉を交えた褒めことばとともに、私が相も変わらず「左翼的言辞」を吐いていることに対する苦言を呈された。そのとき、「君と高木仁三郎のふたりがその代表だ」ということであった。私はちょっぴり誇らしい気分になった。

科学技術論における現代焦眉の問題のひとつは、医学／生物学、とりわけ人体への人為的介入にまつわる〝革命〟にどう対処するかであろう。原子力に関する問題が発生したときと同様、ほとんどその光の側面だけが喧伝されている。その「革命」に対する批判的な洞見が聞かれないわけではないが、未だに評論家的言説の段階にとどまっていると言っても過言ではない。「専門的批判の組織化」がなされなければならない秋《とき》であろう。

本書が提供できる高木仁三郎の文章は、彼の学問と人間について伝えられることがらのほんの一部にすぎない。それを出発点としながら、ぜひみずからの生の軌跡を歩み、高木をも乗り越えていただきたい。

私自身についていえば、高木仁三郎のようなモラルの高い人物に兄事ないし師事できたことは、まことにもって僥倖であったとなんの疑念もなく思う。

第一部　原子力技術に批判的にたいする根拠

専門的批判の組織化について

（初出　伊東俊太郎・村上陽一郎編『社会から読む科学史』一九八九年　培風館）

はじめに

科学史の専門家でも研究者でもない私のような人間が、このような講座でなにかしらの貢献ができるとしたら、私自身が具体的に実践の場でかかわってきた問題に引き寄せて、現在進行中の科学史上の問題を取り出してみることだろう。

自分自身に引き寄せて、ということでとくに私が関心をもつのは、六〇年代後半から七〇年代初めにかけて、世界的な規模で起こった科学批判運動の流れである（とりあえずここでは、科学批判という言葉を技術上の批判から文明批判にまでいたる広範な要素を含めて用いておく）。すでにその当初の頃から三〇年という歳月を経過しようとする現在にあっては、この運動がいかなる意味をもったのか、事実に即しながら振り返ってみる必要がありそうだ。筆者の問題意識からすれば、科学批判運動に携わってきた自分たちが、この二〇年に何をなしえたのか、ということである。

そういう観点から筆者がまっ先に取り上げてみたい問題のひとつに、批判の組織化ということがある。六〇年代の環境・公害問題の噴出や学生反乱によって提起された科学批判は、新鮮で根源的なものではあったが、多分に観念的であり、批判対象の具体性に即して緻密に切り込む力に欠けるものであった。それはいわば、緊急の異議申立ての性格をもつものであったといえよう。

そのような異議申立てを、より具体的で現実的な批判とすることに、当時すでにエスタブリッシュされた研究システムの内側にいた私は関心があった。それが批判の組織化ということである。この言葉で私が意味したい内容については、あとから明らかにするが、現在になって振り返れば、批判の組織化の必要性は、現在の科学技術をめぐる状況のなかで、ますます大きくなったと思う。しかし、私たちが今日までなしえたことはきわめてわずかなことにすぎない。

本稿では、原子力問題という私自身の関係する領域に即したかたちで、批判の組織化という問題意識とその実践について述べてみたい。とくに、私たちよりは実践面で一歩先を歩んでいると考えられる西ドイツの状況について、若干の調査を行なったので、ややくわしく報告してみたいと思う。私の知るかぎり同種の議論が日本でなされているのをあまり見かけないので、ひとつの問題提起として多少の関心を喚起できれば幸いである。

一　独立な批判とその組織化

1　独立な専門的批判

科学技術が今日のように私たちの生活に支配的な影響力をもつ以上、その健全で安全な進行をチェックし、方向づけるうえで批判的な作業が重要なことは、多言を要しないであろう。とくに、七〇年代から八〇年代にかけて、科学批判の主要な対象となった科学技術分野で、多くの人びとの生命を脅かしたり現実に奪ったりする大事故が相次ぐに及んで批判作業の重要さがあらためて見直されるにいたった。なかでも、原子力分野は一九七九年にスリーマイル島（アメリカ、ペンシルベニア州）、一九八六年にチェルノブイリ（ソ連、ウクライナ共和国）の二原発で、その問題性が誰の目にも明らかな巨大な放射能洩れ事故を経験した。

批判といっても、さまざまな次元がありそれぞれに重要である。しかしここで専門的批判といったのは、思想的ないし政治的次元における批判というよりは、専門技術的な内容に立ち入った次元での批判的検討作業を意味している。たとえば、七〇年代において原爆の安全性に関してアメリカのUCS（「憂慮する科学者同盟」）の科学者たちが行なってきたような作業である。

独立の批判とことさらに書いたのは、それぞれの科学技術を維持・推進する利害集団の利害から独立（independent）で対等な（peer）力をもった人たちによる批判の重要さということが、強調される必要があると考えたからだ。

今日、科学技術を推進する側では、研究・開発・建設・運転そして行政などの各側面を担う人たちが一体となって、一般に巨大な利害集団を形成している。この官産学を貫く利害集団は、原子力・宇宙などの分野では巨大で強力で、それゆえにその抱える利害も巨大なものとなる。そして利害が巨大であればあるだけ、外からの批判には閉鎖的になり、また内部からは批判（者）を締め出そうとする。原子力開発の歴史はまさにその歴史といってよく、それによってきわめて独善的なシステムが築きあげられてきた。

スリーマイル島原発事故のあとでカーター大統領の指示で組織されたアメリカの大統領委員会は、その報告書[☆1]のなかで「科学者や技術者も原子力装置の安全性に心を患わせてきたにもかかわらず、われわれは安全性へのアプローチが大きな欠陥をもつことを認める」と述べ、既存のシステムでは「事故は結局のところ不可避である」として、次のような勧告を行なった。

TMI（スリーマイル島）のように深刻な原発事故を防ぐためには、組織、規則、慣行――そしてとりわけNRC（原子力規制委員会）の態度と、さらにわれわれの調査した対象が典型的なものとするならば、原子力産業の態度にも、根本的な変化が必要である。

この「根本的な変化」のなかには、原子力の安全監視上の組織の改変を含み、とくに従来の一元的なNRCによる安全規制の他に、これと独立なチェック機構設置の必要性が勧告された。そしてこの「原子炉安全監視委員会」は、大統領に任命された各分野の専門家、知事、それに一般の市民によって構成され、大統領に直属し、独立のスタッフをもつものとされた。要するに、従来の原子力機関からの独立性が強調されたのである。

このように、大統領委員会という、それなりに制度内の委員会による検討結果ですら、既存機関（とくにNRC）の内側における安全性の検討・評価を信用していない。そもそもNRCは、AEC（原子力委員会）から安全規制を独立化させる試みのなかで生まれたものであるが、スリーマイル島原発事故にあたっては、さらにNRCと独立な大統領委員会が組織され、そこに主婦を含めた既存組織外の人びとが任命されており、既存の利害性からの独立のための苦心がうかがえる。

それでは、政府組織といった枠内でのこのような独立性の保障といった試みは成功しているであろうか。先述の原子炉安全監視委員会は、たしかに大統領に組織された画期的な安全監視システムとして発足したのであるが、その後めざましい活躍をせずに終わった。もっとはっきりいえば、ほとんど意味のある機能を果たせなかったといえる。

その理由は、専門性と独立性の両立の困難ということによっていると思われる。右の大統領委員会についても、すでに数多くの指摘があるように、[☆2] 委員会は専門的データをもっぱらNRCのような政府機関や企業体に依存し、委員会のなかの専門家メンバーもほとんど原子力推進に利害性をもった人たちである。したがって委員会の独立性は、非専門的メンバー、とくに市民代表のような人たちにかかってくるが、この人たちは、専門的にはほとんど力がなく、専門家が提出したデータや技術的結論はほとんどまるごとに信用するしかなくなる。スリーマイル島原発事故に関する大統領委員会の特別報告は、このような事情を反映して、「専門的には原子力に甘く、哲学的には厳しい」性格をもったものになったのである。安全監視委員会がうまく機能しえなかったのも、真に独立性を保った専門的能力が得

られなかったためである。☆3

事故の経過に立ち入って考えても、スリーマイル島の事故は、極小口径の破断による冷却材喪失からメルトダウンという、専門家たちが考えてきた事故像の死角の部分で発生した。専門性というものについて反省すべき多くの教訓がそこにはあったのであるが、アメリカでも世界のどこでも、けっしてこの事故から十分に学びとったとはいえない。そしていま、スリーマイル島をはるかに上まわる、決定的破局ともいうべき事故がソ連のチェルノブイリで起こった。それは、核技術に潜む本質的危険の巨大さをあらためて認識させる事故であったが、同時に、批判的作業が封じられた社会における技術システムが、いかにあっさりと破綻をきたすかを示す典型的な事例であったといえよう。☆4 このことに照らしても、独立の批判的作業の確立は緊急の課題であり、かつそれはまだ十分に達成されていない作業である。

2　批判の組織化

すでに示唆したように、今日私たちが実際に直面している困難のひとつの核心に、専門的力量と批判的知性の両立ということがある。考えてみれば、本来は専門的力量と批判的知性とは、車の両輪のようなものであり、両立することによってこそ、真にそれぞれが成り立ちうるもののはずである。思うに、人文科学の分野などでは、右のことは現実にもある程度通用しているのではないだろうか。

自然科学の分野も基本的には同様であってしかるべきだが、現実はおおいに異なる。とくに実験科学や工学技術の分野では、専門性の裏づけとなるような実験装置や技術情報がさながら組織の内部で占有されているため、これとは独立に専門力量をつけることがむずかしく、その一方で専門知識の内側にいる人間にとっては、自由な批判を可能にするだけの独立性を獲得することがむずかしい。

このような現実の状況のもとでは、批判的専門性は、利害集団の外側における、よほど周到な意図的・計画的な継続した努力によってしか保障されえないだろう。それを私は批判の組織化と呼びたい。そこには、個人的努力の次元をこえた文字どおりの組織的努力が必要だと考えられるからである。

私はこれまで専門性という言葉を、それ自体としては批判せずに用いてきたが、実験装置や技術情報の占有によって権威づけられるような専門性自体が、六〇年代以来の科学批判の対象であったことを忘れているわけではない。いやむしろそれこそが批判の組織化ということの出発点であった。そしてそうだとするならば、求められる批判的専門性とは、専門家集団の利害を負った旧来の専門性にたいして、たんに批判的なだけでなく、その専門性の質的転換、いわば新しい知の地平を予見させる質を内包すべきものである。

したがって批判的専門性の組織化ということは専門性の止揚という、六〇年代ラジカリズムの問題意識と無縁のものではありえないが、後者のような観念的な目標設定でなく、とりあえずは原発問題といった具体的な問題をめぐって、利害を負った専門性を批判的専門性へと止揚していこうという志向である。

組織化といったのは、専門的批判作業を行なううえで、文字どおりの組織——集団的な作業の場——が不可欠だからである。その具体的な内容としては、専門的批判作業を担う人たちの組織化ないし若手の養成、設備・資料の確保なども含めた作業場の保障と維持、市民住民運動との連携、社会的発言力の確保など、広く多様なことがらが含まれる。すなわち、批判的専門集団のひとつひとつは、けっして大きな組織でないとしても、批判作業の組織化ということ自体は、優れて社会的広がりをもった営為とならざるをえない。

もうひとつ注意しておきたいことは、実際面ではこれらのすべてに財政上の問題が大きく関係してくるということである。公的機関に寄生的に依拠するシンクタンクとまったく異なる次元で自由な批判作業を行なうことが、ここでわれわれが問題にしている独立性の本質だから、資金の問題はじつは〝組織化〟のうえで核心にかかわる問題である。

しかし、これらの組織化の実際について一般論を展開することは、さして意味もなく、退屈でもある。これらの問題は、次項以降で具体的な事例を取り上げるなかで、触れていくことにしよう。

二　西ドイツにおける独立研究機関

1　独立研究機関の台頭

右に述べてきたような、独立の専門的批判の組織化という筆者の問題意識は、七〇年代前半に、筆者が本格的に反原発運動に加わるようになって以来、その必要性を痛感してきたことである。問題意識としては遅くなかったが、具体化ということになると遅々たるものであった。

ところが、それより問題意識としては遅かったと思われる西ドイツにおいては、市民運動による独立の研究機関の設立というかたちで、筆者が右に述べたのとほとんど同じ提起がなされるや、一気に実現に向かった。そして七〇年代後半から八〇年代にかけて、この動きはひとつの運動として西ドイツ全体に広くひろがった。それは、現代科学技術社会に固有のひとつの社会現象を形成しつつあるともいえ、その点だけからも取り上げるに値することであろう。

独立研究機関の設立ということに限らず、西ドイツで環境や科学技術の問題に関連して、対抗文化的な運動が質的飛躍をとげたのは、七〇年代半ばから始まったヴィール原発反対運動を通じてであった。

巨大な資本の力と官僚機関、専門的研究機関の権威の総力をあげて原発建設を強行しようとする側と、体を張って建設を阻止しようとするライン河畔のぶどう栽培農民たちという、この時代の象徴ともいえる図式の前で、六〇年代後半に科学や技術、知のありかたなどについて、多分に抽象的に問われてきたものが一挙に具体的なかたちで問われることになった。この状況に敏感に反応した層の中心は、したがって六〇年代後半の運動に参加した人たちだったといえよう。

ヴィールの原発計画は、バーデン電力会社が、バーデン・ビュルテンベルク州ヴィールに一三〇万キロワット原発二基（加圧水型）を建設しようとしたもので、一九七三年に建設予定地としてヴィールが決まり、その年から反対運動も始まった。以後七四、五、六年と運動は次第に盛り上がったが、政治権力に守られた電力会社側の攻勢も強く、両者の拮抗関係のなかで運動側はおおいにきたえられた。ヴィール原発反対闘争自体は、一九七七年三月のフライブルク行政裁判所の判決によって、原告住民が勝訴して第一段階を終わる（その後、逆転される）のだが、その頃には他の原発反対運動の活発化と相まって、たんに個別の原発反対という次元をこえた問題意識が生まれてきた。エコロジー思想の広がり、風車づくりなどAT運動、「人民大学」の試みなどがあり、そしていわばこのような対抗文化的な試みからより政治的な結集へと向かった「緑のリスト」や「アルタナティーフェのリスト」による選挙への取り組み――のちの「緑の党」にいたる――、といった一連の社会的流動状況のなかで、「独立研究機関」の運動も始まったのである。

その運動のスタートとなったのは、フライブルクのエコ研究所（Öko-Institut）である。エコ研究所は、ヴィール原発訴訟の住民側の弁護活動の中心になった弁護士デ・ヴィットらを中心にして、G・アルトナーやロベルト・ユンクらの著名な人たちも呼びかけ人に加わって一九七七年に設立され、一九七八年から活動を開始している。

その設立の呼びかけ文[☆5]には、

> 反原発運動を中心に、住民側の立場にたった科学者・弁護士・技術者など専門家の協力の必要性はますます増してきています。しかし、たんに専門家の自発的な協力に待つというやりかたでは、政府や企業からのいろいろなしめつけのもとで、状況に立ち遅れることになりかねません。また、専門家の側からしても、経済的・政治的に孤立を強いられ、意志はあっても十分に協力できなかったり、同じ志をもつ専門家間でも十分に情報の交換や議論がやり切れないのが現状です。このような状況を考慮し、専門家たちを住民側の主体性において獲得・養成し、方向づけ、活動の場を保証するものとして、このセンターの設立を現実化することにしました。

と述べられている。

そして活動の内容としては、

(1) 環境と消費者の保護に関連した学問的な共同作業の組織化
(2) これらの分野における科学的資料の作成・検討・発行などの住民運動への情報提供
(3) 国や企業の研究機関から閉め出された科学者への援助・保証
(4) 独自の測定器の装備と小さな実験室の設立
(5) 情宣活動

があげられている。

この活動内容は、私が先に専門的批判の組織化と呼んだものに、かなり正確に重なっている。設立の当初の意図からすると、市民運動やその関係の団体などに資金的に支えられた、全西ドイツ的センター、さらには国際的なセンターの機能を担うことも考えていたようである。現実には、フライブルクのエコ研究所は、右の活動内容の(1)～(3)をおもに担う一研究機関として、あくまでフライブルクでのひとつの試みとしてスタートを切ったようだ。そしてそのことは、結果として賢明なことであった。

なぜならば、エコ研究所が全国センター化しなかった分だけ、各地で独自に研究グループを組織する試みが次々と生まれ、現在では多くのグループが競合するようなかたちになっており、それが互いに活気を与えあっていると思われるからである。

それではどれだけの数のこのような独立研究機関があるかということになると、なかなかくわしい資料がない。研究分野も原子力問題や化学公害などから、有機農業や経済問題などに及んでいて、それらのグループ全体が共同で組織している連合体のようなものは存在しない。ダルムシュタットのエコ研究所のM・ザイラーは約五〇だろう、と言い、ハノーバーのグルッペ・エコロギーのH・ヒルシュは五二と言っていたから、およそそのくらいの数に達するであろう。ただし、この数は、税法上の非営利の公益団体として届け出て認可されているいわゆる「協会」(Eingetragener

Verein）についてのもので、任意的な小研究グループなどは含んでいない。

筆者は、ささやかながら同じ問題意識と実践の方向性を共有する人間として、エコ研究所の初期の段階から連絡をとり、その後もいくつかの研究機関とは情報交換を行なってきた。さらに、原子力分野での批判的作業の実際や反原発運動の実践にかかわるやりとりをつづけてきた。このたび、機会あって、二つの研究機関を訪れることができたので、そこでの作業や研究所運営の現状を、知りえた範囲で次節以降に書いてみたい。

2　エコ研究所――ダルムシュタット☆6

エコ研究所も数ある研究所のうちのひとつにすぎない、と書いた。しかし、もっとも先駆的存在であり、著名な文化人を含む支援層をもつエコ研究所がいまも最大のものであることに変わりはない。それどころか、エコ研究所はいまや西ドイツではある種の権威ある研究機関として認められる存在となっているといえるかもしれない。

現在は、フライブルクだけでなくダルムシュタットにも研究所をもち、フライブルクでは主としてエネルギー問題とバイオ・テクノロジーの問題が取り扱われ、ダルムシュタットでは、原子力問題と化学的問題（環境汚染や廃棄物問題）を扱うグループがある（この組合せには特別な意味はないという）。私が訪れたのはこのうち、私の専門に関係したダルムシュタットのほうであったが、そこで聞いた話では、フライブルクの研究所の規模は、スタッフが約二十名で、それだけの人間の生活と作業をいちおう保障できるだけの予算規模で運営されているとのことであった。

さて、ダルムシュタットのエコ研究所は、すでに述べたように原子力部門と化学部門とをもち、スタッフは十二名でうち十名が研究者だということだった。両部門のスタッフはそれほど固定的でなく、研究プロジェクトによっては、同じ研究者が両部門にかかわるようなこともあるし、また大学の研究者との共同研究、大学生などのボランティア参加などもあるから、動いている人の数は右の数より多いだろう☆7。

このような研究機関がどのような規模で、どのような経済基盤によって成り立っているか、日本にいると想像しにくいことが多いので、かんじんの作業内容の問題に入る前に、もう少し枠組の話を紹介しておこう。スタッフは給料によって生活しており、先述の十二人というのは要するに給料をもらっている人間の数である。給与システムは、研究機関によって異なるようだが、ダルムシュタットでは一二〇〇～二五〇〇ＤＭ（ドイツマルク）程度で、経験・年齢によって多少の差をつけているとのことだった。この額は日本円にして一〇万～二〇万円程度だから、ダルムシュタットあたりでは生活費が安いといっても、ぎりぎりの額である。もちろん企業に勤めていれば確実にその倍以上の収入は得られる。

しかし、若い人たちのあいだには入所希望者は多く、理科系の大学や大学院で学んだ人、一定の研究歴をもつ研究者などで、ぎりぎりの生活に甘んじても志を貫くために、このような研究所での仕事を求めるという人はいま西ドイツで少なくない、という印象を受けた。

ダルムシュタットのエコ研究所は、住宅街にあるアパートの一階の十部屋ぐらいを借り切って使用しており、スタッフの何人かずつが入った研究室の他に共同の部屋、図書室などがあったが、手狭な印象ではあった。実験装置・測定器はいっさい設備がないが、パソコンは二台あって、ソフトウェアも比較的よく整備されていた。

研究作業の内容を、原子力分野にかぎってみてみると、原子炉の工学的危険性に関する検討と核燃料サイクル関係の仕事が中心となっている。おもな作業は報告書になっているので、最近のおもなものをあげておくと、

① Risikountersuchnungen zu Leichtwasserreaktoren Band I, II, III（1983）「軽水炉の危険性研究」第一—三巻

② Sicherheitsprobleme der Wiederaufarbeitung (1985)「再処理施設の安全問題」

③ Stellungnahme des Öko-Instituts zur beantragten ALKEM-Brennelementfabrik in Hanau-Wolfgang (1985)「ＡＬＫＥＭ核燃料会社問題についてのエコ研究所の見解」

④ Stellungnahme des Öko-Instituts zur beantragten NUKEM-Brennelemertfabrik in Hanau-Wolfgang (1985)「ＮＵＫＥＭ核燃料会社問題についてのエコ研究所の見解」

もう少し小さな作業は他にもいろいろあるが、ここにあげられたものだけを見ても相当精力的な作業である。とくに①は政府(研究・技術者)の委託によって行なわれた委託研究で、原子力グループの全メンバーがほとんど二年近くを費して行なった作業で、その研究報告は三巻二〇〇〇頁の大部なものである(彼らの仲間うちでは、〝電話帳〟の呼称があった)。その内容は、この研究に先立って行なわれた西ドイツ政府による原子炉危険性研究[☆8](これは確率論的な原発事故研究で、いわばアメリカにおけるラスムッセン報告の西ドイツ版)の逐条的な徹底批判である。政府の報告書が原発のメルトダウンといった大事故の確率は無視できるほど小さい、としているのにたいして、その分析の問題点を摘出し、大事故の確率が無視しえないことを指摘している。この業績は報告が出された当時から、西ドイツのなかで評価の高かったものだが、チェルノブイリ事故によってあらためて脚光をあびた。

②は、緑の党の委託によって行なわれたもので、再処理工場の危険性の洗い出し作業で、これも相当の専門性と作業量を要する作業である。ただし、この研究は、エコ研究所の単独の作業ではなく、あとから述べるハノーバーの「グルッペ・エコロギー」との共同研究である。

③、④は前二者のように委託研究報告の形をとっておらず、報告書もそれぞれ五〇頁ほどで大部なものではない。しかし、これらは西ドイツ内ではかなり話題を呼んだ報告書である。報告のタイトルにあるNUKEM、ALKEMというのは、ハーナウにある核燃料会社で、そこでのプルトニウム不正使用問題が一昨年以来大きな政治的・社会的問題となった。この不正使用を告発し、問題の解明を行なってきたのがエコ研究所で、同工場のあるヘッセン州(研究所のあるダルムシュタットも含まれる)でも、問題を重視して特別調査委員会をつくったり、最終的には会社側の責任者を州が告訴するというような事態の進展となった。

エコ研究所はこの問題では一貫して告発・解明側の立場でリーダーシップをとり、州政府の調査にも協力(当時の同州は社民党と緑の党の連合政権)してきたので、右の③、④もある程度、州政府や州議会にたいする報告書の意味をもっていよう。

右に見てきたように、この研究所の作業の大きな部分は、政府、州、地方自治体、さらには政党による委託研究である。もちろん、右には掲げなかったが、市民の要請に応えての日常的な啓蒙活動や住民運動の委託による作業などもあり、とくにエコ研究所の現在の重要課題のひとつは、ヴァッカースドルフ再処理工場の差し止めの住民訴訟への参加である。しかし、この側面は日本のわれわれの経験からしても容易に想像がつくが、公的な機関や政党からの委託研究ということは、日本の現状では考えられないことである。

しかも、その部分が実際には主として彼らの活動を財政的に支えているのである。会計の精確な資料を見せてもらったわけではないが、①の政府委託研究の研究費（委託費）は三〇万マルク（日本円で約三千万円）を下らないということで、計算機などの整備もこの研究費によって可能となったということだった。②の委託研究は、右よりもう一桁金額が小さい（一万マルク？）と述べていたが、それにしてもそう少ない金額ではない。

エコ研究所のM・ザイラーやB・フィッシャーによると、彼らの研究費・給与などの経費は、主としてこれら委託研究費によって成り立っており、その他に支持会員の会費・カンパ、団体などからのカンパなどがあるという。委託費と会費・カンパ的な性格の資金とで成り立っているのはどこの研究所でも同じだが、エコ研究所では圧倒的に前者の比重が大きいとのことだった。つまり、研究所を維持しうるだけの委託研究があるということである。

この事実こそ驚嘆に値することである。委託研究費で運営されているといえば、日本ではいわゆるシンク・タンクが連想される。しかし、シンク・タンクといえば、各省庁の外郭団体で、各省庁の下請的な調査活動などによって運営されているのが実情で、右に述べてきたような、批判色と独立色を鮮明にした研究機関とは、まったく比べることもできないだろう。

われわれの驚かされるのは、政府を含む公的な機関や政党が、少なくない委託費を投入して、これらの機関に批判作業を依頼するという事実である。もちろん、一般にこれらの依頼には先行して、政府機関や企業サイドに立った研究がある。そしてそれだけでは一方的なので、対等な批判的検討（peer review）が必要だ、あるいは少なくとも批判を保証すべきだ、という批判や社会的要請があって可能となったものだ。その意味では、批判的研究機関の存在は、広く世論や市民運動に支えられているのである。

3　グルッペ・エコロギー――ハノーヴァー☆9

「グルッペ」と称しているが、ここも小規模ながら研究所で、「エコロジーの研究と教育のための研究所」と自らを位置づけている。給料をもらっているスタッフは六人、他にボランティアの人と学生の協力者がいた。研究分野は原発問題と農業問題で、後者は有機農業の研究・奨励を行なっているので、エコロジーということと結びついている。

このグルッペ・エコロギーは、先のエコ研究所に比べると規模の点だけでなく、多少の異なる点が見られた。たとえば、ここでは給料は完全に平等で、ひとり一か月一二〇〇マルク（約十万円）、これに子供ひとり当り約三万円ほどの手当を出すということで、みな共働きではあるが、生活条件は厳しいという印象を受けた。

さて研究内容であるが、先の例と同じく最近のおもな研究報告をひろってみると、

① Bericht Wiederaufarbeitung-1 (1982) —2 (1983)「報告・再処理1・2」
② Sicherheitsprobleme der Wiederaufarbeitung (1985)「再処理施設の安全問題」
③ International Nuclear Reactor Hazard Study (1988)「原子炉危険性国際研究」
④ Zeitbombe AKW Stade「時限爆弾原発――シュターデ」

このうち①は二巻を合わせると九〇〇頁に近い書物の形になった報告であるが、これだけは、とくに委託研究ではないとのことだった。この研究は、マールブルクのNG-350というグループと共同でなされたもので、②の作業と合わせて、かなり徹底した再処理の危険性の解明作業となっていて、高く評価されてよい。

③は、チェルノブイリ原発事故後、国際的な環境団体グリーンピースの委託で行なわれた原子炉の危険性の国際研究で、筆者自身もその一部に加わった。この全体の研究の組織化ととりまとめを行なったのが、グルッペ・エコロギ

ーである。この研究は、チェルノブイリ原発事故にたいして各国政府が「ソ連の炉型に固有の事故」とか「ソ連ならではの人為ミス」という言い方で、真剣に取り上げなかった状況があったときに、専門に根ざした検討によって、世界各国のすべての炉型に潜在する危険性を指摘して、世界的に注目をあびた。

④は、ニーダーザクセン州議会の緑の党の委託で、チェルノブイリ以降あらためて問題となったシュターデ原発の安全性について検討したものである。本稿執筆時までに報告書を入手できなかったので右のリストには入れていないが、この二、三年のあいだの作業として、使用済み核燃料の輸送の危険性を扱った研究も、この研究所によって行なわれている。これはバイエルン州ヴァッカースドルフに再処理工場を建設する計画にたいして、ちょうど核燃料の輸送経路にあたるニュルンベルク市が、その問題点を知るために委託したものである。

これらを見ればわかるように、グルッペ・エコロギーも、非常に活発な作業をしているグループであり、委託研究も少なくない。リーダー格のH・ヒルシュによれば、グルッペ・エコロギーでは、委託研究費による収入と支持会員からの会費・カンパそしてパンフレットの売上げなどの委託費以外の収入がほぼ等しいということである。その分だけ、前述のエコ研究所よりも運動グループという感じが強く、ここでの作業は日本における筆者らの作業と重なる点が多い。また、ヒルシュのことをリーダー格と書いたが、彼自身によれば、グルッペ・エコロギーでは、給料もそうであるように全員が対等な作業者で、すべて全員の会議で物事を決定し、リーダーとか代表といった人間をおいていない、ということだった。このことにも見られるように、グルッペ・エコロギーでは研究のやりかたとか研究者と市民運動との関係についても、新しいものを追求している姿勢が見られた。☆10

4　コラート・ドンデラー事務所——ブレーメン

一九八六年の訪問のさいに訪れたわけではなく、そのときにはそれほど大きな認識がなかったのだが、その後、きわめて重要な役割をもつことが知られるようになった民間機関に、この事務所がある。私も一九九〇年以降に何回も訪れたので、ここに追加しておきたい。

特筆したいのはドンデラーの仕事で、彼はブレーメン大学で原子核工学を修めたあと、コラートとともにこの研究所（事務所）を設立し、もっぱらドイツの高速増殖炉計画ＳＮＲ―300（ノルトラインウェストファーレン州カルカー、出力三〇万キロワット）の批判にかかわってきた。

同高速炉計画は、ドイツの世論をまっ二つにするような反対を受け、とくに連邦政府が強力に推進したのにたいし、ノルトラインウェストファーレン州政府が強い抵抗を示したことで注目された。建設は段階的許可のもとに行なわれ、プルトニウム燃料の装荷以外のほとんどの建設行程が終わったところで、一九九一年、連邦政府と会社側は同炉の建設を正式に取り止めた。

最終的に同炉の計画が拒否され、九五％完成していた原子炉が破棄されたことにはいくつかの理由があり、とくに大きな世論を背景とした州政府、州議会の抵抗が無視できないが、技術的な要因をひとつあげるならば、ドンデラーの貢献があげられる。いまでも多くの人が、「カルカーはドンデラーが止めた」と言うほどである。

それはＣＤＡ（仮想的炉心崩壊事故）とかベーテタイト事故と呼ばれる、高速増殖炉に特有の最大限想定事故に関係している。高速増殖炉は炉心に核爆発に近いような本格的炉心崩壊を起こす可能性をもっている。ドンデラーらの作業は、ＳＮＲ―300炉の設計を具体的に技術的に批判して、このＣＤＡ事故の可能性が有意なものとして残ることを示し切った（体制的にそれへの十分な反応ができなかった）。このことが技術的には、ＳＮＲ―300炉否定の決め手となった。

コラート・ドンデラー事務所は、これらを主にノルトラインウェストファーレン州の委託によって行なってきた。その他にこの事務所は、ＥＰ（ヨーロッパ議会）の委託によって、チェルノブイリ原発事故を再現するプロジェクト（コンピューター・シミュレーション）なども行なっていて大変興味深かったが、全体として、原子力問題とくに事故解析が主要な政治的関心事である時代状況が終わった一九九〇年代では、必ずしも経営的には楽でないようだ。

5　西ドイツの状況――まとめ

原発関係では、この他にハイデルベルクのＩＦＥＵ（エネルギーと環境のための研究所）などいくつか活発な活動をしているものがあるが、右の二つはまず代表的な独立研究機関といってよいであろう。そしてそれらの仕事の質も量も高い水準にあることは、公的な機関がいまや彼らの作業を無視しえなくなったということだけからも明らかであろう。

たとえば、一九八六年九月の新聞で、私たちは西ドイツの二つの研究所が経済省の委託を受けて調査報告をまとめ発表したという報道に接した。その調査結果は、「原子力発電から撤退することは可能」[☆11]とするもので「政府の方針とは逆の調査結果に衝撃を受けている」という。報告をまとめた二つの研究所のひとつは「フライブルクのエコロジー研究所」と報道されている。

このように報道されると、政府から信任を受けた研究所が意外な結果を出した、という感じでわれわれは受け取りやすい。また、「エコロジー研究所」も、日本の一般の新聞の読者から見たら、公的機関のように受け取られるのではないだろうか。もちろん、この「エコロジー研究所」は、前述のフライブルクのエコ研究所にほかならず、そのエネルギー・グループの創立の歴史からしても、現在の主張からしても、この研究所に委託があれば、「一年以内に原発を止めることは可能」という結論が出ることは当然、予想される。委託する側の保守政権下の政府も、当然そのことはわかっていても、少なくともこの問題で委託する二つの研究所のうち、ひとつはエコ研究所にせざるをえなくなった、という事情にこそ注目する必要があろう。

この例に見られるように、西ドイツでは現在、産業界や公的機関の利害を負った研究報告などが発表された場合、それを批判する力をもった独立の研究グループの批判を保障し、その両者の言い分を聞いたうえで人びとが判断をしていく、というやりかたがひとつの習慣的な制度と化しつつある。それが政府の委託研究であるか、自治体や議会やあるいは政党の委託であるのか、あるいは住民自身が依頼するのか、その形はさまざまであるが、資金的にも批判作業を保障することが、当然のこととして受け止められる社会状況がある。

独立の批判的作業の展開ということは、まさにそのような社会的基盤においてこそ可能となることであり、エコ研究所やグルッペ・エコロギーの研究者たちの努力が作業を生み出しているというような単純なものではない。エコ研究所を中心とした批判的研究主体確立のための先駆的努力と、より広い社会的基盤での市民・住民運動とが相乗的に働いて今日の状態が生まれたといえよう。

もっとも、今日、西ドイツの市民運動側の人びとからは、独立研究所があまりに研究所らしくなりすぎた、という趣旨の批判をすでに耳にした。当初は市民運動のなかから、いわばそれ自体が市民運動であるかたちで成立していった専門的批判作業であるが、ここでも市民的ないし民衆的立場と専門性との両立は、容易な作業ではないということであろう。この点について、西ドイツの研究機関の実情に私なりの批判もあるが、いまは今後を見守るほうが賢明であろう。

いずれにしても、十分な独立性を保持したまま、これらの機関が今後も財政的にも存続し、活動をしつづけることは間違いないであろう。そしてその存在にとっては、市民性と専門性という二つの要素の関係はいつも緊張に満ちたものでありつづけるだろう。その緊張が知の新しいありかたを胚胎する土壌となりうるかどうか、科学論的にはおおいに興味のあるところだ。しかし、それはまた、別個の枠組において議論されるべきことのように思われる。

三　日本の状況と課題

日本の状況と書いたが、西ドイツの状況と比較検討するという意味で取り上げるべき、西ドイツの独立研究機関の対応物は、日本にはないに等しい。それが状況といってしまえばそれまでである。たとえば原子力問題をとるとたしかに日本にも、原発批判や反原発の科学者は存在する。しかし、それらはごく例外的な一、二のケースを除いて、各大学や研究機関に孤立して存在する人たちで、集団的に組織的に批判的作業が行なわれているというにはほど遠い。献身的な一部の科学者・研究者の努力によってかろうじて批判作業の水準が保たれているが、そのことはこれらの人びとの努力を印象づけるというより、社会的状況の貧困をこそ印象づけていないだろうか。

評価は別の人に委ねるが、私たちの営む原子力資料情報室は、右のような意味における独立の専門的批判の組織化の、日本における数少ない試みのひとつではないかと思う。社会科学系ではそれなりにさまざまな営みが古くからあるような気がするが、自然科学の分野ではほとんど見られない。私たちのこの十数年の経験でも、同種の性格をもったグループには他分野においてもほとんど出あっていない。

私たちの原子力資料情報室は、原発に批判的な、または反対する研究者、住民、市民運動家などの資料室、一種のたまり場として、一九七五年にとりあえずのスタートを切った。その後の日本における反原発住民・市民運動の展開や、日本の原子力開発をめぐる状況の変化によってその役割がおのずから決まってきた観があるが、筆者自身がそこにかかわってきた問題意識のなかには、当初から独立の専門的批判の組織化ということがあった。

その問題意識は、七二年に筆者がハイデルベルクで一年間の研究生活を過ごしたときに、そこで批判的科学の営みという点に共通の意識をもつ人たちと議論する過程で次第に生まれてきたものであった。問題意識は早かったが、現実の展開は、帰国後遅々として進まなかった。西ドイツの人たちにあっという間に先をこされたかたちとなったが、すでに述べてきたように、彼我の違いは社会状況全体の違いに帰せられるであろう。

日本の状況を象徴するエピソードとして、西ドイツの緑の党のJ・ミュラーが語ったところによれば、一九八六年秋に西ドイツの連邦議会の科学技術に関係する議員団が訪日したさいに、衆議院の科学技術委員会を訪れた。J・ミュラーが「日本の国会では、テクノロジー・アセスメントにどのように取り組んでいるのか、どんなプロジェクトがあるのか」とたずねたところ、科学技術委員長は「日本では(科学技術がうまくいっているので)テクノロジー・アセスメントなどというものはそもそも必要がない。したがってワーキング・グループのようなものもない」と即座に答えたという。

国会の科学技術委員会においてすら、科学技術の環境的・社会的影響にたいする評価・検討が、右のようなレベルでしか語られていない状況では、独立の専門的批判などということは、およそ社会的に問題にならないということかもしれない。

もっとも日本においても、国会や地方議会、政党などが筆者のような立場の人間から参考意見を聞く、ということはときどきあることであり、専門的な批判的見解がまったく求められていない、ということではない。しかし、この意見聴取は、その場限りの、なにがしかの謝礼金によって償われる営みであって、相応な金額の委託金によって研究を委託するというレベルとは比べものにならない。

このような状況は、政治家たちにだけ帰すべきことではない。科学史や科学評論家たちも、この問題についてまったく問題意識を欠落させてきた。私たちの原子力資料情報室は、住民・市民運動に関係した諸個人のみの支えによって維持されている。私たちはむしろそのことを誇りに思う面もあり、私たちの組織についてはそれでよいとしても、社会全体としては、それはきわめて不幸なことではないだろうか。

繰り返しになるが、今日の社会においては、科学技術の環境や社会にたいする影響を、利害と独立の立場から批判的に検討する専門作業は、その社会の健全さのために不可欠なはずである。そうならば、その作業と作業者たちを育てることは社会的要請であろう。また科学史にみても、現在の時代を特徴づける科学的営みといえるのではないだろうか。科学史家と科学史に関心をもつ人びとに、この問題への関心を喚起したい。[☆12]

☆1　Report of the President's Commission on the Accident at Three Mile Island, Oct, 1979. 引用は、高木編『スリーマイル島原発事故の衝撃』社会思想社、による。

☆2　たとえば、D. Martin, *Three Mile Island*, Ballinger, 1980.

☆3　これは、とくに日本の原子力安全委員会などには顕著に言えることで、その後に起こった一連の動燃の事態を見ればまことによくわかる。
☆4　チェルノブイリでは批判的作業は封じられ、「安全文化」がまったく醸成されなかった結果、つとに指摘されていたような技術的欠陥が放置され、チェルノブイリ原発事故にいたった。のちに容易に明らかになったことだが、チェルノブイリ原発事故は、運転員の操作ミス（人為ミス）などが主因ではなく、制御棒の根本的構造的欠陥が放置されたことに問題があった。これはのちに、政府の原子力安全監視委員会（ゴスアトムナズドール）も認めるところである。この根本の原因は民主主義の欠落とそれからくる安全文化の欠落である。
☆5　『原発闘争情報』第三七号（一九七八年八月）、原子力資料情報室。
☆6　Öko-Institut e. V., Büro Darmstadt Wirtmannstr. 45, 6100 Darmstadt.
☆7　一九九〇年代なかばには、エコ研は巨大な組織に発展し、もはやドイツの社会のなかでは堂々たる研究機関となった。一九九五年のあるとき私が訪れると、わずか数人の研究者募集に百数十人の行列ができていて驚かされた。現在、フライブルクに一〇〇人、ダルムシュタットに六〇人、ベルリンに三〇人ほどの研究者、事務員等のスタッフがいるだろうか。この数は私の概算であって正確ではない。
☆8　Deutsche Risikostudie Kernkraftwerke; Verlag Tüv Rheinland.
☆9　Gruppe Ökologie, *Immengarten*, 31, D3000 Hannover.
☆10　グルップ・エコロギーはその後、一九九四年に企業体インタックとなった（いわばシンクタンク）。中心であったヘルムート・ヒルシュはその後グリーンピースのドイツのキャンペーナーとなったので、かつてのNGO的なグループの活動はひとおとり終わったと言えるかもしれない。
☆11　一九八六年九月五日付朝日新聞。
☆12　日本においては、一九九八年に国会で議員立法になる「NPO法案」（特定非営利活動援助法）が成立し、いわゆるNPOが社会的に認められることになり、ずいぶん状況に変化が認められる。しかし、法案に言うNPOは、災害援助活動などのボランティア団体の法人化を促す目的が顕著で、ここで言うような「独立の専門的批判」を組織したようなグループには、あまり広い道が開かれるとも思えないし、社会的サポートが大きいとも思えないのは、残念なことである。（一九九八年八月）

現代科学の超克をめざして——新しく科学を学ぶ諸君へ

（初出『朝日ジャーナル』一九七〇年四月二十六日号）

六八～六九年の学園闘争におけるひとつの顕著な特徴は、かつて例をみない数の理工系高学年学生・若手研究者の闘争参加であった。彼らはみずからの専攻分野における学問への即自的懐疑から出発して、「学問とは何か」「科学とは何か」の根源的な問いかけに到達し、大学における既成の研究者と、それをささえる体制を告発した。にもかかわらず〈紛争〉が収拾され、これらの問いにたいするなんらのまともな対応の得られぬまま正常化の嵐の吹きすさぶなかで、彼ら告発の主体者たちもふたたび日常的な授業と研究に回帰せざるをえないのが現状であろう。

このことは、よく言われるように、彼らの闘争が気まぐれな、ないものねだりであったためなどではけっしてない。またかならずしも政治決戦に疲れはてたからでもない。むしろみずからの発した「科学とは何か」「技術とは何か」の問いの重みを、その核心においてとらえたがゆえにこそ、その壁の厚さにどうすることもできぬ自分を発見しているためだ。実際私の接したさまざまな学生・院生・研究者たちも、「いっさいを放棄するのでない以上、結局のところ学問研究のなかでシコシコやっていくしかないのではないか」と語り、旧来の学問のなかのいささかの〝新しさ〟に救いを求めてのめりこんでいく傾向にあるようだ。現在の科学論・技術論の大流行がこのような事情を適切に反映しているといえよう。

ところが私の知るかぎり、そのような科学論・技術論はいぜんとして旧来の学問の延長上に変革を求める科学方法論であるか、主体の側の苦渋と完全に無縁なところに身を置いた外圧的批判に終始している。しかしいまもっとも求められているのは、再度、科学とは何かの根源に立ち戻り、「現代科学の超克は可能か」についての最大限の模索をすることではないだろうか。みずからの無力さ、未だ観念的でしかない発想等々を承知しながらも、そして私自身〈科学論〉にのめりこむことを恐れながらも、あえてここに私と私の仲間たちの志向性を述べようとするのも、「科学とは何か」の問いにあくまで固執していくからにほかならない。

三つの問いかけ

現代を人類の歴史における変革期とする認識はきわめて一般化してきている。長いあいだ繁栄を誇ってきた巨大な西洋近代文明は、二十世紀に入ってその退廃が確実に感知され、現在、極限的兆候をあらわにしている。高度に発達した工業化社会と、それをささえる情報化された管理国家、そして〝豊かなる社会〟の幻想、これらを一方の極としつつ、その対極に必然のバランスをとって存在するソンミ村やビアフラの惨劇、交通戦争や公害の現実――〈近代〉がみずから露呈し、あるいは露呈を強いられた醜悪な患部がいよいよその全貌を明らかにしつつある。

今日における体制変革のエネルギーを噴出させたものは、なによりもまずこのような現実の認識であったろう。科学技術の総力をあげて核兵器を開発してきた〈近代〉の論理が現実のメニューとして私たちの明日の食卓に何を用意しようとしているかを明確にとらえるならば、私たちはみずからの生のために立ち上がらねばならないのだ。

ところで、大学闘争で自然科学（以下とくに誤解を生じないばあいはたんに科学と書く）が現代社会に果たす役割について問われた点は、次の三点に集約できるだろう。

第一に現代の科学は制度として完全に体制内化され、大学をもふくめて研究機関の近代的再編が進むにつれて、いよいよ科学の成果はすぐに技術化され、あるいは合理化の名のもとに労働者階級の収奪の道具となっていくという点である。産・軍・学協同にたいする告発もこの観点から行なわれている。

第二に科学者自身の置かれた立場の階級性ということが指摘された。現代の科学者は高度に専門化し、知的活動の排他的独占者として存在している。科学者には〝科学する楽しみ〟がある程度残されているという点で疎外の程度が労働者に比べてゆるい。本来、あらゆる人間に開放されるべき知的活動の喜びが研究者に凍結されている点で科学研究者は特権的である（ここでは主として科学と科学者について考えているので、技術と技術者については別の側面ももっていることだけを指摘しておこう）。研究の私物化にたいする批判は、この点に関係しているといえよう。

第三点は現代科学自体の人類にたいしてなしうる役割の問題である。それは科学の内部的にもつ退廃とその論理の危険性にたいする追及であった。学生たちの問いは鋭いものであったが、その立場上、主として初めの二点についてなされ、第三点の現代科学自体の内部構造を告発し、そこから現代科学をのりこえようとする方向性では、はなはだ不十分であった。

もとより近代科学は資本主義社会の発生と密接に関係しつつ、その〝制度としての科学〟として発展してきたし、逆にまた、近代科学の合理主義思想が近代社会をささえてきたのであるから、第一、第二の点と独立に科学の内容を問題にし、現代科学の退廃の問題を創造性の欠如、進歩の停滞といった問題を矮小化することはできない。しかし、であるからこそ、歴史的に規定される現代科学の状況を、その内部構造においてとらえ返し、告発していかないと「現代科学超克」への志向性は見出されないだろう。

人間欠落の果てに

近代科学は実証主義・経験主義を支柱とし、人間主体から切り離された〈客観的〉自然認識を深めることを目標として進歩してきた。いうまでもなくこれは自然をたんに生産の対象ないし道具としてだけ位置づけ、その支配を目標とする近代ブルジョアジーの論理と密接に関係している。だから自然にたいするあらゆる知見情報は、それ自体善であり進歩であるとされた。したがって、そこではよく言われるように「自然科学は自然の客観的反映にほかならない」。

自然についての研究は、それが本質的な知見を生み出しうるかという次元で問われることがあっても、それが人間にとって、いかなる価値をもつかについてはあらかじめ学問の対象から排除されてしまっている。そしてこのような、一見したところ没価値観的かつ超イデオロギー的手法こそが〝科学的〟の名をもって呼ばれている。しかしじつはこのような自然観と近代合理主義にのっかった物神崇拝的二元論（人間と科学の二元論的乖離）こそが近代科学のイデオロギーなのである。

もちろんこのような二元論が近代市民社会の発生と興隆の時期に果たした役割は十分評価しておく必要はある。中世封建社会の〝科学〟における宗教的〝人間〟と科学との未分化が、教会権力による神秘主義的な科学のひきまわしを生み、神学的科学を、人類の桎梏と化してしまった典型を、錬金術にみることができよう。

このような中世科学が人間から自律した自然認識を志す近代科学によって乗りこえられたことは、神学支配からの人間解放として高く評価されねばならないし、この点に近代科学の正当性を主張する見解は誤りとはいえない。しかしこのような二元論によって中世を克服した点にこそ、まさに近代科学それ自身の限界性が宿されていたこともまた明白な事実なのである。

人間を欠落させた科学は、かくして効率のよい発展を保証され、制度として確立されてきた。情報知識にたいする無差別的信頼は分析的・解析的手法を発達させ、科学は個別化し、せまい専門分野に分断されてくる。いっぽう、実証的認識の絶対化と物神崇拝的機械論の必然の帰結として、観測ないし実験手段への盲目的信仰が生まれ、生産技術の向上と生産力の増加にささえられて、装置の巨大化が生まれる。

ますます巨大化されつつあるプロジェクトと装置を前にして、個々の科学者ができることはますます限られ、研究は細分化され、分断化されて、全体計画のなかにおける個人の主体的展望は失われる。これまでの科学研究者にとって残されていた人間性、すなわち独創的研究への主体性はますます奪い去られ、科学者はその研究対象からも疎外される（軍事研究を拒否せよと言われても、このように全体的展望を失った研究者にとって自分のしていることが軍事研究か否かの判断は不可能なのである)。

したがって創造的研究の欠如といった問題も、それが個々の研究者の怠慢とか、無能とか、あるいは科学方法論的な誤謬といった問題に帰結すべきでなく、このような科学の状況のなかに位置づけて把握されねばならないだろう。そして科学者にとっての残された唯一の楽しみは自己の研究業績や装置にたいするまったく私的な満足しかないのである(研究の私物化の意味をこのような観点からはっきりととらえておく必要がある。それは科学の今日的状況で体制内に自己を限定した科学者の側からの必死の自己表現なのだ)。

このようにして巨大化と細分化を拡大再生産していく科学にとって、これを管理化し、システム化していくことが必要不可欠となる。こうして現代科学は、体制の側からの管理化=体制内化に抗しうるなんらの論理ももち得ない。私たちはその実例をアメリカにおける科学研究、とりわけ第二次大戦下におけるマンハッタン計画と最近のアポロ計画にはっきりと見てきた。わが国に押し寄せつつある巨大科学の波も、この例外ではありえないこともまた明々白々である。

〈近代〉の論理であり、構造としての現代科学そのものを克服する志向性を基盤としないかぎり、今日、多くたてられているような問題設定、すなわちいかにして国家権力の介入を排して研究者の主体性のもとに巨大科学を進めるかといったこと自体、さしたる意味をもたないのである。あえて極論すれば研究者の主体性などというのは言葉のアヤにすぎないのではないか。

現代科学の構造としてもうひとつ見おとしてならないのは計量化ということである。ほとんどの科学的情報は観測手段に固有の計量的表現でもたらされる。実証的認識の名のもとに絶対化される、計量化された知識は本来、計量化されえない事象と価値の近似的表現にすぎない。それなのに現代では近似表現としての計量値が〈科学的データ〉と呼ばれて物神化され、コンピューターなどの技術的発展と相まって社会を動かす力となっている(友人の指摘によれば、このような計量表現の〝近似計算性〟は近代市民社会の構成原理としての多数決民主主義にもっともよく表わされている。現在、民主主義が問われていることと科学が問われていることと根底では同じであることは無視できないだろう)。

こうして現代で科学技術は、自然の支配をほとんど完成し、残された最大の事業として、自然たる人間の支配制御へと向かっている。人間をさまざまなかたちで計量化し、コンピューターによって制御する。そして労働能率や生きがいまでも機械的に操作しようとしている。このような現代科学の実体をとらえるならば、もはや現象論的に問題にされているいろいろな側面、とりわけいわゆる産・軍・学協同なるものが、その内部構造に深々と宿っていることが理解できるだろう。

私物化された満足にだけ生きがいを見出し、科学する人間主体たることを不可能とされた科学者たちが、資本主義体制のなかに自己回転的に巨大化し、細分化していく科学を遂行しつづけていけば、日常的営為のなかからファシズム的物神崇拝の狂気が吹き荒れるのではないだろうか。

位置を転倒し、主体を形成し

現代科学はそれ自体の論理と構造において本質的に〈西洋近代〉の論理と構造であり、終局で人間の生と対立する科学である。このような科学を二面的にとらえて、その〝よい部分〟をとってよい科学としていくこともできないし、「自然科学は自然の客観的反映であるからそれ自体は超イデオロギー的価値を形成する。むしろその利用の仕方が問題なのだ」といってすますわけにはいかない。現代科学をトータルに超克することにしか私たちの方向性はないのだ。そのことは科学内的ないし学問内的に閉じた回路のなかにではなく、〈近代〉そのものが切ってすてたものを認識し、〈近代〉を超克する総体のなかにしかまた、科学の根底的変革もありえないということである。

私がいま〈自然科学〉を志すとき、私の志向する〈自然科学〉とは何だろうか(もとよりその解答は「科学とは何か」の永続的問いのなかにしか本来存在しないだろうし、それを科学と呼ぶべきか否か、学問と呼ぶべきか否かは私の関心事ではない）。それは結局、現代科学の根源的問題性、すなわち人間と自然（ないしは自然認識）とのあいだの二元論的分断を克服することにほかならない。

人間本来の精神、人間の奥底にひそむ衝動が、本来的に自然たる人間への回帰の欲求であり、あらゆる抑圧からの解放への希求であることを認識するならば、その追求こそが〈自然科学〉にとって唯一の課題なのだ。いいかえれば、近代合理主義によって合理性の名のもとに切り捨てられてきた人間の内奥の衝動を、主体の側から掘り起こし、〈科学〉と人間の位置関係を転倒することである。

このことは、現代の機械文明に絶望して超歴史的に原始太古への回帰に逃避することではもちろんありえない。それとは正反対に「社会的諸関係の総体」としての人間を自然のなかに内在的にとらえ、自然そのもののなかに人間社会を構築していくことを意味する。このように〈科学〉の課題をとらえ返すとき、〈科学〉にとってもまた体制変革こそがその実践的な志向性となる。このような方向性を、よく言われるように〝価値観の変革〟として位置づけるのもよい。

しかし繰り返すようだが、強固な物質的保証をもって存在している歴史的現実にたいして、価値観の変革もたんにイデオロギー次元の問題として存在しているのではなく、実践的なたたかいのなかに物質的基盤を作りつつ達成されていくものなのである。

このような〈科学〉の志向はすぐれて実践的な主体形成の問題を提起する。二元論的に分断化された個を克服し、人間的視座に立つことが要求されよう。それは科学する主体の必要性といった観点からではなく、行動主体として自立していく人間の〝内なる人間〟の表現こそが私たちの〈科学〉だからである。まず私たちが排他的な職業科学者・研究者（学生）の座に自己を規定することをやめ、〈近代〉の表現するあらゆる抑圧機構と実践的にたたかっていくことだ。そしてそのたたかいの質、緊張関係を〈科学〉のなかに対象化し固定化していくことだ。

このように科学をとらえなおし、主体形成をしていくことしか、はっきりいっていまの私たちにはなにも見えていない。具体的なプログラムがないではないか、と言われればそのとおりである。ただ暗やみのなかを試行錯誤的に永続的に模索しつづけることがあるにすぎない。

しかしその過程で、具体的に克服されるべき問題の若干の見通しはある。第一にあらゆる分断と個別性からの脱却ということである。もっとも低次元の問題としてはまったく個別化された個々の自然科学の止揚であり、さらには自然科学あるいは社会科学といった分断の克服であり、ひとりの人間にとっては学問か闘争かといった二者択一の克服である。このことは同時に私たちの生き方の個別性＝日常性への埋没を拒否し、人間としてのトータリティーを復権することでもある。

第二に〈近代〉によって表現されえない価値と意志の表現方法を見出していくことである。このことを通して計量化あるいは情報化の名のもとにもたらされる〈合理性〉の暴力的仮面をひとつひとつはがしていくことである（適当でないかもしれないが、このことに関して思い出される例をあげるならば、このところ〝タイムリミット〟なる言葉が盛んに用いられた。この階級的時間概念を打ち破り、人間主体の側の行動と変革のダイナミズムのなかに表現されるような時間概念を獲得できないだろうか）。

幻想を追って

私たちの志向性を具体的に物質的に保証していくような運動はどのように展開されるだろうか。いま、「学問とは何か」の問いをみずからの内なる問題として真剣に受け止めようとしている人たちのなかに、大別して二つの方向性が存在するといえよう。

ひとつは現代科学の退廃状況を独創性の欠如、本質論の欠落あるいは系統的総合的発展の展望の不在というかたちで受け止め、これに〈学問の論理〉を対置させる人たちの運動である。もうひとつは科学技術の具体的害毒、すなわち公害とか核兵器とかいったものの弊害を大衆的に明らかにし、その阻止のためのたたかいを通じて、歴史的に規定されてきた科学を編成し直そうとする運動である。これらの運動自体が現代科学への挑戦のなかに正しく位置づけられるならば、実質的な運動形態として高く評価されねばならないし、また現に闘っている人たちに私は賛同したい。

しかしそれらの闘いが未だ近代総体の超克といった思想性を獲得せず、科学者運動、技術者運動といった閉じた規定性のなかに留まっているように思えて残念である。彼らはみずからの克服したはずの〈科学者の社会的責任〉論に結局落ち込んでいるのではないだろうか。

たとえば原則的な〈学問の論理〉にたって原子核素粒子物理学の分野で既成研究者たちの退廃を追及している核共闘の思想的基盤はいまだに武谷氏流の三段階論であり、かつ系統的核物理学発展のため（現象論→実体論→本質論）の三位一体論である。彼らの直面した問題を「いかにして科学を発展させられるか」といった科学方法論的な次元に解消しようとする方向性から脱却しないかぎり、彼らの運動もまた、党派的科学者運動として風化してしまうのではないか。

公害反対運動や科学兵器反対運動に真剣に取り組んでいる人たちの運動も、現象的にあらわれた害毒を告発するという次元を克服していかないと、物とり運動や改良闘争に終わり、体制の補完物を構成するということになりかねない。現にこのような人たちの運動が免罪符的な運動に終わった例を、なんど私たちは見てきたことか。それはとりもなおさずブルジョア科学の「社会的機能」を一面的にとらえて、その再編成がまた体制の変革にもつながるとする楽観主義的な思想性によっているのではないか。

必要なことはこれらの運動をナンセンスといって放棄することではなく、またそのなかに閉じこもってしまうことでもない（もちろん〝機械ぶちこわし〟的な運動もなんら現代科学への挑戦たりえない）。具体的な運動点として、これら〈合理主義科学〉のもつ非論理性、非合理性を告発していくことは必要だ。であるからこそひとつひとつの運動の実践を通して、現代の科学技術を貫く共通の構造と論理を把握し、〈近代〉の超克の闘いへと昇華させていくことだ。

そしてさらに重要なことは、近代ブルジョアジー総体にたいする闘い（階級闘争）の総体に個としても運動としてもかかわりあっていくなかから学問内的に閉じない運動の質を保障し、なおかつ闘争全般のなかにいっさいを解消するのでなく、既成の体系をゆるがす質を導入していくことだろう。この点にこそ〈価値観の変革〉を現実化していくカギがある。

自然存在たる人間の解放のなかに方向性をみるこのような私の〈科学〉観にたいして、近代合理主義者をもって任ずるある科学者は、「科学は非情なものだ。その非情さに耐えうる人間を作ることこそこれからの科学の目標だ。君の考えはセンチメンタリズム以外のなにものでもない」と言った。あるいはそうかもしれない。また私が敬愛し、また学生の問題提起を正面から受け止めてきたある科学者は、私の考え方にたいして「それはしょせん観念の産物だ。そのようにして君が〈西洋近代〉の彼岸に見ようとしているものは蜃気楼なのだ」と断じた。

――現代科学が現実の生産関係によって規定され、制度として存在している以上、現実に根をもたない科学の志向性は観念の産物である。疎外の程度において若干の差こそあれ、一般労働者の労働と科学者の研究活動のあいだに差異はない。むしろそのように規定し、現実の科学的真理探究の場で〝物とり〟であれなんであれ現体制のもたらす不合理と闘っていくことが必要だ。変革の原点を科学の現場に見ようではないか――彼の説は私の理解するかぎり、およそこのようなものであった。

私たちの志向性はしょせん幻想を追い求めるインテリゲンチア運動の域を出ないかもしれない。しかし旧来の学問観（学問の内容のとらえ方という意味でなく、学問の存在形態のイメージの問題として）の延長上に日常的な研究生活のなかに変革を位置づけることが、かの〝民主化闘争〟に堕していく過程をあまりにもまざまざと見てきた現在、私はやはりその幻想にかけたいと思う。未だ二元論的にしか存在していない私たちの〈学問〉と闘いとが、トータルにひとつのものとして私たちのなかに存在しうる日を追い求めるのは、一片の幻想にすぎないのだろうか。

「人間の顔をもった」技術を求めて

（初出 『朝日ジャーナル』一九七八年一月十三日号）

私はここ数年来、原発反対運動にかかわるようになった。核化学という研究分野の現場で感じてきたことを通じて、現代科学の方向に疑問を抱くようになった私にとって、具体的な実践として、現代科学の生み出した象徴的存在ともいえる原子力に反対していくことは、ある意味ではきわめて自然なことだった。しかし、その一方で反原発運動にかかわっていくことは、私にとって気の重いことだった。六〇年代後半の学園闘争を契機として、自分なりの科学批判の作業を課題としてきた私にとって、それまで自分が慣れ親しんできた個別科学の方法や専門性に依拠していくことはもはや不可能なことであった。しかし、それに代わる原理については、ほとんど具体的な展望を欠いていた。そんななかで反原発の運動にかかわっていけば、それなりの「専門家」として、自らが拒みつづけようとしている科学の知識や専門性に身を委ねざるをえないことは目に見えていた。そこにためらいがあったのである。

当時の私の問題意識は、たとえば次のようなものだった。

「大学闘争以降、確かに、幾つかの貴重な試みはあった。我々自身も、『ぷろじぇ』を通じて、自らの方向性を模索し、一方において、さまざまな闘いにかかわって来た。しかしそれらの闘いを通じて、我々はどれだけのものを獲得してきたのか。今日のような科学技術と科学技術者の情況に有効に迫り、切りこみ得ていないという実感が自分にはある。少なくとも、これ迄に行なわれた理論的・実践的な試みを総括し、個的なレベルを越えるものとして、新たな実践の方向性を提起する上できわめて不充分であった。

したがって、大学闘争以降五年を経た今日、これ迄の闘いを総括し、『告発する主体』として存在した我々自身を告発しながら、科学技術にかかわる人々に、その変革をめざして、実践的な提起を行なっていくことが我々に迫られていると言えよう。」（『ぷろじぇ』一〇号、一九七四年五月）

補足すれば、ここで考えていた実践の方向性とは、科学批判、その実践としての原発反対運動や公害反対運動とは必ずしも一致しない。科学批判を一方の軸にしつつも、一方において、より積極的に科学や科学技術の変革の方向性とその具体的な可能性を示していくことが必要だった。その方向性がはっきりしないままに、しかし、私は原発反対運動にかかわるようになった。運動のなかで当然に要求されてくる専門性をもう一度検討し直してみる以外に、当面具体的な手がかりがないように思えたからである。

それから約二年足らずののち、私は次のように書いた。

「職業的な科学技術者や科学技術の場に携わって来たものが、人民の側から科学技術にかかわっていくとは、どういうことだろうか。既に触れたように、ここ数年来、実際に物を使用し、あるいは生産現場の周辺に住んでその影響を受ける人たちの側から、科学技術を問い直し、人民の側に取り戻す作業が進んでいる。未だ、その闘いは、端初的なものであるし、今後ともそれを『人民の科学』と呼ぶべきものかどうかについては疑問の残るところであるが、広範な一つの潮流が形成されていくのは確実であろう。それは商品としての『物』を前提とせず、生活過程と切り離された実験室的な実証に依拠しないという点で、はっきりと新しい潮流である。これを一種の『科学運動』『技術運動』といってもよいが、その根本は、生きるための闘い、すなわち生活過程そのものである」（『情況』一九七六年一月号）

たとえば、私が原子力に反対するのは、たんにそれが危険だからというのではなく、未来への展望を欠いた不毛性のゆえでもある。どのような技術に頼るにせよ、巨大なエネルギー供給システムを建設し、エネルギーを商品化し、消費を増大していくというやりかたは、廃熱と廃棄物の過剰を必然的にもたらし、人類をやがて破滅に追いこんでいく。また、その巨大化の過程は中央集権化の過程であり、少しずつでも社会を自由で解放的な方向に向かって進めていきたいという私たちの願いと逆行していく。そして現代の科学技術はますます社会を歪め、出口のない未来に向けて駆り立てていくという点で、すでに限界がみえているように思われた。これまでとはまったく別の原理や方法にたって、科学や技術の流れを変えていくときがきていると感じられた。しかし、そのためには、価値観や科学観の問い直し、いってみれば生活そのものの問い直しが必要となる。すなわち、「実践の方向性」は生活過程そのもののなかに求められなければならなかった。

そして先に引用した文章を書いたときの私の念頭には、各地の住民運動や市民運動の展開とともに、当時イギリスから送られてくる資料のなかに目立つようになったオルターナティヴ・テクノロジーの運動があった。その後くわしい情報に接するにつけ、また原発反対運動の現場の問題意識からも、私はこの運動について真剣に考えるようになった。

「人間の顔をもった」技術

オルターナティヴ・テクノロジーについては、すでに日本でも若干の紹介が行なわれているが（たとえば、中山茂「技術文明と人間の論理」『公明』一九七七年十一月号）、簡単な紹介をしておこう。

オルターナティヴ・テクノロジーの考えは、シューマッハの名著『スモール・イズ・ビューティフル』（邦訳『人間復興の経済』斎藤志郎訳、佑学社）のなかで提示された「中間技術」に由来する。シューマッハによれば、

近代知識と経験をもっともよく利用する大衆による生産の技術は、集中排除力があり、生態系の法則に適合し、稀少資源の使用に寛大であり、人間を機械の奴隷にする代わりに、人間に奉仕するように設計されている。私はそれを中間技術と名付ける。その意味は過ぎ去った時代の初期の技術よりはるかに優れているが、同時にかね持ちの超技術よりはるかに簡単で、安く、自由だということである。人々はまたそれを自助の技術、あるいは民主

的な技術――みんなに与えられ、すでに豊かで強力な人々のために予約されない技術――と呼ぶことができる。

シューマッハは、主として「発展途上国」における社会づくりの戦略として、中間技術を提唱した。大量の資本を必要とし、中央集権的な西洋技術を先進工業国から導入した「発展途上国」は、そのことによって、いっそう経済の自立性を失い、貧富の差を激しくさせてしまう。しかし、同じことは、先進工業国自身についてもすでにはっきりと言えるようになった。巨大な開発は環境を破壊し、地域産業を破壊し、人びとをますます非人間的な労働と生活へと追いやる。「エネルギー危機」や「食糧危機」はむしろその結果なのである。この「危機」はより巨大な原子力や核融合という「超技術」によってむしろいっそう深刻化するだろう。

このような巨大技術・巨大開発の流れに対置して、シューマッハに刺激されながら、イギリスの若い世代を中心に、地域に根ざし、小型で、「人間の顔をもった」技術にもとづいた社会のありかたを探る運動が起こった。彼らの用語法にしたがって、この技術の方向性はオルターナティヴ・テクノロジー（以下ATと略）と呼ばれている。ATの考え方の根本は、ひとりひとりが生活を築いていくための技術や生産に加わり、管理していくということである。そしてシューマッハの提唱しているような小規模の技術に頼り、他の地域や人びとを抑圧したり侵略したりしない範囲で生活を築いていくことが基本となる。このことはまた、将来の世代に悪い環境や影響を残さない、ということでもある。

それを実現するためには、

(一) 社会の基本的な構成単位を小さくし、その範囲で自給的に生活する。
(二) 使ってしまえばそれまでのような化石燃料など非更新性の資源にたよらず、更新性の資源の範囲で生活する。
(三) 同様に廃棄物（ゴミや廃熱）は自然の循環に戻せる範囲に抑え、
(四) 中央集権的な巨大技術には依存しない。

というのがATの技術の大枠の理念である。

しかし、ATの運動のすぐれた点は右に紹介した理念にあるわけではなく、ATの考え方にしたがって生産し生活していくことが具体的に可能であることを、運動者たちの生活実践を通じて示しつつあることである。そしてこれまでのコミューン運動にありがちだった閉鎖的でストイックな方向ではなく、解放的で創造的な方向で運動が発展していく可能性がうかがわれることである。

技術的な側面をみれば、要するに、太陽エネルギーの恵みの範囲で生産し、生活するということであり、そのほうが人間にとっても自然だということである。もちろん、これは、大規模な太陽集光器を使って、巨大な太陽発電所をつくるなどというお役所や大企業の考えることとはまったく異なる。具体的には小規模な風車や水車の発電や動力の利用、太陽熱の集熱パネルを利用した暖房、有機農法にもとづいた食糧生産、微生物による発酵法にもとづいたメタンガス燃料や肥料の製造などがあげられる。

これらの個々の技術の多くは古来から人間が自然を利用してきた方法であり、ことさらにATなどといわなくても、日本でもすでに多くのグループ、コミューンで試みられていることだろう。しかし、ATの運動は、昔に帰ろうということではなく、私たちが得てきた自然や技術についての知識や経験をフルに活用しながら、土地土地の自然の条件に合わせて自立的な生活を築いていくということである。現在、イギリスやアメリカには、おそらくATのグループは一〇〇以上もあると思われるが、そのなかにはすでに自給的な生産に成功しているものもいくつかあり、地域の自立へと運動がひろがっているケースもある。そしてその経験を踏まえて、ATの技術にもとづいた社会づくりの具体的な提起が行なわれるまでになっている。

たとえば、イギリスにおけるATの運動の旗手のひとりであるゴッドフリー・ボイルは、その著『リビング・オン・ザ・サン』で、ATの技術を基本とした社会が、現在のイギリスの人口と自然条件を前提として可能であることを簡潔に説いている。もちろんそのためには、現在のような資源やエネルギーの浪費のうえに成り立つ社会と生活を変えていかなくてはならない。しかし、それは文化の水準を下げるとか、時の流れを逆に戻すとかということではなく、たとえば地域における生産と生活（消費）を直結することにより、現在のような膨大なエネルギーのムダ遣いをなくすといったことを通じて可能となる。ボイルの書はそういった社会への入口を指し示したという段階であるが、生産と創造をひとりひとりの大衆のものとする社会や技術のありかたを示唆してくれる。

数や力の論理に頼らぬ生活運動

ATを一言で表現すれば、インドにおけるATの運動の担い手であるレディ博士に従って、「不平等を減らすための技術」ということになるだろう。しかし、不平等を減らすことが、技術そのものや技術的努力によってできるはずはない。それは、より人間的な努力、社会的・政治的な努力によってしか可能とならないだろう。現在ATが社会的な規模で実践に移されつつあるのはインドであるが、そのインドでもATの計画をすすめるうえでさまざまな困難が報告されている（たとえば、『ニューサイエンチスツ』誌七七年六月九日号所載のジョセフ・ハンロンの報告）。大企業や中央のエリートたちがATの計画に介入し、さらには利潤追求の道具としてしまうのである。ハンロンは次のように述べている。「労働者が生産と市場を管理できるような方向にラジカルな変化がないかぎり、ATが貧困化した大衆を救い、インドの二重社会をいくらかでも変えていくような望みは少しもない」。

私自身も最初にATについての報告に接したときは、社会変革のための大きな力とはならないように思えた。技術的な問題や私的な生活次元の問題にかかわることが、どれだけ社会を変えていくことの原動力になるのか、はなはだ疑問に思われた（実際ATにかかわるコミューン運動は、技術的な具体性——たとえばどんな風車を取り付けるかとか、農場の肥料をどうしてつくるかとか——にこだわらざるをえなくなり、少数者の閉じた運動となって、本来の不平等を減らす、なくすという鋭い社会的な問題意識を失っていく傾向を今日ももっているように思われる）。

しかし、やや別のきっかけから、私はATを見直すようになり、自分なりに実践してみようと思うようになった。最近私は、自分のかかわっている運動の内部で起こった一連のできごとを通じて、自分たちのこれまでの運動を点検する必要に迫られた。そしてその点検の作業を通じて、自分たちの運動、いや私自身が、運動の目標を達成する有効性を重んじるあまり、これまでいかに数や圧力の論理に頼り、専門的な能力に依存してきたかを、あらためて痛感させられた。そしてその原因を突き詰めた結果わかったのは、運動の課題やすすめ方とどこかしら離れたところに自分の生活を設定していることだった。私たちが望ましいと考え、運動がその方向をめざしている社会における生活と、現実の私たちが強いられている生活のあいだには大きな隔たりがある。しかし、その隔たりを埋めていく努力を生活次元でもしていかないと、運動が何をめざしているのかもはっきりしなくなる、ということだった。

ひるがえって、自分のこだわりつづけてきた科学批判について考えるとき、やはり同じことがいえた。密室的な実験室における科学を大衆的な知へと解放するといった理念的な批判に終始し、その大衆のひとりとしての自分の生活次元の問題として、自然認識や技術の問題がとらえられていない、ということを感じた。そうした観点からすると、大衆が自らの生活を築いていく実践のなかで、科学や技術を取り込み、問い直していくという点で、ATの運動の意味は大きいと思われた。そうして、私もある農場にかかわるようになり、また別の風車づくりのグループにも加わるようになった。

ことさらにATなどといわないでも、日本も、有機農法やメタン製造にかかわっている個人やグループ、コミューンも多くあり、風車づくりを始めている人たちもいる。そういう人たちの経験をさし置いて、問題意識の建て直しにとりかかったばかりの私がATの実際についてこれ以上とやかくいうことはできない。

ただ、科学の問題にこだわり、科学や技術の流れを変えていきたいと思っている立場から、ATについての若干の私見を述べておきたい。

自然認識の枠組みを変える必要性

オルターナティヴ・テクノロジーに見合った科学の領域を指すものとして、オルターナティヴ・サイエンスという言葉もある。しかし、この言葉はオルターナティヴ・テクノロジーほどの具体的なイメージを私たちに与えてくれない。ATも、それに必要な自然認識を現代科学の手法や知識に依存しているのが現状であり、そこに弱さが感じられる。私自身、稲づくりや風車づくりにかかわってみて、自分の身につけてきた科学の方法や知識が、ある具体的な土地の具体的な自然条件のなかでは、ほとんど役に立たないということをいつも思い知らされる。このことは、私がかかわってきたのが基礎科学だったから、ということではすまされなくて、実験室の中にセットされた自然を取り扱い、そこから普遍的な認識に到達するといった枠組みが、地域の自然の固有性を大事にし、そこに自立的な生活を築いていこうとするATの考え方となじまないのである。ATが意味をもつには、技術の問題にとどまらず、自然認識の枠組み全体の変革がどうしても必要だと思われる。

おそらく同じ意味のことを、中山茂は先にあげた論文のなかで、「対抗的(オルターナティヴな)パラダイム(範例)」という表現を使いながら、次のように言っている。

それは中央集権主義に対する地域主義の論理であろう。それは公教育システムに対する開かれた市民の啓蒙と参加の場となろう。それは専門家絶対主義に対するに、市民の納得する対抗技術となろう。要するに、統治と支配の論理に対するに、個人としての生活感覚から出発する人間の論理にもとづくものである。

この対抗的な価値基準は、まだシステムとして出来上ったものではないが、現代の市民運動、科学運動の目標は既存慣行のパラダイムに対して、変則性を提示して、パラダイムに修正を加える、ということではすまないだろう。新らしいパラダイムとして定着してゆく対抗するシステムを模索しているものだろう。

しかし、パラダイムの変革というふうに問題を立てれば、すんなりといくというわけではない。ATが技術の問題にこだわりすぎ、現実の社会を変えていく力にはなりがたいのではないか、という批判についてはすでに述べた。さらに厳しい批判の声としては、「ATは少数者のためのオモチャにすぎない」という決めつけもある。私自身も同じ疑念をぬぐい去ることはできない。

現代の科学や技術のひとつの大きな問題は、科学的・技術的努力によって、社会的な問題を解決できるとかたくなに信じ切るその立場にある。そこから、現在ある科学や技術の枠組み（パラダイム）に固執して、その上に問題解決をはかろうとする科学主義・技術主義の立場が生じる。そしてATの運動が、「人間の顔をもった」技術を志向して、技術的努力にこだわりすぎれば、同じおとし穴に陥るのではないかと思われる。

だから、現実の科学や技術の動向、公害や労働の現場から批判的な視点を取り出す作業と、新しい科学や技術の流れをつくっていく作業とは、いつも相補っていかなければならないのではないだろうか。科学批判の立場、その実践としての反原発などの運動と、新しい枠組みを模索していく立場、その実践としてのATの運動とを車の両輪としていきたい、というのが当面の私の立場である。そのうえで、この両者がひとつの枠組みのなかでとらえられるようになったとき、私たちははじめて、これまでの科学や技術とパラダイム的にも異なる知の地平について、具体性をもって語ることができるのではないだろうか。

くらしからみた巨大科学技術

（初出　『国民生活』一九七九年七月号）

近くて遠い科学技術

本日の新聞には、アメリカでのDC—10機の事故に関連して、すべてのDC—10型飛行機の無期限の飛行停止命令が出されたことが大きく報道されている。事故以降のDC—10に関する報道をみていると、スリーマイル島原発事故と問題の本質が酷似していることに、いまさらながら驚く。飛行機のように歴史が古い技術でも、巨大化にともなって全面飛行停止をせざるをえない問題が出てくるのである。エンジンの懸垂装置に設計ミスがあったのではないか、との疑いが出ているようであるが、そうだとしたら、大型飛行機の長期的飛行に伴なう機械的疲労をコンピュータ計算が十分予測しえなかったということではないだろうか。

いまほど、科学技術と生活のあいだの距離が、近く、そして遠い時代というのもなかったろう。それはとくに、現代科学技術のもっとも特徴的な側面である巨大科学技術に関して言えることだ。大型飛行機や巨大空港、原子力発電所や巨大な石油基地などは、私たちの日々のくらしのなかで、否応なしに出くわすものだ。毎日聞いている天気予報も、宇宙技術と大型コンピュータなしにはやっていけなくなってきた。その意味では、巨大科学技術はきわめて「身近」になったはずである。

ところが、こういった巨大科学技術にかかわる問題が毎日の新聞をにぎわすわりには、それらは私たちの手の届かないところにあって、生活者の感覚からは問題がみえにくい。原子力発電所に見学に行ってみても、なにやら大変なことをやっているところらしい、という程度の印象で、原子力発電の全体像がリアルな存在感をもって伝わってこない。

それは、科学のことはむずかしいから、ということでは説明がつかない。じつは、巨大科学技術の現場の人間にとっても、事情は同じなのである。私自身もずいぶんそういう経験をしたことがあった。たとえば、あるとき、私は自分の研究グループのリーダーから、目の前にアポロ13号がとってきた月の石のかけらを差し出された。その放射能分析をしてくれないか、というわけである。

若干のやりとりがあったが、結果として私は、その依頼を断わってしまった。「夢にまで見た月の石の資料が手に入ったというのに、絶好のチャンスをふいにするとは。君の気持がわからない」というのが、そのリーダーの言葉だった。

しかし、私にとってみると、まぎれもないあの巨大なアポロ計画の結果としてあるこのちっぽけな石のかけらと、その計画の全体とがどうにもつながってこなかった。宇宙計画にたいする批判からというよりも、この石に私の関心を集中してしまうことによって、いっそうその全体が見えなくなることに、なにか空恐ろしいものを感じたから断わったのである。

システム全体が巨大になればなるだけ、個人の担う役割は細分化され、人間は機械のひとコマとならざるをえなくなる。そしてその研究の全体や意味について見透すことができなくなるとともに、人間的な感覚を自分の研究や作業に反映させる可能性をなくしていく。ひとりひとりの科学者や技術者は、細分化された問題にそれなりに一生懸命に集中するわけだが、そうなればなるほどそれらが集合されてできあがる全体のシステムが見えなくなるのである。そうしてできあがっているシステムの典型が原子力発電システムである。

そんなとらえようのない怪物のようなシステムが、どんなふうに振る舞うかを見せつけたのが、スリーマイル島原発の事故であった。「いろいろ原子力の問題を勉強していたが、どうもピンとこなかった。ハリスバーグの主婦が子供を抱いて避難する写真をみて、はじめて現実感が湧いてきた」とある主婦が言っていた。私は、この感じ方は正しいと思う。

そこのところをやや科学技術的なサイドからみてみよう。

原子力は実証的な裏づけのない技術である。原子力を構成する個々の技術は、実証的な研究・開発の積み重ねによって、ある程度向上させることができる。しかし、それらを総合してできあがる全体のシステムの機能については、実証的に確かめようがない。たとえば、今度の事故で、ECCS（緊急炉心冷却装置）の有効性ということが問題になった。ECCSとは、原子炉の冷却水の洩れなどが起こって危機状態になったときに、別の系統から非常用の水を注いで、空だきになるのを防ぐための装置である。そしてこの装置の有効性を実証的に確かめようとすれば、事故に近い状態を何回もつくりだしてみて、そしてときには実際に大事故を発生させて、機能を調べ、不都合な点を改良するというような手続きが必要となる。

しかし、そんな実験のできる場所は、この地上にひとつもない。大規模な放射能洩れは、核戦争にも匹敵する被害をもたらすからである。そこで、この欠点を補うものとして、コンピュータ計算が登場する。実験的にカバーできない側面、とくに、細分化された技術をつなぎ合わせてできた全体のシステムが、ポンプの停止や冷却材洩れという異常事態の発生によって、どんな影響を受けどんなに振る舞うかを、コンピュータ計算で予測する。それはあくまで机上の計算であって、実験ができない以上、その計算がほんとうに現実を反映しうるのかどうか、誰も保証できないのである。「現実感がない」原因はなによりもその点にあるのである。

そしてそんなコンピュータ計算のとおりには現実が進行しない、ということを実際に示したのが今回のスリーマイル島原発の事故であった。それは、ポンプが止まったり、冷却水が失なわれたりしたときに、原子炉がどうなるかを示すひとつの実験であったといえる。だからこそ現実感があったのである。

そのことは、事故の現場に居合わせた技術者・運転員がいちばんよく知っているだろう。彼らも、原子力発電所が全体としてもつ意味を、事故への対応やその後の事態の経過のなかで、はじめて現実感をもって考えさせられたことだろう。

技術的な問題についてさえそんな状況であるから、ましてや原子力問題の全体について、あるいはさらに巨大科学全般について、その社会や文明のありようとの関係まで含めて、いわゆる専門家に問題をあずけてしまうわけにはいかない。原子力産業の現場での経験から原子力について根源的な懐疑を抱くようになり、GE社を辞職した三人の技術者（ブライデンボー、ハバード、マイナー）は次のように言っている。

「原子力産業は、細分化した専門家たちの構成する産業となってしまいました。これらの専門家たちは、この工学技術の部分部分を推進し精巧化しようとしていますが、それらが私たちの社会に全体としてどんな影響を与えるかなど、ほとんど気にかけないのです」。

私たちひとりひとりが、生活者としての実感にもとづいて科学や技術について考え、巨大化への流れを変えていかなければならないときにきているのである。

自然のなかに生の基盤を

それでは、前述のような巨大科学技術への反省にもとづいて、好ましい技術のありかたとしてどのようなものを考えていったらよいのだろうか。まず、くらしの現場の体験や実感が技術の設計や運転に反映されることが望ましい。そのためには、誰でも近づきえて、誰でもその運営に参加できるような技術のシステムが望ましい。おのずから、小規模で各地域の生活のなかに組み込まれたような技術が中心とならなければならないだろう。これからの社会を考えた場合、それを本当に豊かなものにするために必要なのは、エネルギーでも工業技術でもなく、民主的で創造的で多様な人びとのありようを保証するということだろう。

そのようなありようの対極にあるのが巨大科学技術である。スリーマイル島原発事故の原因に関して、アメリカでも日本でも「人為ミス」説がさかんに言われている。もっとも、科学的な観点から事故の経緯を検討していけば、問題はけっして運転員のミスにあるわけではなく、原子力技術の本質にかかわっていることがわかる。しかし、それはそれとして、「人為ミス」説は、原子力技術がミスの許されない技術であることを示している。実際、今回の事故に関連して、運転員の資格のチェックや核施設の警備の強化に当事者のもっぱらの関心が集中している。

しかし、ミスの許されない技術や物資——たとえばプルトニウムのような——に頼ることほど、非人間的なものはない。神ならぬ人間にとっては、ミスやまちがいはつきものである。むしろ、ミスの許される社会こそが人間的な社会といえるだろう。巨大科学技術に依存した社会は、ますます画一的で非人間的な管理社会にいきつかざるをえない。

科学技術のありかたに関連して、私たちは自然についてどう考えるべきだろうか。環境という言葉が、現在のような意味において使われるようになって久しい。しかし、この言葉には、私たち自身とそれを取り巻く自然とを対置させて、後者をひとまとめにして環境といっているようなニュアンスがある。環境アセスメントとか環境保護というときにも、人間にとって都合のよい環境といった、便宜主義的な把握が行なわれているという印象を私は捨てきれない。実際は、私たち自身が地上の自然の一構成要素なのであり、その自然のリズムとともに私たちの生が存在するのである。

近代科学技術は、神や聖書に絶対の真実を求める宗教的世界観から人間を解放し、自然そのもののなかに真実を求めるところから出発した。しかし、この思想は時代とともに、人間と自然とを対峙させ、自然を利用し、克服する対象とするようになった。そして人間の刹那的な欲望に合わせて、自然をつくり変えてきた。

しかしながら、人間自身が自然な存在である以上、自然をつくり変える行為のツケは、最終的に人間にまわってくる。これが、環境問題として現在現われてきたことの本質である。現代科学では、この危機を生物や人間自身をもつくり変えるという方向で片づけようとしている。これが管理社会化や遺伝子組み替えといった流れである。

そうあってはならないと思う。そんな科学技術の方向に永続的な展望があるとは思えないが、現在の流れをほっておけば、そういう方向に向かわざるをえない。仮にそれによって、一時的にはエネルギーや食糧が保証されたとしても、その社会は著しく非人間的なものとなり、私たちの生の質は貧弱なものとなるだろう。私たちは、もう一度、自然のなかに生の基盤を求めるという原点に立ち戻らなければならない。


そういった観点から、私たち自身やその子孫まで含めた自然を維持し、かつ、ひとりひとりの創意を重んじた生活や技術のありようとして、いまAT——もうひとつの技術——の運動が世界的に起こってきている。その具体的な事例や問題点については別の場所で紹介したので、ここでは詳述しない（拙著『科学は変わる』東経選書、G・ボイル著『太陽とともに』教養文庫、を参照してください）。

ここでは、本特集との関連で、エネルギー問題に絞って考えてみよう。ATのエネルギー技術にたいする考え方をひと口で言えば、
（1）社会の基本的な構成単位を小さくし、その範囲でエネルギー的に自給していくことを基本とする。
（2）使ってしまえばそれまでのような、化石燃料などの非更新性の資源に頼らず、太陽エネルギーを中心とした更新性の資源の範囲で生活する。
（3）中央集権的で、処理しようのない廃物（ゴミや廃熱）をつくりだすような巨大エネルギー技術には依存せず、自然のエネルギー循環に適合するような技術に依存する。
これらの思想の具体化は、すでに、小型の風力発電、太陽熱暖房、廃棄物を利用した醱酵法によるメタン製造、などのかたちで始まっている。これらの技術が現実化するのに大きな技術的な障害があるとは思えない。それを妨げているのは、相変わらず資本集約的な巨大科学技術を志向する国家や大資本の態度であり、石油の大量消費に依存した

社会のなかでがんじがらめになって身動きができないと思い込んでいる大衆の状況だろう。

つまり、問題は技術の問題ではない。私たちが望んでいる社会とはどのようなものであり、そのなかで何のためにどんなエネルギーが必要となるのかを根本から考え直し、それに必要な社会的努力をしていくことである。その観点から、緻密な裏づけにもとづいてエネルギー問題を包括的にとらえ直したのは、エイモリー・ロビンズの『ソフト・エネルギー・パス』（最近、待望久しかった邦訳がなされた＝時事通信社）である。ロビンズは、現代技術的な「ハード・エネルギー・パス」に対置して、「ソフト・エネルギー・パス」——より効率的なエネルギーの使い方と適当な再生可能エネルギーに頼るやりかた——を提唱し、その実現可能性を提示している。

ロビンズは、「エネルギー危機」を回避するための代替的なパスとしてではなく、「永続的平和」と健全な社会という観点から、「ソフトな」パスを説いており、そこに大きな意味がある。しかし、そのロビンズの主張さえ、「省エネルギー」と「代替エネルギー」という観点からのみ理解されかねない状況がある。

かんじんなことは、エネルギーこそが価値や文化の源泉だとする価値観の転換である。私たちが健全で創造的なくらしをしていくために、それほどのエネルギー消費は必要としない。大量のエネルギー消費によってつくられる商品の氾濫は、私たちの生活を画一化し、廃熱や廃棄物の山を残して私たちを息苦しくさせている。いまはやりの「省エネルギー」という言葉には、エネルギー依存型の文化や生活への反省はなく、「大切なエネルギーを大事に使おう」といった、エネルギー信仰がちらついている（ロビンズの著書に難を言えば、どんなエネルギーがいったいどんな価値や文化を生み出すのかについての考察が稀薄なことである）。

エネルギー依存型でない文化や生活の創造への努力こそがいま求められていることであり、そうした社会への展望の一構成要素として、エネルギーや技術の問題を位置づけ直すことが必要だと思う。それが、私の「くらしとエネルギーを考える視点」の原点である。

被害者であり、加害者であること——反核の原点を考える

（初出『本』一九八二年八月号）

三年ほど前のことになるが、ヘレン・コルディコットの"Nuclear Madness"という本を翻訳し、出版することになったとき、邦訳の題名をどうするかということが編集者や訳者たちのあいだで議論となった。結局、この本は、『核文明の恐怖』という題で出版（高木・阿木訳、岩波現代選書）されたのだが、そのときに議論されたのはこんなことだった。Nuclear Madness を字義通りに翻訳すれば、もちろん「核の狂気」ということになる。「狂気」という言葉のもつ差別的ニュアンスも気になるが、そのとき主として議論されたのは、もう少し別のことだった。核を生み出し、今日のオーバーキルの核のビルドアップをもたらしたものは、今日の文明のなかに深く根をおろし、したがって私たち自身もそれとはけっして無縁でないような、ある種の志向性なのではないか。しかも、核は現代社会のなかに構造的に深く組み込まれているのではないか。それを「狂気」と表現してしまうとき、かんじんなものを見失わせることにならないか。

たしかに、たとえば米ソの核推進論者が好んで使うＭＡＤ（Mutually Assured Destruction ＝相互確証破壊）などという考え方は、文字通り「狂気」とでも表現したくなるような、信じがたいものだ。「相互確証破壊」とは、米ソのお互いが、相手国を完全に破壊し尽す核軍事力を達成することが核の抑止力を高めるという考え方なのだが、それは政治権力から遠い私たちには理解しがたい発想である。そこで、コルディコットに限らず、「狂気」という表現がしばしば用いられる。たとえば、最近邦訳の出された、ブリングルとスビーゲルマンの『核の栄光と挫折』（浦田誠親監訳、時事通信社）

でも、著者たちはその末尾に次のように述べている。

「『相互確証破壊』による抑止という考え方は、まことにもって狂気の沙汰であり、知的蛮行の表われである。」

だが、やはりそれは「狂気」と呼ぶべきことではない。自分にひきつけて話してみよう。私の専攻する核化学という学問分野は、アメリカが原爆開発に乗り出した、まさにその過程を通じて発展し、今日の基礎が築かれた。私たちが実験室で基本としてきた放射性物質の分離操作の多くも、原爆開発の必要性から確立されたものであった。したがって、よほど自覚的でないかぎり、自分の仕事と核兵器開発が一筋——一筋でないかもしれない——の糸でつながっていることを見失い、結果として、核兵器開発体制に加担することにもなりかねないのだ。

いや、加担というのはややオーバーな表現かもしれない。誤解のないように言っておくが、日本にいて核化学研究を行なっているかぎりにおいて、直接に核兵器と関係するような仕事に巻き込まれることは、いまのところ考えられない。しかし、少なくとも意識のうえでは、自分が相当危ういところにいるな、と感じたことが私自身の研究生活のうえでも何度かあった。

たとえば、かつて私は自分の研究の必要から、「マンハッタン計画業績報告書」と題する分厚い報告書をおおいに参考にした。それはマンハッタン計画に関係して行なわれた化学分離法などの研究報告であり、戦後公開されたものである。その内容に関するかぎり、それは純粋に学術的な研究報告ではある。しかし、まさにそこに盛られた数々の「業績」こそが、広島や長崎へと連なったのである。そしてその本を図書館から借り出して、研究室の机の上に広げ、私の実験の参考にした何週間かのあいだ、一度も私は広島や長崎のことなど考えなかった。

見るべきところを見てしまって図書館に返しにいくのを怠ったまま、机の上に本をつんで置いたときのことだ。たまたま、G・T・シーボルグの"The Transuranium Elements"(超ウラン元素)という解説書を開いていて、次のような一文に目がとまった。

「プルトニウム兵器の実際の製造は、基礎的な事柄に関する巧妙で、輝かしいアイデアと設計の詳細に関する重要なアイデアを必要とした。」

この一文に私は激しいショックを受けた。とりわけ、輝かしい（brilliant）という表現は、何度読み直しても、長崎のプルトニウム原爆を讃美するニュアンスをもっているとしか思えない——しかもこの本は一九五八年のものであり、そのときには大半の科学者が広島・長崎への原爆投下は誤りであった、と認めていた——。シーボルグといえば、今日的な核化学の草分けとも言える大家なのだが、そのシーボルグがなんという表現をするのだろうか、この本を長崎の被爆者たちにみせたら、いったいなんと言うだろうか。私はしばしぼう然としていた。

ふとそのとき、私の視線は、机の上に放り出されていたかの報告書に移った。そこには、"Manhattan Project" という表題が大きく印刷されていた。そのときはじめて、私は自分の参考にしていた〝業績〟と広島や長崎の関係に思いをめぐらせたのだった。シーボルグにしたところで、格別の意図をもって、〝巧妙な〟とか〝輝かしい〟という言葉を使ったわけではないだろう。しかし、ある意味ではだからこそこわいのだ。そしてそのシーボルグの姿勢と私の姿勢とは、同じではないにしても、ひとつの連続スペクトルでつながっているのではないだろうか。それはけっして〝狂気〟と呼ぶべきことではなく、無自覚や研究者のエゴイズムに関わっていることなのだ。

別の機会にも書いたことではあるが、こんなこともあった。私が学生の頃、超ウラン元素アインスタイニウムとフェルミウムが発見されたいきさつについて学んだ。これらの元素は天然にはないもので、一九五三年から五四年にかけて、シーボルグらのカリフォルニア大のグループによって発見された。その発見のいきさつが特異で、それは、アメリカが五二年に行なった太平洋のエニウェトック環礁での水素爆弾の実験の死の灰の中から発見されたのだった。爆発のさいに大量に発生した中性子がウランにあたって、これらの超ウラン元素が生成したのである。そして爆発後のキノコ雲の中を飛んだ飛行機で一部の放射能が回収され、アインスタイニウムとフェルミウムの放射能が確認された。その後、シーボルグらは、一トンあまりのサンゴ礁を回収して、そこからこの二つの元素を抽出したのであった。

だが、まさにその実験で、エルゲラップ島は、「跡かたもなく吹っ飛んでいた。島のあった場所には、幅一・六キ

ロ、深さ七〇メートルの穴が、海水をたたえて黒ぐろと拡がっていたのであった。」（前田哲男『棄民の群島』時事通信社）

この実験のため立ち退きをさせられていた太平洋のミクロネシア諸島の多くの住民は、帰るべき故郷を失い、また多くの人びとがその後ガンで苦しむことになった。さらにその二年後には、かのビキニの水爆実験があった。

アインスタイニウムとフェルミウムの発見にまつわるエピソードを講義で聞いたとき、私は単純におもしろいエピソードだと思い、シーボルグらが死の灰から微量の新元素を抽出し、検出した手腕に感嘆していたのであった。私は意識のうえで、〝輝かしい〟という表現を使ったシーボルグと同じ地平に立ち、シーボルグを〝輝かしい〟存在と受け止めていたのだった。当時、私はもちろん少なくともビキニのことは知っていたにもかかわらず。

私たちは、〝唯一の被爆国民〟として、自らを意識し、その声を世界に伝えようとしてきた。現在、世界的に巻き起こる反核運動の流れのなかでも、「広島・長崎の心を世界に伝えよう」が日本の運動の合言葉となっている。それはそれでよいことであろう。しかし、度重なるアメリカの水爆実験の犠牲となったミクロネシアの人びと、同じくフランスの核実験場となったモルロアの人びとなどのことを考えれば、けっして日本は「唯一の被爆国」とはいえないだろう。

いや、それだけではない。自分たちを核に関するかぎりは被害者とだけ考えてきた私たちは、うっかりすると加害者になる、あるいはそれに加担させられるかもしれないところにきているのである。エニウェトックやビキニのことを忘れ、新元素発見のことにばかり意識がいっていた私自身がそうだったろう。私が「意識のうえで危い」と書いたのはそのことである。

いや、「意識のうえ」といってすまないところに事態はさしかかっている。八〇年ごろから、日本政府は、原子力発電に伴って発生する放射性廃棄物の一部（「低レベル」といわれるもの）を海洋投棄する計画を実現しようと活発に動き出した。計画としてはずっと以前からあったものであるが、マリアナの北方約一一〇〇キロのミクロネシア海域に投棄地点が具体的に設定されたことから、事態は急を告げたのである。このさい原子力発電そのものの是非論はおくとしても、私たちの一方的に消費する電力に伴って発生する核のゴミを、太平洋の島々の人たちが生活の場とする海に棄てるというのは、どう考えても理に適わないことである。科学技術庁はさかんに安全性を強調するが、「それほど安全なら東京湾に棄てればよい」という太平洋の人たちの率直な気持を変えさせるだけの、説得力のある理屈はない。

この問題では、核の被害者であったはずの私たちが、加害者の立場に立たされようとしているのであった。幸い、太平洋の人たちの一致した強い反対によって、この計画はいまのところ実現していないが、政府は未だ投棄の方針を変えていない。そのうえに、未だ広く問題化していないが、日米が共同して太平洋のある島に高レベルの核のゴミを集中貯蔵しよう、という計画も進行している。パルマイラ島の名があがっているが、「どうせ水爆実験で汚染し、人間が住めなくなったのだから、核のゴミ棄て場にすればよい」という発想なのである。

私は先に、私の専攻する核化学という学問を通じて、私が、核兵器を開発する人びととも連続的につながっていると述べた。いま、右に述べたような核のゴミの投棄計画を考えるとき、その連続性は、ひろく日本に生活する人びとのすべてに及んできているのではないだろうか。

この連続性を断ち切ることが、私たちの反核運動の原点として必要なのではないだろうか。そしてそのためには、私たちが加害者でもありうることを心に留めておくことがどうしても必要なのではないか。これが、私がこの頃しきりに考えていることである。

もちろん、このことは、広島や長崎の悲惨を忘れてしまえ、ということではない。広島・長崎の原点の上に立ってこそ、その悲惨の被害者となることへの拒否だけでなく、加害者となることへの拒否の思想も生まれてくるであろう。そしてまた、自らの加害者性の意識をかいくぐることによって、被害者としての立場にも重みが加わるのではないだろうか。かつての侵略戦争によって、日本は明白に加害国としての歴史をもち、広島・長崎もそのことと無縁でない以上、加害者、被害者の両様性を意識することは、いま私たちの運動にとりわけ強く求められていることと思われるのである。

アメリカの核開発に携わった人たちの記録を、最近いくつかまとめて読み直してみて、彼らに決定的に欠けているのは、加害者としての意識であると痛感した。それがまた、彼らをして、自らの開発した核が結局、自分自身をも襲うかもしれないということ、すなわち被害者としての自らを想像することを妨げているのである。やはり、核を生み出すものは、「狂気」ではなく、無自覚である。そのことに気づいたとき、「核のない社会」への歩み出しが始まるだろう。

核神話の時代を超えて

（初出『八〇年代』二四号　一九八三年）

私たちのいま生きている時代は、いったいどういう時代なのか、なにか巨大な虚構の上に組み立てられた積木細工のような時代ではないだろうか。そんなことをこの頃しきりに考えさせられます。

先日もある女子高校生が、深刻な顔になってこう言うのです。

「私たちはほんとうに自由な世界――必要な情報はなんでも得られるし、言いたいことはなんでも言える――に生きているとこれまで思ってきたし、そのことを疑ったこともありませんでした。ところが、核や原子力問題をほんの少しだけ勉強してみると、知らないことだらけなのです。それだけでなく、情報や人間がいかに管理されているか、私たちがどんな時代に生きさせられているのか、少しわかったような気がします。」

この少女は、ほんとうに驚いた、という顔をしていたのですが、無知であったり驚いたりするのは必ずしも若さのせいではないでしょう。私自身も核や原子力の問題で、未だに「これまでの認識は甘かった」と思うような驚きの連続なのです。つくづくこれは時代そのものの性質なのだと思います。

たとえば、つい半年あまり前のことなのですが、サファーとケリーという人の書いた、"Countdown Zero"という本を手にして、その裏表紙を見たときには、すっかりびっくりしてしまって、しばらく声も出ませんでした。この本は、アメリカの核実験に参加させられた被爆兵士のことを書いたものなのですが、その本のカバーの裏表紙側にある写真が驚きの理由です。それはネヴァダ州のキャンプ・デザート・ロックという、かつての核実験場のゲートの所の写真で、そこにはMPの立っている検問所の上に、"Your safety depends upon your silence" と書かれていたのです。ここでの safety は、防衛上の安全、つまり security に近いのかもしれませんが、いずれにせよ、この言葉の意味は、命のためには(ここでの見聞について)黙ってろ」という意味でしょう。この看板が立てられたのはおそらく一九五〇年代の初め、アメリカの核実験がもっとも激しくなる直前のことです。それほどまでに大っぴらに秘密が強要されていたことは、やはり驚きでした。

そこには、はっきりと強いられた沈黙があるわけですが、沈黙を強いられた被爆兵士の側——ほとんどなにも知らされずにモルモットのように核実験に駆り出され、放射能の灰を浴びた何十万という兵士たち——は、じつはあえて沈黙するまでもなく、目に見えぬ放射能の恐怖について知るよしもなかったのです。彼等に沈黙を強いた側こそが、いっさいの情報をにぎり、隠ぺいしていたわけです。そうやって核が本質としてもつ底知れぬ恐怖のいっさいを、国家的な力によって隠ぺいし尽して初めて、今日の核開発や原子力開発が可能となったのです。

これはなにもアメリカに限ったわけではありません。ソ連でも、イギリスでも、フランスでも同じようなことが起こっています。それらの国々の核開発の陰で何が進行していたか、その真相がおぼろげながらわかりかけてきたのは、ついこの数年のことです。情報公開制度の発展、反核運動の盛り上がりなどいくつかの要因がありますが、秘密の厚い壁が破れかけてきたいちばんの原因は、不幸な現実ですが、世界じゅうの何十万(百万を超えるかもしれません)という被ばく者の身体に、ガンやさまざまな異常がはっきりと認められるようになったということでしょう。沈黙させられていた人びとが、その身体や命によって証言を始めたといってよいのかもしれません。

そうやって私たちの前にいま浮かび上がろうとしているのは、驚くべき放射能被ばく世界の姿なのです。その実態についてあとからもう少し立ち入ってみようと思いますが、いま明らかにされつつあることは、毎日が驚きでしかないのです。そうして、それほどに無知であった自分と、それほどに無知にされてしまうこの社会の情報管理・操作にもう一度驚かざるをえないのです。この私たちの状態を、私は最近出版した『核時代を生きる——生活思想としての反核』（講談社現代新書）のなかで「檻のさくの中で生きさせられている」と表現したわけです。

オーウェル的世界への移行

さて、Your safety depends upon your silence. という看板の言葉でまず私が思い出したのは、ジョージ・オーウェルの『一九八四年』という小説です。オーウェルはこの小説を第二次世界大戦直後に書いているのですが、それは当時のオーウェルとしては、あらん限りの想像力を発揮して描いた、驚くべき超管理社会の話です。その〝一九八四年〟の世界では、世界が三つの超大国によって分割支配され、そのお互いはたえず戦争を繰り返しているが、それぞれの国内は完全に管理された、〝平和な〟社会なのです。人びとは、テレビカメラによってたえず日常的に監視され〝思考警察〟によって考えること自体管理されているのですが、そのことに耐えていればそれなりに平穏な生活が保障されているというわけです。

この世界を支配する〈党〉のスローガンは、

「戦争は平和である
自由は屈従である
無知は力である」

というのです。まわりくどい話になりましたが、「無知は力である」というのが、キャンプ・デザート・ロックのゲートの看板そのものだと思えたのです。

ここでの無知は、英語でIgnoranceで、この言葉は〝知らない〟と同時に〝知らさない〟（無視する）の意味を含むものです。オーウェルの『一九八四年』では、すべての真理や歴史的事実が、真理省という役所で作られるのです。米ソをはじめとする核国家はまさに無知を力として、今日の核開発を行なってきたといえましょう。（その実際については、あとからもう少し説明します）。そうだとすると、すでに一九五〇年代から、我々の世界のオーウェル的世界への移行が始まっていたことになります。そして一九七〇年代から八〇年代、まさにオーウェルが「一九八四年」といったその時代に、このオーウェル的核管理社会はひとつの末期的完成を迎えつつあるといえるのではないでしょうか。

もう少し具体的にいえば、「戦争は平和なり」というのも、まさに現代そのものだと思うのです。米ソは直接戦争はしていませんが、米ソの均衡を保っている核抑止論などは、力による平和の論理にほかなりません。とりわけ、現在米ソが依拠している相互確証破壊の論理——互いに相手国の中枢機能に決定的な破壊をもたらしうるような核戦力をもつことによって戦争を抑止するという考え方——は、「戦争は平和なり」を地で行ったものでしょう。

もちろん、ここでの「平和」は、真の意味のそれではなく、いっさいの抵抗を抑えられた一九八四年的世界のみかけの平静さです。世界のほとんどの国々が、核超大国の米ソのどちらかのブロックに包摂されていて、そのなかに占める位置に応じて「繁栄」を保障されているともいえます。両ブロックの国々はそれぞれ、相手のブロックの「脅威」を主張して、それに主要な関心を向けることによって国内の「平和」を維持しようとしているのです。これこそまさに「戦争は平和なり」の世界です。そしてそういった力の秩序を支えているのが、核兵器を中心とした軍事力にほかなりません。

「自由は屈従である」については、多くを語るまでもないでしょう。冒頭で述べた少女が、あるときはっと気がついたように、わが管理社会の〝自由〟や〝豊かさ〟は、主体性を取り上げられてしまった私たちが、代償として与えられた仮装、いわば屈従の別の表現にほかならないのです。しかも、そのなかに浸り切った私たちには、そのことがなかなかみえてこない、そういうところまでオーウェルの世界にそっくりに思えてきます。とくに、私には、「自由は屈従である」という言葉は、管理教育のもとで受験に励み、〝エリートの自由〟をめざす、あるいはそう仕向けられた若い人たちの姿と二重写しになってきます。

世界へ広がる被ばくの実体

少し話が上すべりしたかもしれません。私たちがのん気（？）に生きていた陰に何が進行していたのか、そしていまどんな真相がみえ始めたのか、放射能被ばくということに限って鳥瞰してみましょう。

つい最近『被爆国アメリカ』（早川書房）という本が出ました。すでにしてこのタイトル自体が、「唯一の被ばく国日本」と思い込んできた人びとに衝撃を与えますが、その同じ言い方にならえば、世界全体をいわば「被ばくした地球」と呼んだ方がいいような状況が、いま私たちの眼前に浮かび上がってきたのです。

世界地図をひろげてみましょう。日本中心的なきらいもありますが、仮によくあるように太平洋を中心として右にアメリカ大陸、左にユーラシア大陸、アフリカ大陸と配置された地図を用意しましょう。まず「被ばく国」アメリカですが、すでに触れたように、五〇年代のネヴァダにおける核実験は、三十万人近い被ばく兵士とそれと同数程度の被ばく住民を生み出していたことが明らかになりました。そしてガン死者や身体の異常を訴える人たちがすでに続出し、訴訟になっていることは知っている人も多いでしょう。『アトミック　ソルジャー』（社会思想社）、『核の目撃者』（筑摩書房）やすでに述べた二冊の本など、いかにアメリカ政府によって、国民が黙らされつづけ、その結果としてどんな苦痛にいま悩まされているか、次々と告発の書が出版されています。広瀬隆さんの『ジョン・ウェインはなぜ死んだか』（文藝春秋）もそのひとつですが、これらの書はすべてこの数年のものです。

キャンプ・デザート・ロックの風下にあるユタ州南部の地域で、子供たちの白血病発生率の増加が統計的にも観察されだしたという、ショッキングな学術報告が初めて行なわれたのは、一九七九年のことです。不幸なことですが、被害はまだまだ今後に顕在化してくると思わなくてはならないでしょう。

北アメリカには、カナダ、アメリカと数多くの核・原子力施設があり、その周辺でも汚染と被害が顕在化しつつあります。なんといっても顕著なのは、カナダの北部からメキシコ湾沿岸まで、北アメリカ大陸をほぼ縦断してひろがるウラン・ベルトに沿うウラン鉱での被害です。カナダ、アメリカで、先住民（インディアン）たちの土地を奪い、しかも彼らに被ばく労働を強いながら進められたウラン開発において、多数の肺ガン死者をうみ出してきたことは、否定しがたい事実となっています。少なくない報告がウラン鉱労働者の状況についてはありますが、それでもきちんとまとまった実態がわかっているとはいえません。しかし、大ざっぱな見当で言うことが許されるならば、何十万人という被ばく者が労働者・住民に生じ、何百人という規模の死者をもたらしていることでしょう。

太平洋に、まずミクロネシアのマーシャル諸島が目に入ります。かのビキニの水爆実験（一九五四年三月一日）で、マーシャル諸島の風下地帯の一帯に広範囲に死の灰が降り、多くの被ばく者を出したことはすでに私たちにも知られるようになっています。しかしそれに先立つ一九四六年以来のビキニの原爆実験で、軍人たちも大量の放射能に被ばくし、被害を受けていたことが判明したのはつい最近のことなのです。その一部の状況は『被曝国アメリカ』に紹介されていますが、さらに今年になってから、当時の「クロスロード作戦」の放射線問題の責任者だった軍医、S・ウォレン大佐の残した記録が発見されて、新たな話題を呼んでいます。その記録は、放射能にたいするなんの安全策もないままに、兵士が原爆実験に動員され、死の灰をかぶった状況をありありと伝えています。そんなことがようやくいま明らかになりつつあるのです。

さらに、マーシャル諸島から南西にポリネシアに目をやると、クリスマス島があります。ここは西オーストラリアとともにかつてイギリスの核実験場だったところですが、そこでの被ばくの話も最近までいっさい聞こえてこなかったのです。ところが、これも昨年ごろからイギリスの核実験に参加したイギリスやオーストラリアの兵士たちに、ガンなどが多発していることが報じられ始めました。今年初めのイギリスの新聞報道によれば、イギリス兵士一五〇人以上、オーストラリア兵士一〇〇人以上が、被ばく後ガンなどで死んでいるというのです。別の報告によれば、イギリス軍の放射性物質取扱いもずさんを極めたとされています。ここにも、私たちが二十年以上も知らされなかった被ばく（者）があったのです。オーストラリアにはウラン鉱が多く、そこでの被ばくももちろん伝えられています。

クリスマス島から目を南にやると仏領ポリネシアの島々（ツアモツ諸島、ソシエラ諸島）があり、その一隅にモルロア環礁やファンガタウファ環礁があります。ここは、フランスが核実験場としてきたところで、仏領ポリネシアの人たちは、降下する放射能にさらされ、やはり被ばくの問題が生じています。この点については、ダニエルソン夫妻の『モルロア』(アンヴィエル)にくわしいのですが、この本よりもさらに多くのことが最近明らかにされつつあります。モルロアは現在地下核実験場となっているのですが、そこではプルトニウムをはじめとする、かなりの量の放射能が地下から放出され、あたり一帯の汚染の原因となっているのです。この地下からの汚染は現在進行中のできごとです。一方、この夏のバヌアツでの核・独立太平洋会議に参加したタヒチからの代表によれば、仏領ポリネシアでは「モルロア環礁での核実験のためとみられる各種ガン患者、奇形児が年々増えつづけており」「昨年中に発見されたガン患者だけでも、推定百五十人に達している」(以上、七月一七日付『読売新聞』)ということです。

ここでは、未だフランス兵の被ばく——障害の状況は伝えられていない(私は知りません)ようですが、フランスの核実験は一九六六年以降ですから、これから被害が顕在化するのかもしれません。

さらに、私たちは太平洋を西に、日本から大陸へと目を向けることにします。日本の〝被ばく〟についても語るべきことは多くありますが、紙数の制限もあるのであえて省きます。ソ連で起こっていることについては詳細が不明ではありますが、やはり特筆に値するでしょう。南ウラルの核廃棄物貯蔵施設での爆発事故による大量放射能放出は、何百人という死者とおそらく何万という被ばく者と無数の生物の被害を出し、広大な地域を汚染しました。この史上有数の事故は、一九五七年ないし五八年に起こったと考えられますが、ソ連政府は未だに事故の存在すら認めていません。そのソ連政府の秘密の壁を破ってこの事故の概要が明らかにされるのにも二十年かかっています(メドベージェフ『ウラルの核惨事』技術と人間)。

この事故についてはこの数年よく知られるようになり、私自身もいくつかの著書で触れてきました。ところが、これもつい最近、この八月になってから、イギリスの雑誌にソ連についての新たな衝撃的な報告が発表されました。これを書いたのは、M・クロチコというソ連からカナダへ亡命した化学者で〝ソ連版のマンハッタン計画〟で、指導的な立場にいた人です。

この報告は、独立の他の証拠による裏づけが未だないので、信頼性に留保がつきますが、話の内容からしてまったくのデマという類のものではありません。それによれば、ソ連の核兵器開発―製造計画は〝アメリカに追いつき追いこせ〟を合言葉に、きわめて性急に進行し、そのためもあって安全への配慮は切り捨てられ、多くの被ばく者―犠牲者を産み出した、というのです。クロチコは、多くの物理学者、技術者、運転員、労働者が、被ばくが原因で死んでいったことを、ときには名を挙げながら指摘しています。彼の見積りによれば、百万人の規模の人びとがこの計画のなかで作業に参加し――したがって被ばくし――、五万~十万人の人びとが死んだと考えられる、というのです。この数には疑問符を打っておきますが、まさに「被ばく国ソヴィエト」であることは間違いありません。

西ヨーロッパについても、東ヨーロッパのいくつかの国についても紹介したい被ばくの状況がありますが、紙数の余裕がありません。最近明らかになったことといえば、ひとつだけウィンドスケール(いまはシェラフィールドというのだそうです)原子力施設の原子炉で一九五七年に起こった事故にまつわるニュースがあります。この事故そのものは歴史的に有名な事故で、すでにそのいきさつや事故時に放射性ヨウ素の放出があって汚染したミルクが大量に回収されたことなどはよく知られています。ここで問題にしたいのは、事故時には公的機関は「ミルクは回収したし、漏れた放射能はそれほどでもないから、公衆には影響ない」と言いつづけていたということです。ところが昨年、事故後二十五年にさいして行なわれた再検討では「事故時の放出ヨウ素によって二六〇人が甲状腺ガンにかかり、十三人が死亡したと推定される」ということになったのです。この数字は私には低すぎると考えられますが、そのことよりも、二十五年もたってようやくこんなことが言われるということこそ問題にすべきでしょう。

アフリカやラテンアメリカについては、多少の材料以外、未だくわしいことはわかっていませんが、今後リストに加えていかなくてはならないことは間違いありません。大規模なウラン開発や、最近では原子力開発も進んでいるからです。

このへんで、長々とした被ばくのリスト——それでもずいぶん欠落があるのですが——をいちおう終わりにしたいのですが、最後にひとつだけ言っておきたいことがあります。これらのほぼいずれのケースでも、当該の政府は二十年〜三十年間一貫して「人体や環境に影響を与えるような放射能放出なし、被ばく線量は許容量以下」と主張しつづけているのです。人びとはいまや真相に気づきつつあり、政府側のこの種の言い分をもはや信じる人はいなくなっていますが、それにしてもこの主張の背景には、意図的な隠ぺいとともに、放射能の体内被ばくについての無知があったといえましょう。わずかと思われる放射能でも、人間の体内に取り込まれ、居すわりつづけるときには、大きな被ばく線量となる。いわば水俣の有機水銀とも比せられるような予期せぬ被害を生み出すことを理解していなかったのです。

しかしこの無知はけっしてたんなる怠慢とか予見のなさからきたのではありません。一九四〇年代から現在にいたるまで、核開発のいろいろな段階で、さまざまな人たちが懸念や疑問を表明し、ときには危険性を示す証拠を提示してきたにもかかわらず、核開発（軍事利用と商業利用を含む）を強行する政治権力は、それらの人びとを一貫して、社会的にまっ殺してきたのです。その結果として、無知が拡大されてきたといえます。

核神話の崩壊

少し放射能の危険性と被ばくという問題にこだわり過ぎたようです。本来の本稿の関心に戻れば、一九四〇年代から五〇年代にかけて現在の核開発の基礎が築かれた時代こそは、核の危険な本質に関する徹底した隠ぺいの進められた時代であり、いわばオーウェル的「無知は力である」の情報操作型の社会への移行が進行した時代であったということが言いたかったのです。それ以降二十年間を通じて、かくも肥大化した核社会は、その意味で巨大な虚構の上に成り立ってきたとしか言いようがありません。

そしてオーウェルの予言した（?）一九八四年というまさにそのときに、この社会は管理社会としてひとつの完成をみせる一方で、世界のいたるところで仮面がはがされ始めたといえるでしょう。

結論づけていえば、核大国の政治権力によって意図的に生み出された、核抑止論から原子力の平和利用にいたる数々の神話が、いま音をたてて崩れ始めた。いま私たちはそういう時代のただなかにいるというのが、私の認識の第一です。にもかかわらず、重要なことは、マスメディアの流す情報を受け身に受け取っているだけでは、この崩壊はけっしてよく見えてこない、ということです。檻の中にいるというのはそういうことです。だとするならば、この神話の崩壊を私たち自身の手で徹底的に押し進めることが、私たちの生命のためにも核権力からの解放のためにも、どうしても必要なのです。そのことが、この核時代に主体的に生きることでもあり、核神話の時代を超える道です。世界的な反核運動のうねりも、そういう文脈でとらえられるべきものです。

科学と軍事技術

1 倫理的な歯止めなく強大化

ひとりひとりの人間の命に比べて、科学技術はますます巨大に強力になっていく。その強大な科学技術が軍事化され、人殺しのシステムになっていくことに、いったいどんな手だてで、どのへんで阻止線が敷けるのか。まったく不幸なことだが、右の問いにはっきりした答えをすることができない。そしてそうやっているうちにも、科学技術はどんどん「進歩」し、多くの場合「進歩」は人びとに笑顔をもって迎えられていく。

私たちの生きている世界の際どさをあらためて考えさせられるような、過去における衝撃的な事実がたてつづけに二つアメリカで明るみに出された。そのひとつは、L・ハントが『ブレティン・オブ・ジ・アトミック・サイエンチスツ』誌四月号で明らかにしたもので、アメリカ政府は第二次大戦後、ナチの科学者たちを大量にアメリカに移住させ、前歴を隠して軍事科学開発に従事させていた、という事実である。

それらの科学者たちのなかには、熱烈なナチス党員や戦犯とされた人もあり、たとえばあのV2ロケットで有名なフォン・ブラウンのような人もいた。生物化学兵器などの開発のために人体実験を行ない、強制収容所の収容者たちを殺した罪を問われた〝ドイツ版石井部隊〟の科学者さえ含まれていたという。アメリカの軍部は、彼らがどんな思想と道義の持ち主だろうと、その頭脳が「アメリカのために」役立つと読んだのである。

（初出『読売新聞』大阪本社版　一九八五年六月一一―十四日連載）

この古い秘密の暴露がとりわけ衝撃的だったのは、直接現在につながっていたからである。一九六九年、アメリカの人たちは、アポロ11号が宇宙飛行士たちを月面に運んだとき、アメリカの科学の勝利とばかり、熱烈に拍手を送った。しかし、そのとき用いられたサタン5型ロケットの設計者アーサー・ルドルフこそ、ナチの生き残り科学者のひとりであった。ルドルフは、昨年司法省によって「ナチの強制収容所の責任者として、何千という収容者に奴隷労働を強制し、虐待と迫害を行なった」として告発され、反論の言葉もないままにアメリカを退去したのであった。

このニュースにつづくように、もうひとつの事実が明るみに出された。一九四三年五月二十五日という日付のあるオッペンハイマー（マンハッタン計画の科学的責任者）からフェルミ（原子炉の発案者）への手紙がB・バーンスタインによって発見されたのだが、そこにはマンハッタン計画にかかわった科学者たちが「放射能兵器」を考えていたことが書かれていた（『テクノロジー・レヴュー』誌五、六月号）。ストロンチウムのような放射能を秘かに大量に食品にいれ、その食品をばらまいて無差別の大量殺戮をねらう。閃光もキノコ雲もなくやってくるこの〈原子兵器〉は、原爆以上に私たちの恐怖をかきたてる。

バーンスタインは書いている。「フェルミやオッペンハイマーたちに、この兵器を使用することへの道義的ためらいはなにひとつなかった」と。具体的に計画がどこまで進んでいたかはなお不明である。だが、およそ実現の可能性がなかった、というようなことではないらしい。原爆の「成功」がなかったら、放射能兵器は実現していたかもしれない。

バーンスタインの次のような問いかけは、とりわけ私たち日本人の胸にぐさりと突き刺さる。すなわち「アメリカの人びとは、日本への原爆投下を明らかに熱狂的に支持した。もし放射能兵器だったとしたらどうだったか」と。この問いを逆の側からたててみよう。「もし、放射能兵器が日本にたいし使用されていたら、私たちの科学や技術にたいする見方に、なんらかの違いがあったろうか」と。

ストロンチウムの放射能は半減期が二十八年だから、もし四十年前に用いられていたら、現在まだ強い放射能が残っていることになる。その放射能のもとに私たちが生き残っていたとして、放射能をつくりだしたものたちにどんな気持ちを抱いていたろうか。皆さん自身その状況を想像してもらいたい。いずれにせよ、この想像は辛い。

私は少し情緒的に問題をたて過ぎたろうか。たしかに、そんな想像をなしですますことができればよい。しかし、バーンスタインの言うように、原爆が用いられ、放射能兵器が用いられなかった背景には、軍事戦略上の選択こそあれ、なんら倫理的な配慮はなく、歯止めになるようなものはなにもなかった。

「あれは最悪の戦時下だったから」と言う人があるかもしれない。しかし、むしろ今日のほうが、科学技術ははるかに強大化され、それだけ人間にたいする脅威を増してきている。米ソは互いに相手の軍事技術に脅威を感じて、新しい技術を開発しようとするから、いっそう強大精密な兵器システムが形成されていく。現在の方がいっそう恐るべき状況にあるともいえる。実際、次回に述べるような科学研究の実態は、まさに戦時下を思わせるものである。

2　官産軍学が一体、米の研究体制

八〇年代に入って、アメリカの科学技術研究・開発費（R&D）の軍事傾斜が著しい。この春、レーガン大統領が議会に提出した一九八六会計年度（今年の十月から）の連邦政府の予算案では、ついに軍事関係のR&Dが四百十七億ドルと、四百億ドルの大台を超えた。日本円にするとなんと十兆円を超える。それはR&D全体の七二パーセントにあたる。

五年前にレーガン政権が誕生した頃には、軍事研究費が科学研究費全体の五〇パーセントを超えたといって話題となった。昨年には軍事研究費がおよそ三分の二を占めるにいたったとして、多くの人が眉をひそめた。いま、四分の三のラインが問題となっているのである。ソ連のデータは手元にないが、アメリカに追いつき追い越せ、という政策からすれば、状況は同じようなものだろう。

このままだと、アメリカには遠からず軍事研究以外はなくなるだろう、などとつい悪態のひとつもつきたくなる。現在の、全研究費の三分の二という数字でも、アメリカの科学研究は完全に軍事主導型である。国連の調査によれば、一九七〇年代を通じて、世界の科学研究費の二五パーセント、人材の二〇パーセントが軍事研究に投入された。アメリカの状況を考えれば、八〇年代にはこの数字は大幅に上昇するにちがいない。

前回、戦時下としかいいようがない、と書いたのは、右のような状況のことである。それにしても、いったいなぜそんなことが可能なのだろうか、科学者たちは抵抗しないのだろうか、と疑問に思われる方も多いだろう。もちろん、抵抗の余地もあるし、そういう例もあるのだが、研究者が軍事研究に絡め取られる構造もある。

現在の科学や技術の研究には、とにかく金がかかる。アメリカで国防総省から金をもらって研究するといっても、当面は「セラミックスの物性に関する基礎研究」だったり、「加速器のビームのひろがりについての研究」だったりで、人殺しの研究をやっているという意識は研究者の側にはない。「よほど自覚的でないと、研究費欲しさに泥沼に入る」と、アメリカでもう長いあいだ研究生活をしている友人が、学会で日本にきた折に述懐していた。

そんな状況を典型的に示しつつあるのが、SDI（戦略防衛構想）研究である。一方においてこの「レーガンのスターウォーズ」は科学者たちのあいだに当初からたいへん評判が悪く、つい最近も、ベーテ、バーディンらアメリカの著名な科学者七百名が、SDIはかえって核戦争の危険を増大する、として反対声明を行なっている（五月三十日）。ところが、その一方で今年度十四億ドル、来年度三十七億ドル（予算案）と研究費が増大しはじめたことで、その配分をねらう研究者も増えてきたという。

四月にワシントンで開かれた国防総省主催のSDI研究に関する説明会には、多くの大学研究者たちが出席し、非常になごやかな雰囲気だったという。その模様を伝えて、J・スミスは次のように書いている（『サイエンス』誌四月二十六日号）。

「ＳＤＩ計画全体が政治的に問題の多いということなど、どの研究者も気にしているふうではなかった」。そしてある指導的な地位の研究者は言ったという。「どのみちＳＤＩ研究は誰かがやるんだし、そこから科学のために役立つ波及効果も生まれることは、皆知ってるよ」。

仮にそうであるなら、ここで語られる「科学」とは何なのか、「役に立つ」とは誰のための何の役に立つのか、あらためて問い直してみなくてはならないだろう。

ここで言われた科学とは、いまある科学、いま科学者たちの行なっている研究とその体制とでも表現するしかないようなものである。これはアメリカばかりのことではないが、科学技術推進は国家政策であり、官産軍学が一体となった研究体制ができあがっている。そしてそれらは、原子力、宇宙航空、情報などの分野ごとに巨大な産業と結びついている。そのそれぞれの分野には何十万という科学者・技術者・労働者が所属し、国家政策に大きな影響力をもつ企業が関係して政府の省庁と結びついている。

このような利益共同体は、ひとつの巨大な生き物のように、自己の利益の維持と拡大をさながら自己目的化して動いている。だから軍事研究といっても、政治の側の強制によって、研究開発の側がやむをえずある目的に沿った兵器を開発させられている、というのとはだいぶイメージが違う。

一例をあげれば、いま配備が問題となっている巡航ミサイル（トマホーク）の技術は、十数年前に企業によって開発された当初は、ほとんど軍関係の関心をひかず、その後の企業サイドの猛烈なロビー工作で、アメリカの軍備の中核に組み込まれるようになった。いま言われるようなソ連のＳＳ20に対抗するため、などという理由はまったくあとからつけられたものだった。お互いの破滅を促す技術開発が自己目的化しつつある世界、それが私たちの住む世界の現実ではないだろうか。

3　SDI協力は核軍拡への道

これまで主要にアメリカについてみてきたことは、どこまで私たちを取り巻く日本の現実にあてはまるのだろうか。日本のこれまでをみるかぎり、軍事研究といってももうひとつピンとこないものであった。しかし、状況は急速に変わりつつあると思う。

前回にSDIについて触れた。これも私たち日本に住む人間にとってはなかなか現実感がない。SDIは、宇宙空間にミサイル迎撃網を張りめぐらせて、相手ミサイルが自国に到達するまえに全部撃ち落としてしまおうという計画で、レーガン大統領は防衛的な性格のものと言っているが、むしろ核戦争を宇宙空間にまで広げるものと、評判はよくない。SDIには、高出力化学レーザー、核爆発X線レーザー、粒子ビーム兵器（原子核加速器を用いる）とこれから開発される最先端技術が投入され、情報や操作のために高度な通信・コンピュータ技術が総動員されることになろう。

SFアニメの一コマのようにテレビのブラウン管に登場する、SDIのシミュレーションをみていると、ほとんど絵空事で、現実のものにはそう簡単になるまい、と私たちは思ってしまいがちである。

しかし、このSDIはきわめて現実的な問題として日本を直撃しつつある、と私は思う。それは、次のような意味においてである。いま、アメリカからSDI研究協力についての日本への圧力は相当に強い。ミサイル技術といった面では、アメリカは日本に多くを期待していないだろうが、データ通信技術――とくにミリ波（EHF）――や各種の新素材など、アメリカが求めている技術、「研究協力」を期待している分野は少なくないようだ。私がたまたま聞き得たかぎりでも、すでに現場にはアメリカ側からさまざまな引き合いがきているらしい。

問題はこれにたいする日本政府の態度である。SDIについては、すでに中曾根首相が並々ならぬ「理解」を示し、未だ断定的な回答はしていないが、SDI研究に少なくとも部分的には踏み切りそうな状況だ。ところが、SDIは、全体としてけっして防衛的な兵器とはいえず、しかも核技術を含んでいる。SDI技術の中心は、レーザー光線のコンピューターによる精密制御によって相手ミサイルを破壊するシステムだが、これはきわめて攻撃的なシステムだといえる。また、X線レーザー兵器は、宇宙空間で核爆発を生じさせ、それによって高出力のX線ビームをつくる。粒子ビーム兵器も、原子核の技術を使用する。

　このような兵器システムの研究開発への協力は、憲法第九条の精神にも非核三原則にも大きく抵触するはずのものだろう。ところが、この間の日本政府の国会答弁を聞いていると、少しずつ、しかし着実に原則くずしが始まっていて、先行きが憂慮される。すなわち、最近の政府答弁は、「核兵器」を核爆発が直接殺傷や破壊に使われるもののみに限定し、X線レーザーのようなものは容認し、また「X線レーザーは全体のごく一部だから、SDIは非核システムで、それへの協力に問題はない」（五月十日の衆院外務委での栗山北米局長答弁）。

　このようなかたちでSDI研究協力が始まるとしたら、日本の科学技術にとってはきわめて重大で、新たな軍事研究や核の軍事利用への突破口となりかねない。イギリスの科学誌『ネーチャー』のスウィンバンクスは「SDI研究が進行すれば、日本の巨大企業が武器輸出ビジネスに踏み切る日を早めるだろう」と述べている。

　とくに心配なのは原子力開発との関連だ。原発が技術的にも経済的にもいま多くの困難を露呈し、「出口なしの迷路に陥った」ことは、本連載の室田武論文にくわしい（一九八四年十二月十一日〜十四日本欄）。とくに電力需要の頭打ちで大きな新規計画が望めない状況のもとで、すでに年間売上げ一兆三千億円の規模にふくれ上がった日本の原子力産業は、今後危機的な状況を迎えていく。日本政府や産業界の原発推進は、だんだんエネルギー問題というより、原子力産業の維持のためという様相を呈してきた。

　原子力産業の危機対策は、建設コストの切り下げ（安全審査や許認可過程の簡素化を含む）、海外への原発輸出など、それ自体として多くの問題を含むものがあるが、アメリカの状況を先例とするならば、いずれは核軍事産業へと傾斜していくことを心配しないわけにはいかない。

原子力基本法には平和利用条項があり、また日米原子力協定にも平和利用への限定がうたわれているが、すでに述べたような核兵器についての拡大解釈が通るようだと、それらも軍事利用を阻む歯止めとならないだろう。

もともと、核技術のような巨大先端技術は、その人間の命や建物にたいする比べようもない強大さゆえに兵器にもなり、また巨大な利益を期待して産業ともなった。その本質はひとつのものであって、軍事利用と平和利用のあいだに技術的に線引きできるものではない。政治も産業界も、その番人としてどうもあてにならない。残るは、私たち自身が私たちの命のために、科学技術の監視役となることだが、その道も容易ではない。そのことを次回に述べよう。

4　研究・情報管理に異常な日本

第二次世界大戦中に使われた火力兵器の総爆発力は三メガトンで、現代の核爆撃機一機にはその何倍もの核弾頭がつまれている、というような話を聞くと、それだけで溜息をついてしまって、無力感に襲われる。しかし、そう言っているいまのこの瞬間も、新しい科学兵器の研究開発が進み、兵器カタログが付け加わっていく、この状況になんとかその源のところで歯止めをかけられないだろうか。これがもともとの私たちの問題意識であった。

世界の反核運動は、いま明らかにそのことを意識して、核実験禁止から軍事研究の縮小へと具体的な運動目標をもつようになってきた。この運動に期待したいが、たしかに状況は厳しい。日本でもひとつの転機にさしかかった現在、市民監視を強めることがことのほか重要である。そのためには、まず研究開発の環境で進行していることが私たちに伝わり、また現場の自覚的研究者・技術者の発言が保障されねばならない。しかしこの面でも、私たちの心配を増幅するようなことがいろいろある。

もっとも新しい問題としては、レーザー法ウラン濃縮の研究が日本原子力研究所や理化学研究所で本格化するのに先立って、科学技術庁が厳しい情報管理の方針を打ち出したことがあげられる。科学技術庁はレーザー法は水爆技術などへ通じやすいとして、研究段階から「日本原子力開発史上初めて」といわれる厳しい情報管理体制をとる方針だといわれ、ゆくゆくは機密保護法を制定せざるをえないだろうという観測もある。

それだけ日本の原子力研究も微妙な段階に入ったということだろうが、背景にはアメリカ政府の強い意向があるようだ。とくにSDI研究などの今後をにらんで、アメリカ側の意向としては研究を「軍事機密」化したいということだろう。日本の原子力基本法には公開がうたわれていて、公開の制限とか軍事機密とかの条項はもちろんないが、「アメリカ並み」が要求されてきたわけである。もっとも、アメリカには情報公開法という市民の側からの手だてがあるが、日本にはまったくなく、情報の公開・非公開が、関係省庁の恣意的判断にゆだねられている。

研究管理の強化は、これからのことではなく、すでにさまざまな現場でいろいろな事例が生じている。理化学研究所は槌田敦研究員の定期昇給カットの懲戒処分を昨年三月に行なった。その理由はシンポジウム報告書の印刷をめぐるささいなトラブルだが、この問題を調査した物理学会会員有志の調査報告書によると、処分に根拠は見出されず、研究所側の対応に不明朗な点が多いという。処分の背景には、レーザー法ウラン濃縮研究の本格化を前に、反対の立場を鮮明にする槌田氏を制して、情報管理強化に資したいという理事会や科学技術庁の意向が感じられてしまう。

日本原子力研究所では核物質防護対策を研究所側が強化しようとしたことで組合と対立し、労組員の八名に減給処分がなされた。事件は現在、中労委で争われているが、地労委では研究所側の不当労働行為が認定されていて、研究と情報の管理の異常ぶりの一端が示されている。日本の原子力研究のセンターが、次第に二重三重のフェンスで取り囲まれ、内部では「核兵器工場なみの核物質防護」(原研労組)が行なわれるというのは、象徴的なことといえよう。

市民運動や住民運動が情報を求めた場合でも、「商業機密」に加えて、「核物質防護」や「核ジャック対策」を理由に拒否されることが最近は多くなった。そんな状況をヴィジュアルに表現したかたちになったのが、昨年十一月のプルトニウム輸送であった。フランスから戻ってきた再処理後のプルトニウム二五〇キログラムが、どんなふうに日本へ運ばれ、いつどこの港につき、どんなかたちで陸送されるのか、私たちは自分たちの命のためにその情報を求めたのだが、米軍艦や日本の警察の厚い警備の壁に守られて、ただ結果として事態を知ったにすぎなかった。

核拡散防止や核ジャック防止のための情報管理と政府はいうが、市民の側にしてみれば、情報管理の強化が行き着く先、すなわち一部の権力者やテクノクラートに情報が独占されたときこそ、軍事転用をもっとも懸念すべきときである。核兵器がつくられるのは政府機関の深奥部であろう。研究の現場を風通しよくし、そこで何が行なわれているかつねに市民が見守り、発言できるような状況をつくることこそ、この高度技術社会がそのまま高度管理社会へと転じていかないための最低限の条件ではないだろうか。

市民から情報を遮断し、研究者を檻の中に閉じ込めるようなことによってしか、「安全」の保てない科学技術の分野があるとしたら、そもそもその研究自体の健全さを問うてみなくてはなるまいし、実際にそのような問い直しがいま求められているのかもしれない。ますます際どさをます科学と戦争の関係について問い詰めていくことは、否応なしに私たちの生きるこの科学技術時代総体にたいする問い直しへと行き着かざるをえないのである。

プルトニウムと市民のはざまで――一九九七年ライト・ライブリフッド賞受賞スピーチ

（一九九七年十二月八日、ストックホルム、スウェーデン議会）

フォン・ユクスキュル議長はじめライト・ライブリフッド財団のみなさん！

ご参加のすべてのみなさん！

本日名誉あるライト・ライブリフッド賞を受賞すべくここに列席できることは、私にとって大いなる喜びであり、名誉であります。この賞を受賞することは、とくに次の三つの点で私の光栄とするところです。

第一に、私は、この賞が本当によい仕事をした尊敬すべき人たちに贈られてきたことを知っているからであります。第二に、私が、科学者としてこの世でもっとも尊敬するジョン・ゴフマン教授によってこの賞に推薦されたことを知っているからです。第三に、受賞の喜びを、最愛の友人マイケル・シュナイダーと共有できることです。

核化学者として、そして反核の活動家市民として、私は長いあいだ日本と世界の原子力計画を分析・批判し、その危険性に警告を発することに携わってきました。最近では、日本と世界のプルトニウム利用計画を批判し反対することに、エネルギーを集中しています。

プルトニウム──夢物語のはじまり

プルトニウムは人工の元素です。グレン・シーボーグとその同僚が一九四一年に94番元素の合成に成功し、92番元素ウラン（ウラニウム、天王星＝ウラヌスにちなむ）の二つ先の元素ということで、冥王星にちなんでプルトニウム（plutonium）と名づけました。つまり、地獄の王ないし火の燃え盛る世界の元素というわけです。実際にプルトニウムが地獄を生むような物質であることがあとでわかったわけですが、この命名はなんという歴史の皮肉だったでしょう。

その合成からまもなく、主たる同位体であるプルトニウム─二三九（半減期二四、〇〇〇年）が、中性子との核反応によって核分裂を起こすということがわかりました。シーボーグは、プルトニウムを増殖することによって、人類は無限のエネルギー源を手に入れることができる、と考えたのです。彼は自分の核化学を、現代の錬金術と呼び、彼はそれによって、元素の大規模転換という錬金術師の夢、つまりは卑金属から金を生み出すという夢が、ついに叶えられたと考えたのです。

これは、多くの人びとにとって夢物語となり、その後もずっと、プルトニウムが長崎を地獄と化したあとも、生き残りました。そして一部の政府や産業界にとってはいまでも、プルトニウムの増殖は夢物語でありつづけています。

プルトニウム物語の新しい一章

シーボーグは、その一九五八年の著書（『超ウラン元素』、ナツエン社）の第一ページに次のように書いています。

プルトニウムの物語は、科学の歴史の中でも最もドラマチックなものだ。多くの理由によって、この稀なる元素は化学元素の中でも、きわめて特別な位置を占めている。これは人工の元素であり、元素の大量転換という錬金術師の夢を最初に実現した元素である。しかも、人類が目で見ることのできた、最初の人工元素である。そのひとつの同位体（訳注：プルトニウム─二三九）は特別な核特性を持っており、そのことによって、人間にとって圧倒的な重要性を帯びることになった。……この元素は第二次世界大戦中に発見され、またその生産手段も開発された。それはとても特別な状況の下であり、そのことによって、きわめて魅力的で好奇心をそそる物語となった。もちろんこの物語には続きがあり、新たな章が今後書き加えられねばならないだろう。(強調は高木)。

私が日本の原子力産業の研究所で働きはじめて数カ月後に、私はこのシーボーグの本を東京(神田)の古本屋で買い、この第一ページの記述、とりわけ強調を施したところにとり憑かれてしまったのです(実際に私はそのとき強調を施した)。よし、私がその新しい一章をつけ加えるのだと、心に誓ったのです。私はそのとき、二三歳でした。たしかに、そのときからおよそ四半世紀もたったころ、私は、「いまわれわれはプルトニウムの歴史に何かを加えつつあるかもしれない」と感じるようになりました。一章というほどではなく、一節かもしれないけれど、それは、シーボーグが、そして当時の私が想像もしなかった方向において、です。じつは、正直に言うと、彼の本を読み進むにつれ、私は当時からある種の違和感を感じていたのです。

実際の原爆の製造は、非常に独創的で輝かしい数多くの基本に関わるアイデアと、設計の詳細にわたる重要なアイデアを必要とした。

私の手持ちの本には、当時私が余白に書き入れたメモが残っています。「なんたることか、核兵器をつくるための独創的で輝かしいアイデアとは!」、つまり、私は直観的に私がめざすべきものは、シーボーグや他のノーベル賞の受賞者たちがその「独創的で輝かしいアイデア」によってめざしたものとはなにかしら異なるもので、それによってプルトニウムの歴史に新しい章をつけ加えねばならないと感じていたわけです。もちろん、この分野でいったい何をすればよいのか、私に何ができるのか、見当もつきませんでした。

現在においては、私は少し肯定的に、われわれ――マイケル・シュナイダーや私、そしてプルトニウムのない世界に向けて国際的に連帯して活動しているすべての仲間たち――は、プルトニウム物語の最後の章、つまりプルトニウムの脅威に幕を閉じる章を書きつつあるのかもしれない、と感じています。ライト・ライブリフッド賞を受賞することは、この終章を完成させるためにいっそうの努力をするよう、われわれを限りなく励ましてくれます。

民事プルトニウム計画

プルトニウムは容易に核兵器に用いられる材料物質であり、通常の原子炉で製造されるプルトニウム、いわゆる原子炉級プルトニウムの七～八キログラムもあれば長崎型の原爆が製造できます。

プルトニウムはまた、よく知られた発ガン性の物質で、シーボーグ自身その本で、「人類に知られた最も危険な毒物」と表現しています。国際的な基準にもとづくこの物質の摂取限度によれば、職業的労働者にとっては一マイクログラム（一〇〇万分の一グラム）以上が、健康上問題にしなくてはならない量であり、一般公衆にとっては、ナノグラム（一〇億分の一グラム）レベルが健康上問題にされなくてはならないような物質です。

日本やフランスのような国における、現在の本格的な民事プルトニウム計画では、このようなプルトニウムを何百、何千万グラムも分離し、輸送し、そして使うことを考えています。しかし歴史的な経験は、この物質から有意のプラスのエネルギーを得ようとするあらゆる試みが失敗に終わったことを示しています。それは、技術的、経済的、政治的な困難のためでした。そして現在では、民事プルトニウム計画をこれ以上つづけるための、なんの正当付けの理由も残っていないと考えられます。にもかかわらず、夢物語の遺産が現在も残りつづけているのです。

そのひとつの大きな理由は、官僚制の巨大な惰性です。日本とフランスという、巨大な中央集権的官僚国家が、なぜプルトニウム大国になっていくのか、容易に理解いただけると思います。それがまた、日本の私とフランスのマイケル・シュナイダーが、なぜこれほど緊密に仕事をするようになったかということも説明しているのですが。プルトニウム計画が生き残る第二の理由は、再処理などの契約がすでに多く結ばれていて、これが足かせになっているためです。第三の重要な点として私が挙げたいのは、一般に科学技術者は、自分たちの所属するコミュニティーの利益に反すると考えるようなことに口を閉ざそうとするのです。そのため、彼らは世界の現実から目をそらし、現実の問題に立ち向かうことを回避しようとするのです。もちろん、この第三番目の問題こそ、私がとくに取り組むべき領域であることを自覚しているつもりです。

市民の目の高さからの科学を!

私の科学者としての最初の仕事は、核燃料の安全性に関係したことでした。私は、セシウムやプルトニウムといった放射性元素の核燃料中の振舞いに興味をもち、研究をはじめました。数年ののち私が知ったのは、核燃料中の放射性物質の挙動が、当初私たちが想定していたものよりはるかに複雑だということでした。私が驚いたのは、われわれ核化学者が、放射性物質の挙動について、まだいかにわずかしか知らないか、というまさにその事実についてでありました。

六〇年代の半ばに、日本の原子力計画は本格化してきました。原発建設予定地での住民の反対や原子力問題に関する人びとの憂慮が高まりつつありました。しかし私の同僚の科学技術者たちは、自分たちはすべてわかっているのだと言わんばかりの態度で、住民の懸念はたんに一般の人びとの側の科学にたいする無知からくるものだ、として無視しようとしました。その当時は、私は原子力そのものにはそれほど批判的ではなかったのですが、私たちがいったいどこまでわかっていて、どこまではわかっていないのかという点を明確にし、私たちの関係する科学技術プロジェクトに関する不確かさを指摘することが科学者のもっとも重要な責任のひとつだと考えました。そしてこの問題に深く関心をもつようになればなるほど、私はいっそう強く次のように感じました。「原子力産業の科学的基盤というのはなんと不確かなものだろうか！」と。

これが私にとって、科学者としての人生の転換点になりました。私は市民の側の懸念を共有したいと思い、ずいぶん考えた末ですが、専門家のコミュニティーを離れ、市民としての科学者、ないしは、科学者としての市民として、市民とともに作業をしようと決意しました。当時、私は都立大学の助教授でしたが、市民とともにありたかったということと、自分の作業に専心したいという気持ちから大学を辞しました。

そして一九七五年に東京での原子力資料情報室の創設に参加しました。そこでの仕事は、政府や原子力産業の利害とは独立に、つまりは市民の視点、さらに環境を守るという視点から、政府の原子力計画を批判的に検討し、きちんとした根拠にもとづいて、原子力問題に関する情報と見解を一般の人びとに理解しやすいかたちで提供するというものでした。

プルトニウム反対の活動と国際協力

私の最近の活動は、日本および世界のプルトニウム計画の批判とそれに反対することに集中しています。というのも、私はその計画が、現在の世界にとって最大の脅威であり、かつ、プルトニウムはまさに私の出発点でもあるからです。私の社会的活動の最初から、私たちの世代が蓄積し、またこれからもしようとしているぼう大な量のプルトニウムの備蓄に関連して、将来の世界にたいする核化学者としての責任という問題が、つねに頭のなかにありました。

私たちの活動は、日本のプルトニウム政策を転換させるということに目標を置いていましたが、同時にこの活動は国際的でなければならないと考えました。実際プルトニウム産業は多国籍的ですし、日本のプルトニウム計画に関連した産業側の活動はプルトニウムや高レベル廃棄物の長距離輸送などを通じて国際的懸念の対象になっていましたから。マイケル・シュナイダーをはじめ、グリーンピース・インターナショナルやワシントンの核管理研究所、ドイツのエコ研究所などと緊密に協力し合い、活動できたことは私にとって幸運でした。私たちは、効果的な独特の国際的ネットワークを築くことに成功したと思います。

この面で私たちが最近行なったことといえば、国際プルトニウム会議の開催（一九九一年）、日本のプルトニウムの海上輸送に関するアジア・太平洋会議（一九九二年）、情報の完全公開要求を含むプルトニウムと高レベル放射性廃棄物の国際輸送に関する反対キャンペーン、再処理を考える青森国際シンポジウム（一九九四年）などがあります。そしていま、私たちは、重要な国際的プロジェクトを完成させました。これは原子力資料情報室が組織し、私とマイケル・シュナイダーがそれぞれ代表および副代表となって行なわれたもので、ＩＭＡと呼ばれます。ＩＭＡとは、「国際ＭＯＸ評価」の略で、軽水炉でＭＯＸ（ウラン－プルトニウム混合酸化物）を使うことに伴う影響を国際チームによって多面的・総合的に評価しようというものです。この報告書は英文で三三〇ページを超えるものですが、原子力資料情報室から入手可能です。

私たちの国際協力の一例を紹介しましょう。一九九二―九三年に一・五トンのプルトニウムがあかつき丸という輸送船に乗って、フランスから日本まで喜望峰をまわりタスマニア海を通ってはるばる運ばれるという出来事がありました。このときには、国際的な懸念が広く表明されたにもかかわらず、フランスおよび日本の当局から、ほとんど情報が公開されませんでした。しかし、フランスにおける市民運動の圧力で、ある程度のくわしいデータがフランス政府から出てきました。また、運動側への産業界からの内部告発もありました。これらの情報は、WISE-Parisを通じて、ただちに原子力資料情報室に伝えられ、それを分析した私たちは、さらに足りない情報を日本政府に求めました。そして政府からの回答は今度はフランスや他の国に伝えられ、そこの運動に寄与しました。もちろん、いつもうまくいったわけではありませんが。

もうひとつ、国際協力の成果の例を挙げることができます。一九九三年の十月に、日本の原子力委員会は、初めて、プルトニウムの在庫量のデータを公開しました。これは、透明性を求める国際世論の成果です。そしてこの日本の発表が端緒となって、結局大きなプルトニウム在庫をもつ国（英米仏）はすべて、その後毎年の在庫量を公表するようになりました。その結果として、私たちは、現在、民事用の分離プルトニウムに関して、その在庫と移動に関してモニターし、少なくともある程度の透明性をもって、疑わしい移動がないか転用がないかということをチェックできるようになりました。もちろん現在の透明度は、とても満足できるものではありませんが、数年前に比べたら格段の違いがあると思います。

現在すでに一六〇トン以上の分離プルトニウムの備蓄が、世界じゅうであることが明らかになっています。再処理がつづくため、いまもこの量は増えつづけています。したがって、民事プルトニウム計画からのプルトニウムの量は解体核兵器からの全プルトニウム量を上回り、この惑星上のすべての生命にとっての最大の脅威のひとつとなるでありましょう。このようにデータが明らかになることによって、人びとはより的確な情報を得て、脅威に備えられるのです。

いま私たちはどこにいるか

いったいわれわれは何をなしえたでしょうか。もちろん、私は自分たちがやったことについて客観的に評価する立場にはいません。しかし、とくに一九九五年十二月の高速増殖炉もんじゅのナトリウム火災事故と一九九七年三月の東海再処理工場の爆発事故以降、日本のプルトニウム計画の停滞・縮小は明らかです。フランスの高速増殖炉スーパー・フェニックスも廃止が決定されました。

情報公開の状況も日本ではかなり改善されました。もちろん現状に私たちは満足していませんし、完全な情報の公開をさらに要求しているのですが。

プルトニウムという重要な問題に関して、明らかに、日本および世界の人びとの関心は高まりました。日本では、地方自治体や住民が、政府と原子力産業の秘密主義に挑戦しはじめました。彼らは、政府のプルサーマル計画に大きな抵抗を示しています。このプルサーマル計画は、高速増殖炉計画の挫折のあと、プルトニウム産業の最後の生き残り策とも言うべきものです。私たちは、私たちが中心になって行なったＩＭＡ報告がこの最後のプルトニウム計画に終止符を打つことに貢献できるよう願っています。

この報告書のほんの結論部分だけをここに引用することをお許し下さい。

ＩＭＡ（国際ＭＯＸ評価）プロジェクトの共同研究者は、次のような結論に達した。プルトニウム分離とＭＯＸの軽水炉利用という路線のデメリットは、核燃料の直接処分の選択肢に比べて圧倒的であり、それは、産業としての面、経済性、安全保障、安全性、廃棄物管理、そして社会的な影響のすべてにわたって言える。換言すれば、プルトニウム分離の継続とＭＯＸの軽水炉利用の推進には、いまやなんの合理的な理由もなく、社会的な利点も見出すことができない。

プルトニウムをとりまく状況はたしかに変化しつつあります。マイケル・シュナイダーと私がこのプロセスに貢献しつづけられるとよいと思っています。しかしこのプラスの変化は、幅広い国際的・国内的な民衆の共同作業によってのみ可能となったものです。したがって、このライト・ライブリフッド賞の名誉は、これらの人びとすべてが分かち合うべきものであります。

いずれにしても、私たちは、いまようやく、プルトニウム物語の終章を書きはじめたのです。プルトニウム物語の長い歴史と夢物語に投資された巨額のお金に対応して、まだ私たちのたどるべき道のりも長いことを知っていますが、私たちが正しい方向に歩んでいることは信じてよいと思います。

私の受賞の報道のあとで、大変多くの手紙、電報、ＦＡＸ、電話、電子メール、花束等々を日本じゅうの人から受け取りました。それらは主に草の根の運動の人びとです。多くのメッセージがたんにお祝いの言葉だけでなく、「ありがとう」の言葉を含んでいました。それらは、たんに私にたいする感謝というより、ライト・ライブリフッド賞財団と選考委員会にたいする感謝です。これらの全国の人びとは、私と同じ運動を分かち合っているわけですから、実際に受賞の名誉を共有しているのです。私は、このことは、財団にとっても名誉なことであると信じます。なぜなら、このように大勢の人びとが分かち合う気持ちをもって賞を受け入れることほど、ライト・ライブリフッド賞にふさわしいことはないと考えるからです。

終りにあたり、私は一言つれ合いの中田久仁子に感謝の言葉を送りたいと思います。私がもし何かをなしえたとすれば、それは彼女の絶えざる協力と激励によってのみ可能となったものだからです。そして最後に、しかし、心からの気持ちを込めて、私の同僚の、原子力資料情報室のスタッフの皆さんに深く感謝したいと思います。

第二部　原子力エネルギーについての認識と批判

「原子力社会」への拒否——反原発のもうひとつの側面

（初出『電力新報』一九七五年九月号）

技術が生活上のたんなる道具であった時代は、遠い昔のものとなってしまった。現代のように、技術の体系が巨大化し、巨大な投資を必要とし、したがって莫大な利潤をもたらすことが期待されるとき、さらには一国の政治的・軍事的優位とも密接に結びつくとき、その技術の体系はそれを有効に機能せしめるような、産業、研究、政治（軍事）一体となった複合体を形成していく。このことは、ある技術の体系の選択が、とりもなおさずある社会的システムの選択につながっていくことを意味している。

原子力は現代におけるそのような巨大技術のひとつの典型である。とくに原子力は人間の生活にとって基本的な重要性をもつエネルギー供給にかかわっており、政治と大企業とが推進主体であるから、原子力エネルギーが社会生活に大きな比重を占めるにしたがって、それに好都合な社会へと社会が形成されていく可能性がきわめて大きい。これはわが国に限らず、原子力エネルギーの採用に伴って世界的に予想される傾向であり、背後に核兵器という問題が不可分に存在していることが、その政治的・社会的影響をいっそう大きなものとしている。

それでは、この原子力社会ともいうべき社会は、具体的にどのようなものだろうか。私たちがいろいろな場で原子力について学び、考え、討論し合っていくなかにおいて、反原発市民連絡会議を結成していくことになったひとつの大きな動機は、私たちが黙っていれば否応なしに押しつけられるであろうこの「原子力社会」が、私たちの望む社会とはとうてい相容れない、という認識であった。

もちろん、営業運転に入っているわが国の八基の商業用原子炉のうち、現在（六月末）二基しか運転状態にないという事実にみられるように、発電用原子炉の安全性と信頼性、また廃棄物処理の問題など、技術的・経済的側面においても、私たちは、原子力発電が私たちの生命と生活に多くの弊害をもたらすという認識にたって、原子力発電計画に反対している。しかし、都市の住民を原子力発電反対へと起ち上がらせた大きな契機は、むしろ原子力社会の拒否にあったといえよう。

私たちは本年六月に、アメリカの生物物理学者であり、この数年来アメリカやヨーロッパの反原発市民運動に積極的に参加して、原子力発電の危険性と原子力社会の危険な未来について警告を発してきたアーサー・R・タンプリン博士を招いた。

同氏の講演や、同氏との公開の、あるいは個人的な議論を通じて、アメリカやヨーロッパの情況について知るにつけ、原子力を選択することは、たんに生物学的に大きな危険を選択することだけでなく、抑圧と秘密に満ちた社会を選択することにほかならないという私自身の認識は、いっそう確固たるものとなった。

原子力の技術的側面についても、現在、けっして充分な議論が行なわれているとはいえないが、その社会的側面については、わが国ではほとんど論じられていない。この状況を考慮して、本稿では「原子力社会」という問題に焦点を絞って、私の考えを述べてみたい。

プルトニウムの社会的拡散

原子力の社会的影響を象徴的に表わしているものとして、ここではプルトニウムの問題を考えてみよう。いうまでもなく、プルトニウムは将来の原子力計画の中心をなす存在であり、燃料の有効利用と資源確保などの点から、プルトニウム利用を含まない原子力計画は考えられないといって過言ではない。計画通りに原子力利用が進行すれば、プルトニウムの生成量は年々増加し、原子力産業会議の予測によれば、わが国でも一九八五年において年間生成量約八トン、総保有量は約四〇トンに達する。

しかし、プルトニウムはその毒性がきわめて強いこと、および容易に原子爆弾になりうることから、使用済燃料の再処理プルトニウムの利用という計画には、世界じゅうで大きな疑問が出されている。プルトニウムの毒性については現在大きな議論のあるところであるが、いずれにせよ、致死量が数十マイクログラム以下程度であることは間違いない。この点からも、プルトニウムが年々多量に生産され、社会的に拡散していくに伴い、私たちは大きな危険をかかえることになるといわなければならない。しかし、ここで問題にするのは第二の点である。

フォード財団のプロジェクトのひとつとして、M・ウイルリッチとT・テイラーによってまとめられた核盗難に関するレポートは次のように述べている。

考えられうるケースとしては、数人、あるいは、たぶんひとりの人間でも、約一〇キログラムの酸化プルトニウムと多量の高性能化学爆薬をもっていれば、数週間以内に、粗雑な核分裂爆弾を設計し、作ることができる。〝粗雑な核分裂爆弾〟とは、充分高い確率で爆発し、高性能化学爆薬の一〇〇トン分にあたる爆発力をもつようなものをいう。これは、金属器具店や学生実験用の科学器具店で入手できるような材料と道具をもちいて製作できよう。

核爆発に必要なプルトニウムの臨界量は、プルトニウムの化学的状態と爆弾に用いる中性子反射材によって多少の違いはあるが、金属で四～八キログラム、酸化物でも一〇キログラム程度といわれる。金属や酸化物は、簡単な機械的技術さえあればそのまま爆弾となる。また、その大きな毒性を利用して放射能拡散兵器も作りうる。万一、プルトニウムがエアロゾルのかたちで人口密集地帯に撒きちらされると、大惨事を引き起こすであろう。

これらのことは、プルトニウムが年々飛躍的な増加率をもって生産されるに伴い、私たちの社会に大きな危険が広がることを意味している。　第一の危険は、各国の核武装の可能性が飛躍的に増大することである。タンブリンは、「プルトニウムを保持する国は、潜在的には核兵器保有国とみなすことができる。原子力の世界的な広がりとともに、核武装も世界的な広がりをみせるだろう」と述べている。

核武装体制を敷かなくとも、プルトニウムさえ保有すれば有事にいつでも核を使用しうるような体制が整うことは確かである。　インドが核武装に踏み切り、昨年プルトニウム爆弾による核実験に成功したのは、原子力産業からの核物質を転用したことによるものであった。

米国のＡＥＣ（Atomic Energy Commission 原子力委員会）によれば、同様に核兵器を製造する潜在的能力をもつ国は現在世界に二二もある。　石油を豊富に産出する中東諸国が現在米ソから原子炉を輸入しようとしていることの意味に、充分な注意をはらう必要があろう。これらの国々が核武装することにたいして、核武装の先進国が〝歯止め〟をかける根拠はない。　核武装は一般に考えられているよりはるかに容易であるし、原子力の軍事利用と平和利用のあいだに明確な境界を設けるのは実際問題としては困難である。

このことと関連して、核盗難の問題が現在にわかに世界的な関心を集めている。商業用プルトニウムが多量に生産されるようになると、貯蔵庫から、あるいは輸送の途中で盗難に遭う可能性が増大する。そうなると私たちは、一定の集団や個人が特定の目的をもって核武装したり、プルトニウム爆弾を使用したりする危険性と隣り合わせに暮らすことになりかねない。　原子力の誕生とともに予想されたこのような問題が、いまさらのように注目を浴びてきたのも、その具体的な危険性が目前に迫ってきたからであろう。

このような核盗難にたいする防御措置は、セーフガードと呼ばれている。この問題に関連するＡＥＣのローゼンバウム報告（一九七二年）は、次のように述べている。

113　「原子力社会」への拒否──反原発のもうひとつの側面

ここ数年、セーフガード問題を現実の、緊急かつ重要な問題とする要因が急速に進行しつつある。テロ集団は、世界的にそのプロとしての技術、情報網、財源、装備の水準を高めつつある。不法に入手した核武器は、原子力発電所の事故に伴う放射能の危険以上に大きな害をもたらすが、それに関連する規則は非情に甘いものである。

また、プルトニウムは、キロ当たり三千ドルから一万五千ドル程度の商業価格をもって、ヘロインと同じように闇市場を形成する可能性があることも指摘されている。これらにたいして現在のセーフガードはまったく甘いというのは、一般的に認められているところである。

たとえば、NUMEC社では、原因は明らかではないが、過去数年で生産したプルトニウムの六パーセントに当たる一〇〇キログラムが行方不明になっている。米国のNRC（原子力規制委員会）は、本年五月に、プルトニウムの軽水炉への利用についての決定を三年間延期することを決定したが、その最大の理由は、プルトニウムなどの核物質の盗難にたいするセーフガードの問題が未解決であったことにある。

強化される管理

プルトニウムを多量に生産し、使用しつつ前述のような危険を防ぐためには、管理を強化するしかない。そのための具体的な方策としては、現在どのようなものが考えられているだろうか。プルトニウム燃料の利用に関するWASH―一三二七報告（一九七四年）のなかで、AECは以下のような具体策を提案している。

一、再処理施設―燃料工場間の核分裂物質の輸送は、盗難やサボタージュにとくに無防備である。この弱点を防ぐには、再処理施設と加工工場を一ヵ所に集める（いわゆる核公園構想）。

二、輸送コンテナを巨大化し、特別に警備された輸送体制を敷き、車輛、通信手段などを工夫する。

三、施設への出入管理を強化し、不法侵入にたいする最新式の警報装置、無能力化ガス装置などを備える。

四、個人にたいする保安調査、ＦＢＩのような連邦核保安警察の設置、高度な職員監視、捜索システムなどの警察機能を強化する。

五、プルトニウムの国内管理責任体制の厳正化。

六、取扱いがむずかしく、盗みにくく、爆発物に加工しづらい「スパイクした」プルトニウムを使用する。

このような案のすべてが容易に実行できるような具体性をもつものではないが、確実に即座に実行される可能性があるのは三、四である。これは、警備の強化、秘密警察機構の発達を必要とし、〝核物質〟を理由とする個人の権利や自由の大幅な制限を要請している。

まず第一に、原子力産業に従事する労働者の労働者としての権利は大きく制限され、労働者は強力な監視のもとに置かれるであろう。アメリカでの最近の議論においては、セーフガードや原発の事故が労働者の争議行為にたいしてきわめて弱いということが、さかんに指摘されている。したがって、セーフガードを強化するためには、労働者の争議権にたいする特例的な制限が設けられるであろう。

昨年、燃料工場のカーマギー社のカレン・シルクウッドという女性が〝自動車事故〟に遭って死亡するという事件が世界をにぎわせた。彼女は組合活動家であった。この事件についてはすでに多くの報道がなされているので詳述は省くが、彼女の死因と、彼女やそのアパートの部屋がプルトニウムで汚染されていた原因については、現在でもいぜんとしてさまざまな推測がなされている。また、事件後、カーマギー社の職員は、マリファナやセックスの問題を含むプライバシーにかかわる質問を受けて、ポリグラフにかけられている。

監視の対象となるのは必ずしも原子力産業の労働者だけではない。原子力発電所建設や原子力計画に反対する人たちが警察の厳重な監視を受けるということは、すでに頻繁に報告されている。たとえば「健全なエネルギーのための市民協会」の議長で、ダラスに住むR・W・ポメロイが、原子力発電所建設計画に反対したことにより、〝危険人物〟として公安警察にマークされ、監視下に置かれたことが昨年明らかにされ、議論を呼んだ。このようなミステリーめいた話やプライバシーの侵害が原子力社会にはますます多くなるであろうことは想像にかたくない。

ヘロインや武器の密輸ルートが充分取り締まりえていない現状を考えれば、セーフガードの強化によってプルトニウムの社会的拡散を防ごうとすれば、現在よりもはるかに強力な管理国家を実現しなければならなくなることは明らかである。

そして原子力施設の安全性に直接かかわるような技術的な、また行政的な情報を一部のテクノクラートに集中し、一般の人びとが原子力施設の安全性や信頼性についてくわしいデータにもとづいて意見を述べる機会は、ますます封じ込められていくであろう。このような社会が、私たちのとうてい望むところでなく、またプルトニウムの盗難による危険そのものよりもはるかに大きな危険——抑圧と秘密——をもたらすことはいうまでもない。

原子力社会への拒否

以上、プルトニウムをひとつの典型としてみてきた問題は原子力社会に一般的なものであり、すでに進行中の事態である。原子力は、過去の歴史において軍事技術のなかから生まれてきたし、現在のような国際情勢がつづくかぎり、その軍事的な側面を切り離して考えることはできない。そのような軍事的な重要性があったからこそ、マンハッタン計画以来、他のどんな技術よりも積極的に、国家によって開発が推進されてきた。また、その開発が巨大な投資を必要としたため、経済的に大きな力をもつ巨大資本のもとですすめられてきた。その結果、排他的で硬直化した、引き返すことのできない技術的・社会的システムが成長しつつある。

原子力開発が多くの秘密を伴い、原子力施設に関する安全審査もずさんで、公開の討論を経ず、住民の意志も尊重されていないという、従来批判されてきた点もわが国固有の現象ではなく、このシステムそのものの性質に深く関係している。

原子力という技術が、このようにたんにひとつの可能なるエネルギー供給技術というにとどまらず、いわば政治経済的体制の内部でその不可分の一部として発達してきたということは、さらに別の困難を生じている。それは、原子力の体系が、石油に替るエネルギー源として、当面、原子力しか選択の余地がないような体制を打ち立ててきたという事実である。私は、私たちが普通に人間らしい生活をするためには、現在、原子力の推進論者たちが主張するほどにエネルギーを必要としていると思わない。しかし、仮に、なんらかの代替エネルギーが早急に必要であるとしても、当面、原子力以外に可能な案がないと一般に信じられている理由は、もっぱら、原子力開発が至上命令的に、他に優先して推進されてきたという事情によっているにすぎない。現在、どこの大学の工学部にも原子力工学科が設置されているが、太陽エネルギー工学科や地熱発電工学科がまったく存在しないのは、この理由による。

原子力開発がわが国において決定されたと同じ時期にこれらのエネルギー技術の開発が推進されていたならば、たとえエネルギー源を現在新たに必要としたとしても、私たちははるかに多くの選択の自由度をもったことであろう。公害の面からみても、軍事技術と結びつかないという点からみても、また前述のような社会的な側面からみても、太陽、潮汐、地熱、風力などのほうが原子力よりは好ましいことは明らかである。もっとも、これらの技術は、独占の対象となりずらいし、必ずしも巨大化を必要としないという意味で、大企業にとってはうまみのないことなのかもしれない。しかし、それだからこそ、私たち市民にとってはこれらのエネルギーのほうが、選択としては好ましいであろう。石油メジャーに首根っ子をおさえられたことの二の舞いを演じたくなければ、原子力以外の道を封じておいて原子力を押しつけるような〝核メジャー〟を作ってはならない。

繰り返しになるが、原子力社会は権力と情報の極端な集中化をもたらし、硬直化した社会を産み出すであろうことが、エネルギーという私たちの生活の根本にかかわる問題だけに、このシステムの社会的影響はきわめて大きく、私たちの強いられる犠牲はかけがえがない。原子力社会の形成を、私たちは絶対に拒否しなければならない。

原発反対運動のめざすもの――科学技術にかかわる立場から

（初出『情況』一九七六年一月号）

巨大科学の虚構

現代の科学技術を特徴づけるのは著しい巨大化と細分化である。この一見相反するような二つの特徴は、しかし相互に密接な関係をもっている。ゾーン＝レーテルがみごとに明らかにしてくれたように、数学や物理学に代表される近代の抽象的知性は、商品生産制社会に固有の認識の形態であり、そこには支配階級の階級的利害が潜在的に反映されている。とすれば、巨大化と細分化もまた商品生産の現在的形態、すなわち大規模工場における大量生産に規定された（と同時に規定する）認識の段階といえよう。

大規模工場における大量生産がベルトコンベアの流れに沿って配置された細分化された作業の積み重ねによって成立しているように、あるいは大型の化学プラントが数多くのユニット・プロセスの複雑な組合せによって成立しているように、巨大な科学技術の体系も、とめどなく細分化した学問の総合化＝再構成としてのみ可能である。細分化を促すのは、いうまでもなく自然科学の抽象の度合の深化である。近代科学が対象たる自然を切り刻み、要素に分解して実証的な法則性を抽出してくるという方法論に立つ以上、総合的な認識に先立って、認識の細分化は不可避である。ひとつの物＝自然の全体についての認識は、この細分化された認識をつなぎ合わせて、全体を再構成するという手続きを通して行なわれる。しかし、この細分化された要素の再構成は、けっして現実に存在する物をトータルに再現しはしない。再構成する単位としての各要素自身が、すでに一定の抽象化可能性を想定して選ばれざるをえないからである。

実験というものは、対象たる物＝自然のあるひとつの側面に注目し、その注目した側面についての法則性を得ようという目的意識をもった場合にのみ、企画し実施しうる。ある一定の法則性を実験によって見つけだすには、さまざまな制限を加えて試料を抽出するとか、磁場や電場をかけて原子や分子の配列に制限を加えるとか、現実離れした条件を設定して、ある純化した状況を作り出さなければならない。抽象の度合が進めば進むほど、非現実的に純化した条件が要求される。このようにして得られた個別的な認識を接ぎ合わせて、現実の物＝自然をトータルに再現し、その全体としての挙動を予測しうるような総合化の方法論は現代科学のなかにはない。個別的な認識の接ぎ合わせは、現実の物とは似ても似つかぬ抽象化された虚構の世界を作り出す。巨大科学であればあるだけ、その虚構性は増す。

ここで〈虚構〉という言葉を使うには若干の説明を必要としよう。実験室的な実証性にもとづいているという意味では、多くの場合、現代科学はけっして〈虚構〉ではない。実証的な事実は現実的な自然の法則性にしたがって抽象されてきたものであるし、一定の純化した条件のもとでは、必ず再現されうる。したがってその認識を一定の制御された条件のもとで適用すれば、たしかに工場における商品生産を可能にする現実的な力をもっている。にもかかわらず、この科学や技術が虚構であるのは、それが現実の自然にたいして商品としての有効性を前提とした抽象を施したものにほかならないからである。さまざまな原料を複雑に配合して作られる化学製品は、たしかに商品たりうるが、それが物全体としてその生産過程にかかわる労働者や人間社会とその環境に受け入れられる物たりうる保障がなにもないことは、すでに「公害問題」で豊富な例をみている。これは、現実の人間の生活過程とまったく切り離された実験室的操作の積み重ねから生じる、現代科学技術の避けることのできない欠陥と言える。あるいは、ゾーン＝レーテル流に言えば、実際の使用を切り離すことによってのみ成立する商品の抽象的性格に起因するとも言えよう。

科学者の党派性

しかしながら、実験室にこもって実験室内での物＝自然との個別的なやりとりにかかわっている科学者には、そのような構造は見えてこない。むしろ多くの科学者は、主観的には実験室的な実験を通じて、自然認識の深化、ひいては人類に科学技術をもって貢献していくことができると信じている。そしてその目的にとっては、実験室が社会的諸関係から切り離された抽象的世界であるということが逆に好都合となろう。もちろん、その抽象がいかなる社会的関係に由来するものなのか、より端的に言えばいかなる階級関係を媒介とするものなのかは、科学者には可視的ではない。

ゾーン＝レーテルは次のように言っている。

……数学・物理学的な認識方法が私有関係という社会的合成の形態に応じた思考方法にすぎない、ということを我々が知らなかったなら、生産関係の影響については、ほんのわずかな痕跡すらも見出しえず、物質的な物体と因子の性質のみが決定的なものとなる。ところが、事実はこのような見かけとはまったく違っているのだ。（自然科学者はその見せかけに職業的な犠牲となったものなのだ）（『精神労働と肉体労働』、訳は高木による。）

別な言い方をすれば、自然科学や技術は約束事の世界である。その約束事の世界がそのまま現実的な社会に適用すると考えるのは虚構にすぎない。その虚構が、現実社会の問題解決に本質的な寄与をしうると考えるところに、外見上の政治的な立場の違いを超えて、科学技術者に固有の党派性が生じる。巨大科学のひとつの典型としての「原子力」に焦点をあてながら、この問題を少しくわしくみてみよう。

マンハッタン計画をめぐって

原子力の研究・開発は、言うまでもなく原爆製造計画である「マンハッタン計画」に端を発している。この計画はまた、産軍学複合体による科学技術の開発体制のスタートを示すものであった。マンハッタン計画自身については、すでに多くの書もあり、ここで改めて触れる必要もないであろう。ここで問題にしたいのは、この計画の中心にあってそれを強力に推進した、フェルミ、ウィグナー、シーボルグら一連の科学者（科学者集団のなかのエリートたち）の立場の党派性である。彼らをして原爆製造計画に邁進させたのは、「当時としては、ナチスがいまにも原爆製作に成功する可能性があった。そうなれば世界的規模の大虐殺が起こるだろう。それを阻止しなければならない」とする考え方であった。おそらくこの心情は多くの人びとにとっては正直なところであったろう。実際のところ、当時の情況から判断して、これらの科学者たちは、ドイツの科学者たちが核分裂エネルギーの軍事利用について一歩先んじていると考えていたと思われる。そのあせりが異常なまでの原爆作りへの集中を生み出したといえる。

しかし、それならばなおのこと、彼らの原爆製造は、実際にナチスのそれに遅れることはあっても阻止することはできないこと、相手を上まわる威力のものを作ることによって軍事的に優位に立つことを通じて、「問題解決」に寄与することでしかないことを、彼ら自身も充分に知っていたであろう。（膨大なマンハッタン計画のなかには、「ナチスの原爆から人類を守る」という方向において第一に必要となるであろう、核爆発の人間や環境にたいする影響・放射線の人体にたいする影響、といった課題はなんら本格的に取り上げられておらず、すべてが「原爆製造」という一点に向けられている）。

私はここでなんら人道主義的な問題を提起しようとは思わない。問題としたいのは、「科学技術的な努力（操作）」が人間的な努力に優先して、それによって人間にかかわるなんらかの本質的な解決が行なわれると信じた科学技術者たちの立場性である。マンハッタン計画に関しても、彼らの立場の虚構性は二重の意味で明らかである。第一に、原爆は、第二次大戦ばかりでなく、その後においても、「戦争の終結」やなんらかの「問題解決」にいっさいの効果もなかったこと、第二に、核兵器の開発は世界的な核開発競争の連鎖を引き起こし、核実験による全地球的な放射能汚染や放射線障害に道をひらいたこと、である。

マンハッタン計画は純粋な科学研究ではなかった、それをもって科学一般あるいは巨大科学を論じられては困る、という批判が一部の人たちから返ってくるかもしれない。しかし、マンハッタン計画は、当時の一流の頭脳を結集しての巨大科学研究プロジェクトであったし、そこから導き出された「科学的業績」も大きいのである。実際、原子炉から再処理にいたるまで、今日の原子力産業の根幹は、ほとんどマンハッタン計画時代に確立している。違いといえば、軍事利用という目的一本に絞って、その目的に不要なものはいっさい切り捨てられてきたのが、今度は、「商業利用」という目的に的が絞られている、ということにすぎない。放射線の生体にたいする影響や原子力による環境破壊といった側面の研究も、たしかに現在行なわれてはいるが、それらは、いわば二次的な「対策」(それも「科学技術的操作」である)としての意味をもつにすぎない。「原子力」という分野自身、マンハッタン計画なしには成立しなかったかもしれないし、成立したとしても、その性格を大きく異にしていたであろう。

ヴェトナム戦争と科学者

さて、すでに述べたような人間的な努力にたいして、科学技術的な努力を優先させて問題解決を計る、という思想の党派性が、その後においてどのように展開されたかは、前述とちょうど同じ科学者たち、あるいはその系譜に属する後続者たちが、ヴェトナム戦争にたいしてどのような立場をとったかを見れば明らかである。E・テラー、E・P・ウィグナーら原水爆製造の立役者たちは、主として国防分析研究所(IDA)のジェイソン局を通じて米国の国防にかかわり、ことにジョンソン大統領時代のインドシナ戦争遂行に技術面で寄与している。その中心は、インドシナ戦場の「電子戦争化」であった。それは小型の電子装置を使ってゲリラの浸透を巧みにキャッチし、ゲリラ部隊をせん滅することをねらった作戦であり、自らの犠牲を少なくして有効に敵を撃つための、ヴェトナム・ラオス・カンボジアの「自動化戦場化」であった(『ぷろじぇ』第10号「皆殺し戦争を支えた科学者たちの思想」を参照)。ここでも問題にしたいのは、この計画自身と科学者たちのかかわりの虚構性である。

一部の科学者たちは、「共産主義者を殺りくすること」に使命感を感じていたであろう。しかし、そのようなきわめて少数の人たちの範囲をこえて、多くの科学者がこの計画に直接・間接にかかわっていたことがここでは重要である。ジェイソン局のメンバーであったH・M・フォーリーとM・A・ルーダーマン(二人ともコロンビア大の著名な科学者)は、彼らへの批判に答えて、次のように述べている。

我々自身のこの戦争にたいする反感は、学園の反戦論者たちのそれと比べてけっして劣るものではなかったし、現在も劣るものではない。しかしながら同程度にこの戦争にたいする反感を感じていた数名のジェイソンのメンバーたちは、あるとき(一九六六年)ある(ヴェトナムについての)計画——彼らはそれが戦争を制限し、交渉の開始をうながす効果をもちうると信じていた——に自ら関わっていこうと決定したのである。

この国家的悲劇の解決に進んで貢献しようとしたことによって、彼らが法外な個人攻撃にさらされるようなことはあるべきではない。多くの者にとってその問題に、自ら関わってゆくということは、それに背を向けてしまうことに比べ、はるかに多くの勇気と、より深い人間的博愛精神とを必要とすることさえあるのだ。

この発言は、筆者の考えでは、あながち自らを免罪するための「口実」としてのみ用意されたものではあるまい。彼らは米国の北爆に「反対」し、それを終結して交渉へと導くための技術的努力として、「北爆のかわりに浸透を妨げることによって南北ヴェトナムを分断するため、地雷や探知機や小型爆弾や、その他の恐ろしい妨害物から成る障壁を採用すること」を提案したのである。

もちろん、彼らなりの「北爆反対」や「人間的博愛精神」などまやかしだ、といってしまえばそれまでであるが、なおかつ、彼らの「電子障壁化」の試みがみごとに失敗したことは、現代科学をみる場合、それ以上の意味をもっている。インドシナの一部の戦場において、これらのシステムは実際に適用されたものの、「ゲリラの浸透」を防ぐことにも「戦争終結」を促すことにも、なんの寄与もしなかった。インドシナをアメリカの侵略から解放しえたのは、唯一、インドシナ人民の闘いであり、それと連帯する世界人民の闘いであった。主観的「反戦論者」に理解しえなかったのは、インドシナ人民の闘いへの決意であり、技術を上回る人間の力の強さであった。そこに、「技術的解決」を試みる人びとが必然的に陥らねばならない立場と、その立場の虚構性が端的に表わされている。

ややつけ足し的になるが、「電子戦場化」の基本となる技術、すなわち小型のトランジスタやＩＣ（集積回路）、ＬＳＩ（大規模集積回路）、コンピュータ技術などといったものが、すべてマンハッタン計画の次に生まれたアメリカの超巨大科学である「アポロ計画」の産物であったことは注目に値しよう。

「エネルギー計画」の意味するもの

以上みてきたことは、人間の生活過程から切り離された科学技術の虚構性と、その虚構を追求する科学者たちが必然的にとらざるをえない反人民的な党派性の多くの例のうち、ごく一部にすぎない。まったく同じことが、「マンハッタン計画」「アポロ計画」につづくアメリカの第三弾目の巨大プロジェクトである「エネルギー研究開発計画」についても現在進行しようとしている。この計画は、一九七五年から実施に移され、五カ年の全体計画の規模は「アポロ計画」に匹敵する。この計画は、いわゆる「プロジェクト・インディペンデンス」のなかに位置づけられるもので、けっして単純なエネルギー源開発計画ではなく、アメリカのエネルギー自給、さらにはOPEC諸国にたいする優位の確保をめざす、すぐれて政治的なものである。原子力自身は、この計画よりははるかに早くから始められたものであるが、現在、この大プロジェクトのひとつとして位置づけられてみると、よりその位置と意味がはっきりしてくる。

エネルギー計画では、原子力よりも優位に、省エネルギー研究、石炭、天然ガスの有効利用が置かれており、さらに核融合・太陽・風力・潮汐・地熱エネルギー利用など広範囲な分野を含むもので、直接的に軍事的性格をもたないだけに、これまでの巨大プロジェクト以上に多くの科学技術者を動員していくであろう。その動向は、アメリカの今後の科学総体に大きな影響を与えていくであろう。そしてまた、日本もそのあとを追うことになろう。最近の核融合研究の大規模化へのキャンペーンもそのひとつの表われとして理解できよう。しかし、これほど露骨に直接的に経済的な問題へ大型プロジェクトのテーマが向けられたことはなかったのではないだろうか。その意味では、この計画は、ますます危機感を深める帝国主義の科学技術面での延命策としての色彩がきわめて濃いものである。そして「エネルギー危機」の技術的解決をめざして、この計画にかかわる科学者たちは、その主観的意図はともかく、客観的には帝国主義の先兵としての役割を担っていくことになろう。

このことと関連して注目すべきことは、マンハッタン―ジェイソンにかかわった科学者たちが、またしても、このエネルギー計画、とりわけ原子力の中心的な推進者として登場してきていることである。たとえば、七五年の初めに、ハンス・ベーテを中心とするアメリカの科学者たちが原子力推進を訴える声明を発表している。この声明は、エネルギー危機の深刻さを訴え、それへの現実的な対策としては、当面、石炭とウランしかないことを述べたのち、次のようにつづけている。

原子力は、批判を受けてはいるが、我々は、批判者たちは、原子力以外のエネルギー源の実用性と燃料危機の重大さについての展望を欠いている、と考える。……我々は技術的な発明と運転上の注意によって、原子力計画のあらゆる側面にわたって安全性を向上させつづけうると信じる。（傍点筆者）

ここにもまた、技術的な努力による問題解決という立場がはっきりみてとれるが、この声明の三一人の署名者たちのうち、マンハッタン計画―ジェイソン局の両方にかかわった人が、ベーテをはじめ五人、マンハッタン計画だけにかかわった人はシーボルグら八人に達する。それだけ、これらのエリート科学者は帝国主義社会の危機感を深く感じているのかもしれない。

原子力技術体系の観念性

さて、原子力に焦点を絞ってその技術的な側面での虚構性を少しみておこう。原子力発電という技術体系を特徴づけるのは、全体の体系の著しい観念性＝実証を経ない弱さ、である。巨大な科学技術の体系は、その個々の構成部分が実験室的な実証を経ている場合にも、総合的な体系を組み立てるときに大きな困難をともなうことは、すでにみてきた。しかし、他の大型システムが多少とも時間をかけて大型化の道を歩んできたのに比べて、原子力発電システムの場合には、一気に大型化されてしまった。そのうえ核分裂炉という特殊性のゆえに、その個々の構成部分の機能や安全性をチェックするのに、実際規模の運転条件を実現するしかないという困難をもっている。そのため大型の原子力発電システムは、その構成装置についても全体のシステムに関しても、なんらの実証を経ないままに、原理的な可能性だけを頼りにいきなり実用に供されている。原型炉、実験炉、実証炉などという言葉はあるが、現在、商業運転されている大型発電炉自身がその安全性、経済性などあらゆる面で実験的なものであるという現実は蔽うべくもない。

それは、たとえば、原子炉の安全装置の要ともいうべきＥＣＣＳ（緊急炉心冷却装置）の動作が、未だに実験的に確認されていないことに端的にみられる。

このような困難を補うために、原子力発電施設の安全性のチェックは、全面的にコンピュータによるシミュレーションに依存している。そのもっとも典型的なものが、いわゆる「ラスムッセン報告」である。これは、旧米国原子力委員会の依頼のもとに、三百万ドルをかけて（それ自身、大プロジェクトだ！）、ＭＩＴのラスムッセンを中心に、原子力発電所の事故の危険性を評価したものである。ラスムッセン報告自身に関しては、本誌水戸氏の論文を参照されたい。ここでは、この研究がフォールト・ツリー解析法という徹頭徹尾観念的な操作に全面的に依拠している、ということだけを知っておけば十分である。

フォールト・ツリー解析法とは、原子力発電所の事故にいたるさまざまな事象（イヴェント）を想定し、その連鎖によって最終的に大事故が起こるまでの経路を作り（イヴェント・ツリー）、それにしたがっていろいろな枝をもつ事故の樹（フォールト・ツリー）を描いて、個々の事故の確率の膨大なかけ合わせ計算によって最終的な事故確率を求める方法である。もちろん、原子力発電所を実際に構成する個々の部品、ボルト・パイプ、バブルや溶接箇所などの細部にわたって、故障の絶対的確率とその影響の程度について正確に知ることなどできないから、かけ合わせ計算に用いられる各因子はたぶんに任意的なもの——計算者の意向を反映したもの——である。その何重ものかけ合わせの結果が「原子力発電所の大事故の確率は、隕石落下による危険性と同程度のもの」と出ようとなんと出ようと、所詮、現実とはいっさい関係ないことは明らかである。この種のまったく机上の計算が我々の日常経験からきわめてかけ離れたものであることは誰でもわかることで、くわしい専門的な批判以前の問題である。そんな自明のこともわからず、現在、運転され建設・計画されている原子力発電所の唯一の信頼性のよりどころとされているところに、〈原子力〉とそれにかかわる専門家たちの病める姿をみることができよう。

この種の確率計算が、現実の問題に対処するものとして大々的に取り上げられたのは初めてであろう。筆者の知るかぎり、この種の計算は、天体現象などの途方もないスケールの事象を解釈するさいに物理学者たちが用いてきた手法によく似ている。たとえば、現在、宇宙に存在している元素がどのように合成され、どのようにして現在のような存在度分布をするにいたったかを説明するさいのやりかたである。この場合には、元素の生成にいたるいろいろな原子核反応プロセスを想定して、そのプロセスにしたがってかけ合わせ計算で、ある原子核の生成する確率を求め、ひとつの元素の合成にいたるいろいろなプロセスの確率を足し合わせて、各原子核の相対的存在度を求めるのである。しかし、この場合には、最終的な答え、つまり元素の存在度は観測結果から求められていて、計算は、その観測結果と照らして、どの元素合成モデルがもっとも確からしいかを検証するのに用いられる。しかも、そこで問題とされるのは、各元素の相対的存在度のみであって、絶対的な存在量など求めるべくもないのである。

すなわち、この種の解析は、答えが経験的にわかっていてそれから逆算してモデルを考えるという場合にのみ、一定の有効性をもつのである。ラスムッセン報告では、これがまったく逆転しているように見えるが、実際は、最終的に事故確率をどの程度に設定するかがあらかじめ決められていて、そこから、個々のプロセスのモデルなり、その確率、つまりフォールト・ツリーを割り出した、というのが真相であろう。現に、カリフォルニア州議会におけるブライアン証言においても、最初に出した確率が高すぎたので、何回も修正してちょうどよい値に到達したことが明らかにされている。

ラスムッセン報告は、かけ金やかけ率や保険金をどの程度にすればよいかを計算している生命保険会社を連想させる。生命保険会社はいろいろな想定計算をやってみて、最終的には、自分が予定する利益のあがる条件を選択すればよいのである。この類似性は、あながち偶然的なことではないように思える。むしろ、商品生産制社会の現在的な段階、すなわち巨大な金融資本に主導された生産様式に規定されたものといえないだろうか、まったく観念的な巨大なシステムの構築、とりわけ実証性を経ない急速な大型化、という原子力産業の特徴は、資本の集中・市場の独占・迅速な資本の回転を極限まで追求する金融資本の意向を忠実に反映したものと言える。実際、日本においても、原子力産業の抬頭は、旧財閥グループの再編過程そのものだった。

この種の観念性は、今後ますます一般化してくると思われる。最近には、米国科学アカデミーから、「核兵器多重爆発の長期的世界的影響」と題する机上研究の結果が報告された。この結果は、簡単に言えば、「大規模な核兵器の使用が起こっても、全地球的な規模ではその効果は小さく、数年でほとんど回復する」というものである。この研究に携わった科学者たちがどのような意図をもっていたかは明らかではないが、その結果を研究者自身が信じようとしないような研究が、膨大な予算と人員をかけて「科学」の名において行なわれているという情況には、十分注意する必要があろう。このような傾向は、科学が崩壊過程にあることを予感させる。

原発反対運動と科学者

じつは、本誌の編集者から筆者に依頼されたテーマは、「原発反対運動と科学者」というものであった。にもかかわらず、筆者は、与えられた紙数のほとんどを尽して、現代科学とりわけ巨大科学の虚構性、観念性とそれにかかわる科学者の立場の党派性を論じてきた。それらを「反面教師」とすることこそが、私自身が多少とも「専門家」として運動にかかわるための思想的基盤としなければならないと考えたからである。原発反対運動にかかわる「科学者」たちに問われているのは、体制内科学者たちと同じレベルで科学論争にかかわったり、一般大衆に、科学知識を啓蒙することですらなくて、ますます観念化する体制内科学とまったく異なった原理と認識の方向性を打ち立てていくことでなくてはならない。そしてそのための基礎は、六〇年代後半から七〇年代にかけて起こった、階級闘争、住民運動、市民運動、消費者運動のなかに、すでにはっきりと生まれている。これらの運動をどのようにとらえ、体制内科学に対置するものとして発展させ、人民の側にたつ「科学」の思想と実践を築いていくかが課題である。

このことと関連して、最近、ラルフ・ラップが突如として原発推進派として登場してきたことは注目に値しよう。ラップといえば、放射線の恐ろしさを訴えつづけてきた科学者としていままでよく知られていた。これを〈転向〉ととらえて、何故なのかと問う人も多かった。実際なんらかの意味で、彼の考えに変化を起こさせる原因があったことだろう。しかし、そんなことはどうでもよい。ラップの例は、エリート科学者の観念上の産物であるかぎりにおいては、原発反対も賛成も紙一重であって、見かけ上の相違を越えて、共通のひとつの党派性に属していることをよく示しているといえよう。

日本においても、最近、学術会議が、原子力委員会の主催する「原子力平和利用の健全な推進にたいする国民各層の理解と協力を得る」ための中央シンポジウムに全面的に協力することが明らかになって、話題を呼んだ。その学術会議サイドの推進者たちのなかには、これまで一般に政府の原子力計画の批判者として知られている人びとを多く含んでいて、多くの人びとに「何故なのか」の疑念を抱かせた。しかし、学術会議のメンバーたち、それを支える科学者たちが総体として推進派に変遷を遂げたことは、本稿に述べてきたことからすればきわめて当然のことであって、いまさらその理由を問うまでもないだろう。

このようなもろもろの動きを反面教師としつつ、職業的な科学技術者や科学技術の場に携わってきたものが人民の側から科学技術にかかわっていくとは、どういうことだろうか。すでに触れたように、ここ数年来、実際に物を使用し、あるいは、生産現場の周辺に住んでその影響を受ける人たちの側から、科学技術を問い直し、人民の側に取り戻す作業が進んでいる。未だその闘いは端初的なものであるし、今後ともそれを「人民の科学」と呼ぶべきものかどうかについては疑問の残るところであるが、広範なひとつの潮流が形成されていくのは確実であろう。それは、商品としての「物」を前提とせず、生活過程と切り離された実験室的な実証に依拠しないという点で、はっきりと新しい潮流である。これを、一種の「科学運動」「技術運動」といってもよいが、その根本は、生きるための闘い、すなわち生活過程そのものである。

この運動の側からも、専門的な科学者・技術者の参加が強く求められている。生産手段がブルジョアジーの側に握られている状況にあっては、この人たちに求められるのは、科学技術の現場からの告発であり、批判的な情報ということにならざるをえない。そしておうおうにして、運動の側から求められるのは、筆者自身の経験からしても科学や技術の知識についての啓蒙家・解説者の立場であったり、批判的知識の提供者としての立場であったりする。しかし、その与えられた立場をそのまま受け入れるならば、すでにみてきたような、「科学技術的な努力によって社会的、人間的問題の解決」を計ろうとする、旧来の科学者の党派性と同じ党派性をとることになってしまうだろう。真に問われているのは、認識の結果としての知識や技術が企業側か安全側か、ということにとどまるのではなく、認識の生まれてくるプロセスそのものであることをけっして忘れてはならないだろう。

生活から反核の思想を問う

（初出　第九回日本平和学会研究大会　一九八一年）

1

生活から反核の思想を問うということは、どういうことだろうか。最初に断っておかなくてはならないが、このテーマは本稿のような小論において議論するにはあまりに大きすぎるとも言えるテーマであり、結論づけを急ごうとすれば、この種の議論にありがちな短絡に陥る可能性を十分にもっている。

反核の思想にかぎらず、ひとつの思想は、その目標――反核の場合には核を廃絶すること――へいたる具体的なプロセスを視野に入れた、すぐれて実践的なものでなくてはならない。その意味で、反核という課題にとっていま第一に問われるべきは、米ソを頂点とする核保有国の利己的な核抑止の思想であり、それを支える権力構造の問題だろう。そして現在の反核運動が追求しているように、米ソの核軍拡路線へ歯どめをかけることが、緊急の具体的手だてであろう。

それにたいして、生活から発して核を問うことはあまりに迂遠な回路のようにも思える。また、問題を生活に引き寄せることは、多かれ少なかれ、私たち自身のありかたに光をあてることにつながるから、結果としてより大状況にかかわる構造的な問題への関心をそらせ、真に糾弾されるべき人たちの責任を免罪させてしまうことにもつながりかねないだろう。

しかし、一方において、生活の側から反核の思想を問い、深めようとすることは、もしそれが状況にとって意味のあることであるならば、一生活者にとってはごく自然なことであり、きわめて実践的なアプローチでもあろう。そしてそれは、いま私たちが置かれた状況にとってきわめて大きな意味をもつ、と私は最近痛感するようになった。核を生み出す思想は、今日の状況下でも不断に再生産されており、そしてそれは核とは一見無縁な我々の生活思想とも連続的につながっていると考えられるからである。

2

生活思想の問題として核——あるいは反核——を考えなくてはならないという気持に導かれたことには、最近邦訳が出版された『核の栄光と挫折』[☆1]を読みながら考えたことが関係している。プリングルとスピーゲルマンの筆になるこの書は、核分裂の発見から現在までにいたる四十数年に及ぶ核の歴史を詳細に書き綴った、六〇〇頁にわたる記録である。書評の依頼を受けたこともあって、[☆2]私はややていねいにこの書を読みながら、核の歴史を振り返る機会に接したのだが、読み進むにつれて、私の関心はひとつのことに絞られていった。それは、あまりにも当然すぎるほどのことだが、今日のような、世界の核兵器庫をオーバーキルの核兵器が埋めつくすような状況が生まれたことにたいして、何が決定的な因子だったか、ということである。

分析的に考えれば、核分裂の原理が解明され核兵器へと組み込まれる過程、その後の冷戦構造のなかで水素爆弾が開発されていった過程、さらにMAD（相互確証破壊）という戦略のもとに米ソの侵略核兵器システムがビルドアップされるにいたった過程などに分けて、そのそれぞれの位相における決定的な因子を明らかにすることは不可能ではない。実際、私もそうしてみて「あのとき、ああいう選択がなされなければもう少し状況は変わっていたのではないか」という歴史の転回点と、そこにおける決定的な因子をいくつかあげることができた。しかし、そうやってみても、もうひとつ事柄の真相に迫りえていないという感じが私の気持のなかに残った。プリングルとスピーゲルマンにしたがって、今日にいたる「核の選択」に大きな影響を与えた人物や出来事をあげていけば、何十という数に達する。たしかに、そのひとつひとつの局面において、別の選択も十分に可能であったはずだが、しかし、そうであったところで、結果として今日の状況とほとんど違いのない状況がやはり生まれていたのではなかったかという思いを禁じることはできない。

「原子エネルギーを極限兵器の誕生として人類の運命に結びつけた、一九三九年夏から四五年夏にいたるあの日々をたどってみよう。わたしたちはそこにまぎれもなく、現代文明の結晶化過程を見出すであろう[☆3]」と山田慶児は書いている。第二次世界大戦というプレッシャーがなかったとしても、あるいは「ナチスが原爆を先に開発するかもしれない」という懸念がなかったとしても、この「結晶化」は早晩起こったことであろう。つまり、核にいたる科学や思想や論理は、今日の世界を特徴づける文明に深く根ざしており、したがって、不断に今日においても再生産されているのである。その根を撃つことなしには、核の否定は覚束ない。そしてそれは、私たちの生活思想とも深くかかわっているはずである。こうして、私の関心はひとまずは我々の日常的なありようへと向かっていった。

このことにも関連して、『核の栄光と挫折』の著者たちは、その書の末尾に次のように述べている。

　これまでのところ核の物語は、自然の力を理解し制御したいというあこがれを、フィクションから事実に変えた科学・技術の革命物語である。それは多くの賢い人びとによるすばらしい成果であった。いま問われているのは彼らの賢さではなく、彼らの英知なのである。

この賢さ（cleverness）と英知（wisdom）の対置は、M・ボルンが弟子のR・オッペンハイマーやE・テラーについて語った、「こうした頭のいい有能な弟子たちをもったことに満足しているが、私はこの人たちが利口さを押えて、もっと聡明さを示していてくれたらと思う[☆4]」という言葉からきていると思われる。あるいはR・レベルも「われわれの技術はわれわれの理解を上まわるスピードで発展した。cleverness が wisdom を上まわったのだ[☆5]」と述べている。

こうした言い方は、一方において、私が懸念を表明したように、問題の構造的側面をいっそうあいまいにする働きをもっているが、同時にまたひとつの真理を言い当てているだろう。

そしてそれは、私たち自身の問題へとつなぐひとつの回路を提示している。私たちは核を生み出すほどに clever ではないが、同じような cleverness と wisdom のあいだの問題は、私たちのあいだでも日常的に出会っていることだからである。そして核を拒否するような wisdom は、ひとり天才たちの才能に関わったことではなく、ひとしく私たちに問われることのはずだからである。

しかし、cleverness と wisdom を対置させたところで、その思想的な意味が明らかにされなければ、何を言ったことにもならないだろう。いったい両者を分かつものは何であり、私たちに求められる wisdom とは何なのか。このことを考えていて、私の頭に浮かんだのは、サミュエル・コーエンについてのある記事のことであった。

3

その記事[☆6]というのは、西ドイツの週刊誌『シュテルン』に載ったものであるが、「発明者の精神鑑定書」というタイトルがついている。内容は、昨年（一九八〇年）三月にオランダのテレビが行なった、中性子爆弾の発明者であるアメリカのサミュエル・コーエンにたいするインタビューの再録である。その一部を紹介してみよう。

——兵器を作るのが好きなんですか

〈コーエン〉正直に言えば、そうです。それはひとつの挑戦であり、大変魅力的な仕事ですよ。……だから中性子爆弾は、人間は殺すが、財産は守る爆弾だと言われます。人を殺すが財産は守るというのは、モラルに反するのではないかと質問されたときには、いつも私は言うんです。その人間というのは、敵の兵士だし、市民の財産を守るのは、きわめて正しい、と。

——あなたは、ヨーロッパでの戦争の話ばかりします。そして私はヨーロッパに住んでいるのです。だから、あなたの話は、私にとってけっして聴き心地のよいものではありませんよ。

〈コーエン〉いかにも論理的ですね。それについては、私はただ次のように言えるだけです。あなたがたがソヴィエト・ブロックの隣人だったのは、まことに運が悪かったと。

——(中性子爆弾で殺されるのは)イヤな死にかたではありませんか。

〈コーエン〉死というのは、直面したときには、いつだっていやなもんですよ。だが、中性子爆弾の生理効果を通常兵器のそれと比べれば、そしてもしどちらかを選ばなくてはならないとしたら、おそらくあなたも中性子爆弾を選ぶことでしょう。

こうした一連の対話のあとで、コーエンは自らを〝ヒューマニスト〟と呼ぶのである。コーエンが素直に語るところは、我々に嘔吐を催させるに十分だが、そこに今日の核を生み出す思想や行動のひとつの典型的パターンがあることも確かだろう。コーエンの考えのなかには、自分が作り出した中性子爆弾の加害性、したがって自らが加害者たらんとしていることの意識がまったく感じられない。さらに、その同じ核兵器が自らをも襲いうること、したがって核の被害者としての自らを想定してみようという意識もない。いや、被害者としての意識がないというのは正確ではない。観念上の敵としてのソ連の核や軍隊による攻撃の被害者になりたくないという気持は、それなりに彼の頭のなかにあることに言えよう。

しかし、この「被害者になりたくない」という気持は、そこから出発して自らの作り出した核によって自分がすでに加害者に転じていることへの自覚をかいくぐってはいない。それゆえに、被害の意識すらもがきわめて観念的に語られ、「ヨーロッパの不運」と片づけられているのだ。中性子爆弾の一瞬の閃光とともに彼と同じ人間としての生を生き、笑い悲しむ何千、何万の人びとが——たとえ敵兵士であっても——傷つき、殺されることや、その家族や友人たちのことを考えたとしたら、彼は同時に被害者としての自分や家族や友人たちのことにも思いを至しえたであろう。逆のこともまた言える。

だが、考えてみれば、私たちはコーエンのような思想からどれだけ自由なところにいるのだろうか。かつての戦争責任をあいまいにし、ひたすら経済成長に努めてきた私たちは、いままたアジアの軍事大国としての自らの侵略性に無自覚に生きてはいないだろうか。私たちがコーエンとなることに欠けているのは、中性子爆弾を発明するようなcleverness や権力の支えだけだとはいえないだろうか。

そう考えるとき、反核の思想を私たちの生き方の奥深くに埋め込むことが、どうしても必要だと思われるのである。そしてそのためには、加害者⇅被害者の両様性の自覚をつねにもちつづけることが必要ではないだろうか。とりわけいま、日本にいる私ちの置かれた状況を考えるとき、そのことを痛感するのである。

4

私たちは、自らを「世界唯一の被爆国民[☆7]」と位置づけ、広島・長崎の被爆者たちの思いを共有することを原点として原水爆禁止運動に取り組んできた。現在の反核運動でも、「ヒロシマ、ナガサキの心を世界に伝えよう」がキーワードになっており、基本的には同じ延長上にあるといってよいだろう。このことは大切なことであり、広島と長崎はいつまでも、私たちの原点でなければならない。

しかしその後、私たちは、アメリカやフランスの水爆実験の犠牲となったマーシャル諸島やムルロアの人びとの実態を知り、さらにネヴァダの核実験にかり出され死傷した兵士や住民たちのことを知った。「唯一の被爆」というのは、いまや正しくなかったのである。だが、その段階では、私たちはまぎれもなく一方的に、核の被害者であるはずだった。

しかし、誰の眼にも明らかな変化が私たちを取り巻く状況に生じた。一九八〇年以降、日本政府は、原子力発電の結果として生じた放射性廃棄物の一部（低レベルといわれるもの）を、マリアナの北約一一〇〇m、ミクロネシア海域とも呼べる海底に投棄する計画を公表し、活発に動き出した。以前からあった計画であるが、海洋投棄地点が具体的に絞られるとともに、にわかに実現に向けて動き出したのである。だが、この計画は、主としてグアムやベラウ（パラオ）をはじめとするミクロネシア住民の一致した反対によって、現在まで頓挫している。科学技術庁の役人たちがいかにその安全性を強調してみても、「そんなに安全なら東京湾に棄てればよい」とするミクロネシアの人びとの単純明解な言い分のほうに、よほどの説得力がある。

投棄されようとしているのは「低レベル」廃棄物だけではない。密かに米国を中心に進められている日米共同計画のひとつに、高レベルの放射性廃棄物や原発の使用済みの燃料を、太平洋の島に集め集中管理しようという構想がある。その島としてはマーシャル諸島のどこかが想定され、すでにパルマイラ島やウェーキの名もあがっている。ビキニ実験によって汚染し、どうせ人間が住めなくなった所だから、核のゴミ棄て場にしてしまえばよい、という発想である。この発想の基底に、サミュエル・コーエンの発想と同じものを感じるのは、私だけではないだろう。

求められているのは、太平洋の島々の人たちの対応ではなく、私たちのそれである。問われているのは私たちの生き方の姿勢である。こんな計画を許せば、否応なしに私たちは核の加害者に加担させられ、太平洋の人たちからそういった眼でみられることになろう。仮に「海洋投棄や島での集中管理は、非難されるほどの加害性をもつものではない」という主張になにほどかの真実が含まれていようとも、太平洋の人びとは、それらの廃棄物を生み出す原因となった電力の「恩恵」をなんら受けているわけではない。彼らの生活の場とする海にゴミを押しつける姿勢がすでに加害者のそれである。

たしかに、海洋投棄計画には、日本でも多くの人たちが反対の声をあげた。しかし、その声は未だに小さい。そしてマスとしての私たち日本人のその姿勢は、そのまま原子力発電問題にたいする姿勢につながっているように思われる。各種の世論調査では、一般に原発を是認する人の数が、反対する人の数を上まわっている結果が示されているが、

〝あなたの町に原発が建てられることについてどう思いますか〟とたずねられれば、賛成・反対の数はみごとに逆転している。ここでも「被害者になりたくない」という意識はそこで止まっており、被害者になりうる状況が裏を返せば加害者にもなりうることの自覚へとつながっていない。

原子力問題は、何様もの意味において、直接私たちの生活思想と生活様式にかかわっている。私たちが暮らしや命をどう考え、子や孫たちの生活をどう構想するか、という問題である。ここでは、私は原子力の安全論争には立ち入らないが、エネルギーと暮らしという側面から考えても、原子力への私たちの態度は直接に私たちの生き方の姿勢に関わっていよう。私自身は「エネルギー源としても原子力は生産性がなく必要がない」という考えに立つが、その立場に立っても、加害者意識を忘れた刹那的な生活態度や今日支配的なエネルギーを貪るような思考様式が、原子力を増大させる土壌となっていることは認めざるをえない。そしてその生活思想や生活様式が、私たちの他の地域や他の国の人たちや自然にたいする態度にそのまま連らなっている。

そう考えるとき、原発の問題は、必ずしも放射能、放射線の脅威という直接性においてだけでなく、ある意味ではもっと深いところで、反核の問題とつながっていると思われるのである。そして反核にとっても反原発にとっても、生活から発する思想と行動の回路が重要だと思われるのである。

5

反核運動のなかで、草の根の運動の重要さが強調されるようになった。しかし、現在のところ、どうも運動のひろげ方の手段として草の根が語られ、頼りにされている感を否めない。広島行動に二〇万人、東京行動に三〇万人の参加を、といった行動の提起自身が、はなはだ草の根的でないものであった。もちろん私はあるときに大勢の人びとが、共通のスローガンのもとにある場所に集まることの重要さと有効性を否定するものではないが、上からの動員指令が草の根までに及ぶという意味においてのみ「草の根」が語られるかぎり、それは運動の手段としての意味をもつにすぎない。

しかし、草の根は手段ではない。それは核という巨大な破壊力とそれを保持しようとする強大な権力に依拠した社会に対抗するものとして、私たちが求める〝核のない社会〟が依拠すべき原理そのもののはずである。核はたとえそれが自己防御的な発想から生まれたものであっても、必ず他への巨大な加害性を内包するものであり、またその軍事力の性格ゆえに、最終的には必ず他への絶対的優位を志向することになる。そのうえ核武装能力の達成は、強大な権力の集中なしには実現しえない。それゆえ、核への志向は、自らの加害者性への無自覚と権力への志向を内包するものである。逆にまた、これらが「核の選択」を生み出す源泉でもある。そのような志向と自覚的に自らを隔絶させることこそが草の根の思想であり、そのようなものとして日常を生きることこそが草の根の生き方である。

したがって、「草の根」は、それがたんに集会への集まり方といった狭義の運動様式としてでなく、生活の思想や様式として浸透するならば、核廃絶という運動の目標を実現した地平における社会のありかたを運動過程で先取り的に実践する意味をもつであろう。すなわち、運動の目標を、それにいたる運動の原理のなかに取り込もうとするところに、草の根運動の積極的な意味と、その新しさもあるのである。

もちろん、この運動は、現実に核に支配されている社会のなかにあっては、多くの矛盾にさらされている。政治権力からのプレッシャーにとどまらず、運動の強さや大きさ、有効性を求めようとする運動内部の志向が、同時に巨大な組織による指導への依存や自由な批判の封じ込めといった傾向にもつながっていく。実際、そうした志向がかつての原水禁運動を後退させていった状況を私たちは見てきたし、現在の反核運動にもその影を認めることができよう。

草の根の運動は必ずしも即効的なものではなく、また試行錯誤的にジグザグのコースを歩むものでしかない。しかし、民衆レベルの試行錯誤こそが「核のない社会」における民衆の生活のありかたや文化を育むものであろう。そしてそのようにして、民衆の生き方のなかに埋め込まれるように「草の根」性に依拠した反核の思想が育たないかぎり、核のない社会は実現しないだろう。ある日、核保有国の権力者のあいだに核廃絶のプログラムについての合意が成立しえたとしても、核を生む土壌が温存されるかぎり、私たちの未来は暗いといわなければならない。

最後に、私たちが進めてきた反原発運動に即して、この問題を考えてみよう。反原発運動は、広島・長崎を拠点として出発し、放射能や大事故の恐怖と闘いながら、生活とエネルギーについて考えるようになった。そして最終的には、「核を生み、それに依拠するような社会」を拒否する思想や行動の追求へと歩みをつづけてきた。そして私たちの望む「核のない社会」は、運動の目標としてでなく、運動の原理として問われなければならないと、この運動のなかで多くの人びとが考えるようになった。この考えにもとづいて、生活様式上の変革や運動スタイルの多様化の試みも、端緒的には始まっている（紙数が許せば、そうした試みの具体例をあげることもできるが、いま大切なのは実践の青写真ではなく、自分の足元から試行錯誤を繰り返すだけの気構えだろう）。

こうして私たちは、まだまだ不十分ではあるが、運動のなかで草の根の思想を問いつづけてきた。そしていま、私たちの運動は、反核の大きな運動の流れと出会い、その大きさのなかで、どのように草の根らしさを保ちつづけ、深められるかという課題に直面している。これからが、ほんとうに反核の思想と行動の内実が問われることになるだろう。

☆1　プリングル、スピーゲルマン著、浦田誠親監訳『核の栄光と挫折——巨大科学の支配者たち』時事通信社。
☆2　高木仁三郎、『朝日ジャーナル』一九八二年五月二十一日号、書評欄。
☆3　山田慶児『科学と技術の近代』朝日新聞社。
☆4　グロッジンス、ラビノビッチ編『核の時代』みすず書房。
☆5　カーチス、ホーガン著、高木、近藤、阿木訳『原子力——その神話と現実』紀伊国屋書店。
☆6　"Psychogramm des Erfinders" Stern 24 Sept. 1981.
☆7　たとえば、一九八二年六月の国連軍縮特別総会において、本島長崎市長は「長崎を最後の被爆地としなければならない」と語ったと伝えられる。

人間主体の立場から——科学技術立国と私たち

（初出『季刊　いま、人間として』5号　一九八三年）

軽・薄・短・小などという、それこそ軽薄な言葉が、先端技術（英語ではhigh techなどという）の特徴を表現するものとして流行化している。言葉の好みを別にしていえば、流行にはそれなりの理由があるのだろう。少くとも巨大科学技術というのと、軽薄短小技術というのとでは、大きな違いがありそうだ。科学技術を取り巻く状況に大きな変化が起こりつつあるのだろうか。そんなことを念頭におきながら話を進めてみよう。

国家と企業による科学技術支配

現代の科学技術は基本的に二つの関心（利害）によって支配されているといってよい。ひとつは国家による軍事的な関心であり、もうひとつは企業による利潤追求（コスト低減）の関心である。日本で物をみていると、軍事的な関心が科学技術をリードしているということには、なかなかピンとこないかもしれない。しかし、たとえば国連の資料（ユネスコ・クーリエ、一九八二年六月）によれば、七〇年代において世界の科学技術研究費の二五パーセント、研究者、技術者の二〇パーセントが軍事科学、軍事技術に投入された。八〇年代では、むしろこの比率は大きくなっているという。

一時の隆盛は色褪せたといっても、アメリカはいまでも世界の科学技術界をリードしているといってよいだろう。そのアメリカでは、科学技術の総研究開発費（R&D）の半分以上が、軍事関連であるような体制ができあがっている。そしてレーガンが一九八四年用に組んだ予算案では、R&D中の軍事関連費がなんと六四パーセントにも達している。

軍事的な関心が科学技術の研究、開発を導いている、といってもけっして過言ではないだろう。

もうひとつの側面、すなわち企業による経済合理性の追求という点については、誰しもが容易に納得できることだろう。技術開発というのは漠然と、行きあたりばったりに行なわれるわけではなく、大量に売れるものを少しでも低コストでつくるという関心のもとに開発が行なわれている。もちろん消費者に受け容れられる製品でなくては売れないから、消費者側の意向、環境問題など社会的要請も間接的には技術開発に反映されよう。しかし、それも基本的には売れる商品をつくるという関心からくる要請である。そのうえに、これまでの社会状況をみてくれば、消費者大衆の欲求や需要の動向なども、テレビや車にせよ、最近のパソコンにせよ、たぶんにつくりだされたものといってよいだろう。人びとの要求に企業の技術的努力が応えたとみるより、その逆だとクールに受け取っておいたほうがよい。

極限科学技術の時代

さて、問題をもう少し別の側面からみてみよう。今日の科学技術の特徴は、極限科学技術という言葉で表現できよう。軍事技術という面からすれば、より強力な破壊、殺傷能力が求められるから、つねに強さ、大きさ、精巧さのぎりぎりの極限が求められることになる。どこまで極限の技術を実用化するかが、軍事技術競争の勝ち負けの決め手となるといってもよいだろう。いっぽう企業の側は、最大限の利潤をあげるために、ぎりぎりの極限の技術を求めるから、この面でも極限化が推し進められる。そのうえに、新しい商品需要をつくりだすためには、人びとの欲望の極限を開発することも志向される。

もっとも、いつの時代でもその時代の先端技術は極限技術としての性格をもっていたから、極限科学技術という言葉はなんら特別な現代的特徴を意味しないのではないか、という反論もあるかもしれない。だが、いま、あえて現代科学技術を極限科学技術と特徴づけるのは、次のように考えられるからである。

極限の一方の側である巨大科学技術、それも核技術について考えてみよう。今日の核兵器は、究極兵器とも呼ばれるようにひとたび核戦争が起これば人類が絶滅しうるほどに量、質ともに強大となった。人間いや地球という枠組にとってさえ、あまりに大きく強くなり過ぎたといってよいだろう。核技術に限らず、科学技術の強大さが人間にたいして抑圧的に働き、むしろ人間の精神を支配してしまいつつある、というのが現代のひとつの大きな問題である。こんな時代はかつてなかったといってよい。

一方の極限のミクロな科学技術をみると、たとえば遺伝子組み換え技術というのがいま問題となっている。ミクロの側のひとつの極限において、人間はついに遺伝子を操作できるようになりつつあるのであり、人間を含めた生物の自然な生にたいして手をつけることを可能にしつつある。そのことをどう評価する人も、生命観、倫理観に関わるひとつのぎりぎりの極限にきていることは認めざるをえないだろう。

このように、私たちの生と生活に大きな影響を与え、支配的な力とさえなるようなかたちで、現在科学技術の極限化が進んでいる。そしてそのような先端技術を国家的に強力に推し進め、国家の中心に据えようというのが科学技術立国である。誰しも無関心ではいられない。

限界のみえた巨大科学

冒頭で転換が起こりつつあるということを示唆した。それは大ざっぱに巨大からミクロへの流れの変化といっておいても、それほど間違いではないだろう。この変化の意味について考えるために、巨大科学(技術)についてもう少し突っ込んでみてみよう。

しばらく前までは、巨大科学ということがさかんに言われた。原発とか宇宙ロケットとかがその典型である。これらは、第二次大戦後の世界を通じて科学技術の先端をリードしてきたもので、主として軍事的な関心に沿いながら、大きな組織と化学・技術者集団によって、いわば国家的規模で営まれてきた。

しかし、この巨大科学(技術)は七〇年代にはすでにかげりを示し始めた。その理由として、科学や技術にとってやや外的な因子としては、巨大技術が必要とする巨大な資本（原発の建設費など）が経済不況のために集まりがたくなったこと、「資源枯渇」によってエネルギー・資源多消費型の巨大技術に制約が生じたことなどがあげられよう。しかしおそらくより深刻なのは、科学と技術にとってより内的な側面だろう。

原発を例にとってみると、原発の大事故の危険性、増えつづける労働者被曝、放射能放出による環境汚染や、たまる一方の廃棄物といった問題が、いま大きな難点となっている。これらの難点のもとをたどっていけば、やはり核（放射線・放射能）の人間にたいする破壊性、放射能量のぼう大さ、全地球的なスケールの事故のおおきさにいき当る。原子力産業はその将来を、プルトニウム利用に依拠した高速増殖炉に求めようとしているが、それはいっそうの巨大化、強化にほかならないから、人間とのあいだの距離は開く一方だろう。つまり、技術をとぎすませていけば、いっそう巨大にも強くもなりうるだろうが、そうすればそうするだけ人間との距離は開いてしまって、技術は人間と社会にとって重荷となってしまうのである。これが、巨大科学がその内部に抱えた困難だった（くわしくは、拙著『科学は変わる』東経選書を参照してください）。

このように巨大科学（技術）は、内的、外的に大きな壁にぶつかり、もはや本質的に新しい発展は期待できなくなった。そこで登場したのが冒頭に述べた軽薄短小路線、すなわち、ミクロな側の極限の技術開発であり、「科学技術立国」の中心戦略もそこにあるといってよい。

白象を養うごとくに……

巨大科学技術の時代は終わった、というふうに書いてきたが、じつはこれは実感と違うことかもしれない。アメリカなどではたしかに、原子力産業などはまったくの低落傾向にあるが、スペース・シャトル計画は一見華やかにつづけられているし、核融合計画なども含めて、巨大科学技術路線がそう簡単に転換されるとは思われない。じつはその点にこそ、今日の技術の抱える大きな困難があるともいえる。

核、宇宙などが典型的なように、これらの技術はいまや先進各国においては、国防上の中心技術となっていて、けっして手放すことができない。巨大さゆえの壁にぶつかって経済性を失ったといっても、そうなればそうなるだけ、むしろ軍事技術へと純化していくことになる。当初は「平和利用」の旗を掲げてスタートしたスペース・シャトルが、いまやほとんど完全に軍事計画化してしまったことなど、その典型的な例だろう。

そのような理由に加えて、先進工業国では巨大科学技術の研究、開発、利用を推進する強力な母体が形成されているという事情がある。アメリカでいえば、旧原子力委員会のもとでの核原子力産業、NASA（航空宇宙局）のもとでの宇宙航空産業などである。これらは、官、産、軍、学が協同してひとつの複合体（コンプレクス）をつくりあげた。何十万もの関係人口を擁する利益集団である。これらの集団の利害は、国防や国家財政と結びつき、国家予算の少なからぬ部分を吸いあげる機構ともなっている。たとえば、オルドリッジは次のように言う。「軍の主契約はいまや年間四二〇億ドルを超えており、その利潤率は高いし場合によっては二〇―五〇パーセントに達する。大企業は議会の建物から歩いていけるところに何百もの事務所をもっており、そこからたえず院外活動を行なっている。ペンタゴンでさえ、軍産複合体の企業の腕におさえられているように見える」（『核先制攻撃症候群』岩波新書）。

いったんそのように形成され、肥大化した複合体は、かのタイの白象（＊）のようにその維持が自己目的化し、簡単に方向転換できなくなる。日本でも、原発などが将来への展望を失いながらも、科学技術立国策のなかに位置づけられて保護されている理由を、そのあたりにも見ておかなくてはならないだろう。

（＊）タイの伝承によれば、タイの王は神聖視された白象を地方の諸侯などに贈った。白象の維持にはたいへんな経費がかかり、諸侯の力を弱めることに効果があった。

極限化による管理強化

極限科学技術としての巨大科学の歴史に関係した問題として、もうひとつ触れておかなくてはならないことがある。それは、私が仮に〈極限化と管理強化〉のパラダイムと呼ぶことである。

たとえば核技術について考えよう。鉱山でウランを採掘してから、原子炉で燃やし、発電をしたり兵器をつくったりし、さらに発生した放射性廃棄物の後始末をしたりする一連の流れを、核燃料サイクルと呼んでいる。この核燃料サイクルは、核兵器の材料となる核物質と猛毒の放射能との流れであるから、その道筋に沿って厳しい管理が必要となる。原子力のいろいろな施設（さらに輸送の経路）では、「核ジャック対策」とか「保安管理」とか称して、警官による監視の強化ばかりでなく、労働者の行動や心理状態にまで監視の目を光らせる動きが強まっている。この管理の強化は、事故防災体制などというかたちをとりながら、次第に住民のあいだにも浸透しつつある。

いまの社会において管理強化が進んでいるのは誰しも感じるところだが、極限技術の分野では、その管理強化の未来像を先取りしたような状況が進行しているのである。アメリカのタイタン・ミサイルの基地では、一か所につき二人の警備員が見張りにつき、ピストルで武装して、もし相棒が異常な行動に出ればただちに射殺せよと命令されている、という。この互いに相手に銃口を向けた二人の警備員の姿に、私たちの未来のひとつの可能性を感じるのは、私だけではあるまい。

権力者たちは、このような科学技術の極限化が必然化する管理強化を、むしろ積極的に利用しているといえよう。核といいコンピュータといい、中央集権国家は極限科学技術をつねに志向するし、その一方で技術の極限化が進むほど中央集権化は進み、また市民社会の二四時間見張り体制が完成していく。民衆の抵抗力は弱められ、国家権力は安定化する。この意味からすると、巨大国家の所有する〈核〉はその〈抑止力〉のほこ先をじつはむしろ自国の民衆に向けているとも言えるのである。別の機会に十分跡づけてみたいと思うが、右に簡単に触れたように、科学技術の極限性が現代の国家においては、民衆の管理、支配の装置として大きな意味をもっている。そしてそのことと「科学技術立国」とは、けっして無縁ではない。

ソフトな装いをこらして

さて、右のような流れを背景としながら、いま「科学技術立国」が国家的に推進されている。政府の言い方によれば、「資源小国」の日本が技術強化によって経済安全保障をはかる、ということになる。さらに言えば、国家総合安全保障戦略の重要な柱として科学技術を位置づけるということであり、中曾根流に言えば、科学技術は「不沈空母」化の重要な柱ということになるかもしれない。したがって、科学技術立国政策は、たんに科学技術重視の政策ということではなくて、国家がその権限を強めながら科学技術の研究開発に介入し、「国益」を守るために科学技術を総動員していく、そういった政策である（拙著『危機の科学』朝日選書を参照）。

その中心にある先端技術を、旧時代的な名残りともいえる原子力、軍事的には今後ますます重要となる宇宙工学などの巨大科学技術と、ＭＥ（マイクロ・エレクトロニクス）、ロボット工学、新素材、生物工学などのミクロ極限技術である。なかでも、後者が中心戦略ということになろう。それらのミクロ極限技術は、みるからにハードな巨大科学技術と違って、「ソフト」な装いをこらしながら生活や労働の内側にすべりこんでくる。誰でも使えるコンピュータとして家庭に入ってくるマイコン、工場に入って次第に労働力を置き換えていくロボット、生命現象の内側に入り込もうとする遺伝子工学など、そこにはたしかに一定の条件が満たされるなら、新しい大きな商品市場が開かれ、技術の発展が約束されよう。

それでは、私が「一定の条件」ということの中身はなんだろうか。それはとりもなおさず、この科学技術立国政策のもたらす先端技術を私たち日本の民衆がどう受け止めるかということにかかっている。それがまた、私の与えられたテーマの中心の関心事でもあるだろう。「国益のための科学技術」とか「国家総合安保の要としての科学技術」などという言い方をすると、いかにも頭の上から押しつけられたような気がするが、実際にはすでに触れたようにソフトな装いをこらして、先端技術は生活に入ってくる。マイコンで生活が「便利」になったり、衛星通信やMEを装備したニューメディアで豊富な情報に手軽に接しられたり、いままで以上に物が豊富になったり、というアメを伴って科学技術立国策が立ち現われてくるからである。

だが、私たちが地に根を張って自立した生活者として生きていこうとすれば、どうしても欠かすことのできない視点が二つある。ひとつは、科学技術立国によって守るべき「国」とは何なのか、ということである。本来なんらの生産的、創造的力をもたないホーム・コンピュータなどを市民社会の隅々にまで普及させ、ロボットによって労働者を工場から追い出しながら、なお、経済的な「繁栄」が成立し、失業者が町にあふれず、「経済安全保障」が達成されるとしたら、日本は国際的によほど卓越した競争力を維持しなくてはならないだろう。吉岡斉氏が指摘しているように(『思想の科学』八三年三月号)、「人口比でいえば世界の二・五パーセントにすぎない日本が、GNP十パーセントを独占する」ような「強者の拡張主義」を貫き通すことによってのみ、科学技術立国は達成されよう。ややひらたく言えば、結局この「立国」は、第三世界の人びとや自然の犠牲のうえに成り立つような性格のものだろう。そのとき、日本「国」民がともに守るべきものとして打ち出される「国益」のどちらの側に私たちが身を置くのか、そのときの私たちの向き方の姿勢で、この科学技術立国政策の帰趨は決まってくる。

右のように書くと、なにかきわめて抽象的で倫理的な立場が問われるようだが、これからの状況では、むしろ問題はきわめて明瞭なかたちで見えるはずである。すなわち、私たちが使用する電気の発電の結果として生ずる核のゴミが太平洋に棄てられようとするとき、私たちはどうするのか。雇用のためには軍事生産もという声(財界のみならず、労働組合すらもそんな声をあげる情勢だ)にどう立ち向かうか、など。生活や労働の場で、私たちのありかたが否応なしに厳しく問われていくような時代にこれからますます深く入っていくであろう。

私たちのあり方にかかわる未来

もうひとつ見逃してはならないことがある。それは、先端技術の「ソフトさ」の本質にかかわることである。たとえば、通産省工業技術院が編さんした「創造的技術立国をめざして」(一九八一年二月)によれば、コンピュータ・システムの「ソフト化」のひとつの意味づけとして、「情緒、芸術のような無形の価値をハードに組み込むこと」としている。この表現は、科学技術立国の志向する「ソフトさ」の本質をよく言い表わしているのではないだろうか。それは真の意味での柔軟さなどではありえず、その技術の精巧さや緻密さを通して私たちの生活や心の内側にまで食い込み、「無形の価値」をも「ハード化」(機械に組み入れること)してしまおうとするものなのである。

このことは、すでに述べてきたことから察せられたように、管理の強化も新しい技術によっていっそう「ソフト」に進行するであろうことを予感させる。生活や情報の管理に威力を発揮するであろうマイコン、工場管理に威力を発揮するであろうロボット、ゆく末は遺伝子管理につながりそうな遺伝子工学など、すべてが管理強化と結びつきそうである。

ここでもまた、私たちの生と生活と労働の内側にまで「ハード化」が侵入してくるかどうかは、なによりも私たちの側のありようにかかわることである。私たちが、もっぱら与えられた電気製品や車やマスメディア情報や商品文化のもとに主体性を失って生活しているとすれば、「ソフト技術」は容赦なく私たちの生活に入り込んできて支配するだろう。私たちの労働がすでに機械の歯車の動きのようになってしまっているとしたら、ロボットは容易にそれを置き換えるだろう。国家原理や市場原理にたいして、私たちがどこまで自覚的に人間主体の立場を対置させていくことができるか、そのことによって「科学技術立国」が私たちにとってなにほどのものでありうるのかが決まってくるだろう。

非専門家市民にとっては、先端科学技術ははるかに遠い存在とも受け取れよう。しかし、そのもっとも遠い場からの反撃が、科学技術による専制支配を突き破るもっとも大きな力となるかもしれない。

ソフトさとは何か――ソフト・パスへの一視点

（初出　長洲一二編『ソフト・エネルギー・パスを考える』一九八一年　学陽書房）

一　技術と社会

私は、原子力や宇宙といった巨大科学技術の周辺領域の研究に携わってきて、それらにたいする批判的見解をもつようになり、そこから反原発の市民運動にかかわるようになった。

いまの原子力問題は本来的には少しもエネルギー問題ではないと思われるが、一般には石油の代替エネルギー＝原子力というかたちで宣伝され、問題がとらえられている。反原発の側も、自分たちなりのエネルギー問題への視点が問われる。また、巨大科学技術を否定する場合の科学技術の枠組も構想していかなければならない。

そんなところから、ＡＴ（オルターナティヴ・テクノロジー）に興味をもつようになり、若干の調査や検討もした。いま、科学技術と社会をめぐるさまざまな問題は、まず科学技術至上主義とでもいうべき風潮をふっきらないでは克服しようもないと思われるが、ＡＴへの志向にも、技術主義的なところがある。もちろんＡＴですべてうまくいきます、ということにはなりそうもない。しかし、ＡＴの理念には、ひとりひとりの人間の自立と自立した人間の対等な関係がその基底にある。それと、エコロジカルな健全性への志向があり、この二つを基軸にした「ソフトさ」を、現代の科学技術社会の「ハードさ」に対置させるという視点を、私はＡＴについて考えるなかで学んだ。

そんな状況のなかで、七七年ごろからＡ・ロビンスの「ソフト・エネルギー・パス」の構想が私たちにも知られるようになり、大きな議論を呼ぶようになった。反原発の立場をとる人びとのあいだでも、ソフト・パスの評価は分かれた。世界の反原発の運動の大勢は、正確にロビンスと立場を同じくするかどうかは別にして、ソフト・パス論に立っているようである。しかし、私たちが反原発運動のなかで、石油や原子力に代表されるハード・テクノロジーについて批判的に考えてきたことが、そのままロビンス流のソフト・パスにつながるかというと、そうともいえない。たとえば槌田劭は言う。

石油の大量消費はハードなエネルギーと考えられているのですが、そういう上に築かれた文明のもつ本質に問題があるのです。

私はそれは、刹那的、利己的なものだと考えています。

だから、いまのエネルギー消費を維持できるか否かという問題を考えてそれを乗りこえていかなければならないのです。そのときに、エネルギーをなにかにかえれば、なお続けられるのだということで、人びとに安心感を与えることには、私は同意できないのです。

多くの人は、自己中心的な考えに基づいて今の生活を捨てたくないと思っているんですね。そういう人たちに対して、ソフトエネルギーでやっていけるのだといえば、それは安心感を与えられるかもしれないが、本質的な問題の解決に対して役に立つよりは、むしろ有毒ではないかとすら、私には思えます。[☆1]

私は、主に科学技術のありかたという側面から問題を考えてきたが、やはりロビンスの「ソフト・エネルギー・パス」にはある種の抵抗感をもった人間のひとりである。まず、そのことから始めよう。

二　ロビンスの提起とその問題点

私が先ほど簡単に示唆したような意味合いで、ソフトとハードのどちらを選ぶかと問われれば、問題なくソフトを選ぶ。しかしその選択には、たんに政策や技術上の有効性や効率の問題だけでなく、自分が望ましいと思う社会への思想、さらには生き方の思想というべきものがすでに含まれている。そこが重要であると同時に厄介な問題でもある。多様な価値観の分岐にともなって、議論が無限に拡散する可能性があり、またそれぞれの価値観に見合ったかたちで、それに適した技術的選択が存在しているわけでもない。一方、権力者や資本家たちのハードへの執着も、技術的な選択というよりも、主要にイデオロギー的なものである。

ロビンスの議論は、右に述べたような思想や価値観の次元の問題を、エネルギー問題といったん切り離したことに特徴がある。彼は言う。

だが、西洋――われわれの文明社会では、まだそこまで行き詰まっていると人びとは思っていないのです。ですから、このエネルギーのもろもろの問題と、社会変革という価値観の問題とは、別に考えざるをえない、あるいは、別に考えたほうが賢明だということで、このようなやりかたをしているのです。☆2

だが、ロビンスをロビンスたらしめているのは、たんにエネルギー問題と価値観の問題の切り離しという点にあるのではなく、そのやりかたにある。彼は、いわば価値観の次元の問題をバイパスして、問題を一気に政策上の現実的選択の次元にひきおろしたのである。

ロビンスに従えば、ハード・パスとは、

これまでエネルギー問題は予測された均一な需要を満たすために、より大量のエネルギー(できれば国産)をいかにして得るかということだと考えられてきた。……つまり、われわれはY年までに合計石油換算X万トンのエネルギーを必要とする具合にやってきたのだ。この場合、エネルギー政策は主として需要増大の指数曲線を描き、若干を「省エネルギー」分として控除し(とても本気で推進しようとは思わない)、ありうる国産および輸入燃料の供給を予測し、「ギャップ」を見出し、そこに「原子力」(もしくは「原子力と輸入炭火力の合計」)をはめ込み、そして多数の大型発電所をつくろうと目論むことからなる。☆3

これにたいしてソフトとは、「異質な最終用途(エネルギーを用いてわれわれがおこなおうとする多くの異なる仕事)を、おのおのの仕事にもっとも効率的なやりかたで供給された最小のエネルギーでいかに満たすか☆4」という発想から出発し、「より効率的なエネルギーの使い方と適当な再生可能エネルギーに頼るやりかた」ということになる。

このような単純化には、おそらく批判があるだろう。しかし、この単純明快なソフトとハードの対置にこそ、ロビンスの理論の衝撃力があるのだ、と私は思う。もちろん、そうするために、ロビンスは豊富な文献と資料、データを駆使しており、驚くべき集中力と非凡さを発揮している。

そしてもつれた糸を解きほぐして、彼は問題はエネルギーの量にあるよりも質(したがって使い方とつくり方の合理性)にあることを明らかにした。質の問題は、とりもなおさずエネルギーの最終需要の形態となる。この問題をさらに進めれば、私たちはいったい何のために、どんな最終需要を必要とするのか、といった問題になってくるが、ロビンスはそこには深く踏み込まない。最終需要については現状を大きく変えないことをいちおうの前提として、むしろその満たし方の合理性の問題に分析の努力を注いでいる。

そうして彼は、ソフトとハードという二つのシステムの単純明快な対置に到達しえた。ここに単純明快さとは、思想や哲学の体系ではなく、経済的合理性やエネルギー効率といった基準によって判断されうることだといってもよく、したがって、ハードとソフトが政策次元の選択の対象に還元されうる、ということなのである。

したがってわれわれの前にある選択は、ソフト・エネルギー・パスとハード・エネルギー・パスならびにその無数のバリエーションだけであり、われわれはいずれを選択するか決定しなければならない。[☆5]

ひとたび、このロビンスの設定した問題の枠組を受け入れるならば、ほとんどの人が（仮に一部の人にとっては不承不承にせよ）ソフト・パスのハード・パスにたいする優越性を認めざるをえない。事実をしっかりと知らされたものならば、今後一〇年間でおそらく何兆円も開発費を消費し、それでも実用化の展望に達しえないであろう高速増殖炉や核融合といったハードな技術を好ましく思うことはないだろう（原子力の背後には、いよいよもって廃棄物の問題と核拡散問題が深刻化してくるから、原子力を賢明な選択と思わない人はいっそう増えるだろう）。

そうなると、むしろ、人びとの関心は、ソフト技術の現実的可能性が、ハード技術の現在をはたして超えられるのかどうか、という点に集中する。おそらく、まったく大衆的にこういった方向でソフト・パスが論じられていくことが、まず当面のロビンスの戦略だったろう。十分に大衆的とは言いがたいが、日本でもソフト・エネルギー論は、その技術的可能性という点に主たる関心を集中させているように思える。

しかし、このような選択の枠組設定がそもそも妥当なものかどうか、という議論は避けて通るべきではない。私の知るかぎり、来日中のロビンスにたいする質問や批判は、主にロビンスの〈経済性〉や〈効率〉概念の導入の仕方にかかわっていた。このことも、結局、ロビンスの設定自体に異議があるということだろう。

もっと突っ込んで言えば、次のようなことになるのではないか。ロビンスが「異質な最終用途（エネルギーを用いてわれわれがおこなおうとする多くの異なる仕事）を、おのおの仕事にもっとも効率的なやりかたで供給された最小のエネルギーでいかに満たすか[☆6]」というとき、「われわれがおこなおうとする多くの異なる仕事」とは何を意味するのだろうか。我々がどんな仕事を必要とするかは、我々がどんな社会に生き、またどんな社会を望むかという問題を抜きには、やはり決まってこない。また、「おのおのの仕事にもっとも効率的なやりかた」は、何を指標としてきめるのか。それが、熱力学の第一法則や第二法則的効率だけを意味するならば、あまり「ソフト」なやりかたとは思えない。仕事のなされ方、エネルギーの使われ方は、人間関係や生産関係に密接に関連することであり、その面での「ソフトさ」が優先されなければならないだろう。

この種の問題は、〈政策〉よりも社会の〈構造〉にかかわる問題であり、社会構造についての大枠の合意のもとに、初めて「最小のエネルギー」や「もっとも効率的なやり方」が数量的なものへと還元できるのである。もちろん、ロビンスもエネルギー・パスと社会構造の問題を十分に意識しており、「ソフト・エネルギー・パス」の第3部をその種の問題の議論にあてている。

> 道徳的に重要でありかつ政治的受容性に関して現実的な影響があるのは、エネルギー・パスの技術や経済的合意ではなく社会政治的な意味である。ソフトとハード・パスとの間の構造的な緊張は明らかであり、かつ決定的なものである。☆7

しかし、ロビンスの社会構造の扱い方は、すでに右の文章からも察せられるように、ソフト（あるいはハード）・パスが結果としてもたらすものの意味づけというかたちをとっており、ソフトな社会を構想し、それに見合った諸システムのひとつとしてのソフト・エネルギー・システムが提案されているわけではない。言葉を換えていえば、ソフト・パスはあくまである目的へのパス（道＝手段）であるはずだが、その道がどこにたどりつこうとしているのかは必ずしも明確ではないのである。たんに明確でないだけではなく、最終需要を想定し、問題を政策次元に還元する過程では、暗黙に現にある社会構造を当面の前提にしているのであり、そこから「生活水準を下げないで」とか「GNP

を維持しながら」という言い方も生まれてくるわけである。

右に述べた問題、すなわち、ソフト・パスとはいったい何のためのパスなのか、についての議論は、明らかにその技術的可能性の議論に先立って行なわれるべきものである。だが、このような観点からロビンスへの批判は、通常考えられているほどに容易なことではない。ロビンスは、右のような批判を承知のうえで、政策次元におけるソフト・パスへの転換の現実性（ロビンス自身の言葉を借りれば、「政治的な効率」）にこだわっているからである。

来日したロビンスとの若干の議論を通じても、あらためて強く感じたことであるが、ソフト・パスへの転換を早急に実現することへと彼をつき動かしているのは、なによりもハード・パスによってもたらされる、核の拡散と環境破壊の破滅的な進行にたいする切迫感である（実際、核拡散防止のためのもっとも優れた議論を展開しているひとりとして、ロビンスの名を挙げることができよう）。その破滅的な状況を阻止するためのもっとも現実的で有効なやりかた（戦略）として、彼はすでにみたようなかたちの選択に還元しているのである。少なくともその意図に関しては、スリーマイル島原発事故を経験し、最近のような異常気象を経験するとき、さらに日本においても「核の選択」が荒々しく叫ばれつつあるとき、私には十分な説得力をもって伝わってくる。

なおかつ、すでに述べたような私の側のソフト・パスへの抵抗感にもそれなりの根拠があるとすれば、結局問題は次のような設問に集約されるのではないだろうか。すなわち、ロビンスのソフト・エネルギー・パスは、ほんとうにソフトな社会であるために不可欠な諸要素を達成するための、「政治的に効率のよい」パスたりうるのだろうか、と。

三　生活実感からみたエネルギー

なぜ、右のように問題を集約したか、という点も含めて、これらの設問に私なりの答えを出していくことが本稿の課題である。じつは、この種の議論もすでに少なくなく、たとえば、前掲の『技術と人間』一九八〇年六月号における槌田劭、佐藤進、ブライアン・マーチン各氏の議論など、かなり突っ込んでこの問題に立ち入っている。しかし、私はいちおう本書の性格を踏まえ、それらの議論を既知の前提とせずに、私なりの問題把握にたって、これからの話を進めていきたい。そして私なりに進めるにあたっては、いったん、議論を身近な私の生活実感のレベルに移してみたいと思う。

この夏、私はちょっとした経験をした。くわしいいきさつは省くが、この数年来、わが家ではエネルギー消費と生活の関係をチェックするべく、若干の試みをつづけている。テレビを置かなくなってから久しいし、この春以降は電気冷蔵庫もとっぱらってしまった（誤解を避けるために断っておくが、私たち二人だけのわが家における経験を「省エネルギー」の実践として人に押しつけるつもりも、ましてや「省エネルギー」のキャンペーンに協力するつもりなど少しもない。私たちは、ただ一般論としてでなく、自分の生活のレベルで、どんな仕事がほんとうに必要で、それにはどんなエネルギー消費が必要か、実感してみたいのである）。

二十何年ぶりかで、私は冷蔵庫のない夏を過ごしたわけである（参考までに挙げておくと、わが家の七月の電力消費は二四kWh、八月は一時家をあけたこともあったので一五kWhだった。これは、昨年の夏の七〜八分の一の電力消費であり、我々の試みにとっては大きな経験だったが、この数字について云々するのが、ここでの私の意図ではない）。「ウサギ小屋」のマンション生活なので、夏はさすがに冷蔵庫なしで困る気もしたが、実際にはそれほどのことはなかった。たしかに好きなときに冷えたものを飲めないという程度のことはあるが、冷蔵庫がなくなったことによって見えてきた世界も確実にある。むしろ、その魅力にとりつかれている現在である。

この夏のことを含めてこの数年来の私の経験を述べていけばきりがないが、それは本題とややはずれる部分もでてこよう。ほんの一、二の例をあげると、たとえば、防腐剤入りの食品を買い込んで冷蔵庫にためこんで置くという悪習からはほぼ完全に解放された（やってみればすぐわかることであるが、防腐剤入りの食品とて、冷蔵庫なしではすぐに味がおち、いたんでいく。本来的にそういうものを、かなり無理してもたせているのが冷蔵庫であり、電気冷蔵庫の普及とともに防腐剤入りの食品も普及してきたのだ、と実感させられた)。結局、新鮮な食品を求めてすぐ食べるような食生活を心がけることになる。食生活だけでなく生活一般の管理にかなり頭を悩ませ、時間もかけるようになった。

そうなると、おのずから低収入、低支出のところで生活がバランスすることになるが、それで「生活水準」が落ちたとか、「無理をしている」といった感じはない。夏には仕事を休むようにするというのも、自然の理に適っているというだけでなく、自分の生活サイクルにも合っている。こういうことは理屈のうえではある程度わかっていたことだが、私にとってはこの数年の生活を通して、ようやく実感されるようになったことだった。

あまりにもささいな、私的な経験にこだわっているようだが、そういう生活実感からのとらえ返しなしに、エネルギーの必要量や政策が議論されていくことにどれだけの意味があるのだろうか。私の実感では、冷蔵庫とかテレビとか電力消費量とかいうものは、かつて私自身がなんとなく思い込んでいたほどには、自分の生活の核心にとって意味のないことである(意味があると思う人のいることを、いまは否定しないが、それを自明のこととしないで、そこから議論をスタートさせるべきだ)。

それらによってなされる仕事は、我々が主体的に行なおうとする行為とは明らかに別の系列に属すると思われる。あまりエネルギー依存型ではない行為(散歩をするとか、本を読むとか、友人と会話をするとか)に、むしろ我々が生活を豊かにするためのことが多く存在する。労働の領域でも同じことがいえて、安い石油を使って進められてきたエネルギー浪費型の〝合理化〟が労働者の主体性を奪ってきた側面は多い。

かつて機械化や省力化が、労働者にとって解放的な意味をもっていたとしても、いま我々の生きている世界では、明らかにそれは逆方向の意味をもっている。かりに、これ以上のエネルギー消費の増大が日本においてつづいていくとすれば、その増加分はいっそう私たちから創造性や主体性を奪い、労働と生活の全領域において、我々を鋳型にはめこんでいく役割を果たすのではないだろうか。

あえていえば、私たちの生活のなかで「エネルギー」の部分をもっと軽く考えたほうがよいのではないだろうか。最近では、エネルギーがすべての根本で、「総合安全保障の要」であるかのような議論が盛んだが、それがどうにもうっとうしい。かつて私たちは、海外侵略をし、戦争を遂行することが最優先されるような世界に生きてきた。他のすべてのことはそれにたいして従属的な意味しかもたなかった。子供心にも焼きついたその頃のすさんだ日々の記憶は、いまも私の心を離れない。そしてなにかしら当時の自己目的化された「軍事」に近いものを、私は最近の「エネルギー」への傾斜に感じる。その傾斜こそが「ハードさ」の核心だという気がするのである。もしその土俵の上に上がって、エネルギー政策について考えるのであれば、「ハード・パス」も「ソフト・パス」も、同じ穴のむじなになってしまうだろう。

ひるがえって、私のこだわる「ソフトさ」とは何かという問題に立ち戻れば、それは、人と人、人と自然との関係における柔軟性、相互の平等性の尊重といったことを意味しよう。そうしたトータルな視点を基礎に、ひとりひとりの人間がその生活の具体的な必要のなかから、「われわれがおこなおうとする多くの異なる仕事」が決められる。技術も、そのような必要に応じて各人が自らのものとして獲得するということが、「ソフト・テクノロジー」の根本だろう。国家の政策として上からおりてくるものは、そのプロセス自身ソフトさの対極にあるし、LSIを使った精密電子技術がソフト・テクノロジーではない。

四 「ソフト・パス」論を超えて

吉岡斉は最近の論文において、ロビンスは「ソフト・エネルギー・パス」と「ハード・エネルギー・パス」が非和解的な対置として存在することを立証しえていないとして、ソフト・テクノロジーへの幻想を厳しく批判している。

実際には、ソフトとハードとが排他的であるべき理由は何もない。両者は完全に共存可能である。ひとたびソフトエネルギーの将来性が急速に開けてくるならば、国家も産業界も、それを積極的に自らのエネルギー戦略の重要な一環として組込んでいくことであろう。[☆8]

私もソフト・エネルギー・パスかハード・エネルギー・パスかという問題設定に疑問を感じるが、ロビンスの意図については、すでに述べたように吉岡ほどに否定的ではない。(もっとも吉岡自身も次のように述べている。「もっとも、ソフト・テクノロジーがハード・テクノロジーを多少なりとも駆逐することは、良いことである。ソーラー派の賞揚する水力発電所や地熱発電所が林立させられたのでは、たまったものではないが、原発への誘惑を最終的に断ち切るほどにソーラー技術が飛躍的に発展することを、私としてもおおいに期待したい。[☆9]」)

しかし、ロビンスの「ソフト・エネルギー・パス」にも、「エネルギー」へのある種の過剰な傾斜を感じるのは私だけであろうか。問題が政策次元に還元されていることも、「生活水準」というものがほぼ無前提で導入されている点もそうである。

ロビンスはたしかに、エネルギーの質の問題を考慮の対象においてはいるが、彼によって意味される「仕事」は、明らかに、労働や生活のなかのエネルギー・ディペンデントな部分であり、それは労働や生活の一部にすぎない。もちろん、エネルギーがゼロでもよいということにはならないが、他の部分で大きく得るところがあれば、エネルギー・ディペンデントな部分の物的水準が下がったところで、いっこうに差し支えない。そういうふうに考えないと、どんな政策や技術をもってきたところで、我々はいずれエネルギーをめぐる悪循環から抜けられそうもない。

思うに、ロビンスが、ソフト・エネルギー・パスを、真にソフトな社会へのパスとして設定するためには、まず平和や自由や民主主義や、あるいは健康や教育やその他さまざまな文化にとって、エネルギーとはいったいどれだけのものなのか、という点についての徹底した（ソフト・パス論への彼の集中と同じくらいの）分析が必要だったのではないだろうか。

また、「世界の軍事力は、毎年ラテンアメリカとアフリカの六五カ国のGNPの総計にあたる資源を消費している」[☆10]というような状況こそ問題にすべきであった。フィスケンによれば、やや統計は古いが、世界の軍事目的の石油消費は七五年の時点で年間七～七・五億バレル――その三分の一はアメリカ――と推定される。これにたいして、アフリカ諸国全体のあらゆる目的のための石油消費は、同じ時期に三・六億バレルである。

ここに問題にされるべきなのは、明らかにGNPの維持の仕方でも、エネルギーの利用効率の問題でもない。右のような観点からの問題のたて方に比べて、ソフト・エネルギー・パスかハード・エネルギー・パスかといった選択の提起のほうが、ソフトな社会を達成するためにより現実的なやりかたであるという保障はない（実際、原子力の例が示しているように、現代世界において、政治権力がハード技術に固執するのは、その軍事技術としての優越性に主要な根拠がある。ソフト・パスへの転換の現実性という点だけ考えても、軍事浪費の削減への努力のほうが有効性をもちうる、と私は考える）。

もうひとつ、次のような点も考えておきたい。石炭であろうがソーラーであろうが、それが上から下へと押しつけられてくる技術であるならば、それらをもっとも有効に利用できる位置にあるのは、資本と知の力を備えたエリートたちである。結局、ソーラー技術も原子力を開発したのと同じ政治権力と資本とが、その開発競争に勝ち残ることになろう。ソフト・パス論が真にその名に値するものとなるためには、大衆自身が自らの主体性において生活を管理し、技術をも獲得していけるような社会への構想を欠くことはできない。

五　ソフトな社会――太陽型社会――へ

やや間接的なかたちになったが、以上が私自身が立てた設問にたいする私なりの答えである。比喩的に言うことを許されるならば、「原子力社会」という鋳型にはめこまれることを拒否する道は、いったん「高エネルギー効率」とか「ソーラー」という鋳型にはめこまれることしかない、と私は思わない。そういう鋳型を拒否することにこそ、「ソフトさ」の意味があったはずである。そしてこれまで述べてきたような前提を踏まえるかぎりにおいて、私は私なりの「ソフト・パス」を構想していきたいと思う。

私の構想の延長上にあるのは、「太陽型社会」とでもいうべきものである。私たちの住む地球は、太陽エネルギーの流れのなかに浮かぶひとつの島として発展し、そこでの水や土や緑をはじめとする物質循環の全体性のなかに、私たちの生命や健康や生きがいも、その本質を依拠してきた。たんにエネルギーの量的な問題ではなく、熱の循環のされ方や、関与する放射線の波長領域、エネルギー密度といった点も含めて、地上の生は厳然たる制約のなかにある（この制約を超えたエネルギー消費は、たとえば克服不可能な異常気象をもたらし、また、放射性廃棄物やオゾン層破壊といったかたちでもたらされる異種の放射線は、生命系の破壊をもたらす）。いや、それは制約と呼ぶべきものではなく、むしろそれこそ我々の生を依拠させるべき基本条件である。

問題は、このようないわば自然的な条件（そのかぎりでは、私は完全なソーラー派である）と、自立した対等な諸個人の解放された社会関係という人間的な条件とが、どこでどのように結びつき、どのように有機的な全体性を達成できるのか、という点である。この問題は、人間の対自然、対社会の二つの関係が相互共軛的なものであり、その解明こそがいま我々の直面するもっとも大きな課題であるとする私の問題意識[☆11]に帰着するが、それはどこから問題を考えていってもいま私のぶつかる壁なのである。しかし、私は、この問題のストレートな理論化というかたちで問題を考えていこうとはしていない。

ソフト・パスは、本来ソフトな社会へのパスに関わっているのであり、ソフトなパスが目的なのではない。しかし、ソフトなアプローチのプロセスを抜きにして、いかなる「ソフトな社会」も構想されようはずがない。そしてすでに述べてきたことからも明らかなように、私の考えるソフトなプロセスとは、いったん問題を自分の生活次元に引き戻すことである。生活領域における実践とそこから開けてくる世界の社会的問題への照らし返しという作業に、いま私はこだわっていきたい。

☆1 A・ロビンス、佐藤進、槌田劭、小林圭二「社会変革とソフト・パスの立場」『技術と人間』一九八〇年六月号、一五―一六頁。
☆2 前掲『技術と人間』一四頁。
☆3 A・ロビンス著、室田泰弘・槌屋治紀訳『ソフト・エネルギー・パス』時事通信社、一九七九年、三頁。
☆4 前掲『ソフト・エネルギー・パス』五頁。
☆5 同右、六三頁。
☆6 同右、五頁。
☆7 同右、二一八頁。
☆8 吉岡斉「危機の中の科学者」『現代の眼』一九八〇年十月号、七五頁。
☆9 前掲『現代の眼』七五頁。
☆10 R・H・フィスケン『アンビオ』第四巻五／六号、一九七五年。
☆11 高木仁三郎『科学は変わる』東洋経済新報社、一九七九年、参照。

核エネルギーの解放と制御

（初出　岩波講座『転換期における人間7　技術とは』一九九〇年　岩波書店）

はじめに

私はこの小論の作成に、一九八九年三月三日に着手した。いくらかこの日付を意識したのは、この日からちょうど五〇年前、すなわち一九三九年三月三日についての、L・シラードの有名な回想のことがずっと頭にあったからである。

もし閃光がスクリーン上に現われれば、それはまた、原子エネルギーの大規模な解放がすぐ門口まで来たことを意味するのだった。私たちはスイッチを入れ、そして閃光を見た。ほんのしばらくの間その閃光を見つめていたが、それからすべてのスイッチを切り、帰宅した。その晩、私は、世界が災厄に向かって進んでいると考えざるを得なかった。[☆1]

一九三九年初めといえば、ハーンとシュトラスマンがウランの核分裂を発見したというニュースが世界の科学者たちに伝わり、大きな衝撃を与え始めたときである。連鎖反応による核エネルギーの解放という可能性に他の誰にも先んじて着目していたシラードは、ウラン原子核が核分裂を起こすことを知らされたとき、いち早く連鎖反応についての実験的チェックに着手した。右の文章はそのときの回想にかかわるものである。

核エネルギーの解放を確信したその晩に、「世界が災厄に向かっていると考え」るとは、なんという恐ろしい洞察力であろうか。シラード自身がいうように、ウェルズの影響とかナチス・ドイツの脅威といったことが背景にあったことも無視できないだろう。しかし、おそらくシラードは、直感的にせよ、より深くより本質的に、核エネルギーの解放が人類にもたらしうる影響の意味を、この日において感じ取っていたにちがいない。

シラードの予感は恐ろしいまでにあたり、最初の〈災厄〉は、ナチスの手によってではなく、彼自身の営みに直結したアメリカの手によって広島、長崎にもたらされた。そして核エネルギーと分かちがたく結びついた「爆弾」のイメージを払拭し、「平和のための原子」[☆2]として核エネルギーの解放が文字通り人類にとっての解放をもたらすかと期待されたとき、今度は〈災厄〉はチェルノブイリ原発という「平和利用」のただなかからもたらされたのだった。

この五〇年の歴史をみるならば、軍事利用や民事利用（「平和」利用）といった利用の性格にかかわる問題としてではなく、核を操ろうとするその技術の性格そのもののなかに、シラードの看破した〈災厄〉がひそんでいることが示唆されよう。しかも、五〇年の歴史を経て、それなりに技術として成熟をみせた現代において、核エネルギーの利用にかかわる諸問題は、少しも深刻さを失っていないどころか、むしろいっそう深刻さの度合いを増したとさえいえるのである。この点からしても、〈災厄〉は技術の進歩の段階などによっているわけでもなく、もっとこの技術の本質に深く関わっていることが理解できる。

このように、技術が利用の仕方の問題ということでなく、その本質そのものにおいて、人間とのあいだに深刻な困難を呈することが近年多くの分野でみられるようになった。そしてその困難は技術上の進歩・改良といったことによっては解消されず、むしろ、技術が発展し、強化され、高速化され、巨大化されればされるほど、いっそう顕在化してきた。それが、現代の先端的技術がほとんど一様にかかえる問題であろう。そのような認識が正しいとすれば、この問題は、人間が生き、生活し、社会を構成していく原理と、同じ人間が産み出したものではあっても、技術が動作し、発展する原理とのあいだには、なにかしら根本的な対立ないし少なくとも緊張があるということとして理解せざるをえない。

この小論は、そのような問題意識にもとづき、原子力技術（具体的には原発）と人間のあいだに生じるいくつかの困難に光をあて、その性格を理解し、その困難がよってくるところを探ることを通じて、技術の今日的状況を理解する一助にしようとするものである。

一　技術システムとしての原発

原子力発電ないし原子力発電所（以下、原発）と人間のあいだの問題を考えるにあたって、まずこの工学システムの基本的性格をとらえておく必要があるだろう。

原発は、核燃料（通常はウラン）の核分裂反応によって生ずる熱を利用して蒸気をつくり、タービン発電機を動かして発電するシステムであるが、その最大の問題はなんといっても、ウランの燃焼に伴って生じる核分裂生成物その他の放射性物質が強い毒性をもつことである。これら放射性物質はその発する放射線によって、急性（死亡、火傷、下痢、白血球減少など）および遅発性（がん、遺伝障害、加齢、不妊など）の影響を人間に与える。とくに問題は、発がんなどの遅（晩）発性障害で、これは大事故による一挙的な放射能放出、といった極端なことがなくても、原子力施設の日常的な運転に伴う微量の排出放射能に曝される住民や放射線作業に従事する労働者のあいだにも起こりうる。

一〇〇万キロワット級の大型原発を一年間運転すると、その炉心には体内摂取した場合のがん毒性から考えて、数千億人の致死量にあたる放射性物質が蓄積する。原発はこれだけの毒性を炉心に内蔵しながら高温高圧で運転をつづけなければならないが、そのさいに基本的に重要なことは、核分裂連鎖反応の定常的な維持と発生する熱の管理という二つの点である。この点こそが「核エネルギーの解放と制御」の成否を決める。

核分裂反応の解放するエネルギーは、ふつうの化学的燃焼反応に関係するエネルギーに比べたら桁違いだが（一反応あたりで比べると約一億倍）、一ワットという熱出力を維持するためには、定常的に一秒あたり三〇〇億個あまりの核分裂反応を起こさせる必要がある。したがって、電気出力一〇〇万キロワット（熱出力にして三〇〇万キロワット）を維持しようとすると、一日あたり約8×10^{24}個の核分裂反応を起こさせてやらなくてはならない。これは、ウラン二三五にして約三キログラムの燃焼に相当し、広島原爆の有効燃焼分のほぼ三倍にあたる。つまり、電気出力一〇〇万キロワットの原発を運転するということは、広島では瞬時に爆発的に進行したあの原爆の核分裂連鎖反応を制御することによって、一日三発（八時間に一発）の割合で定常的に広島原爆を燃焼させつづけることを意味する。

ウランの原子核がひとつ核分裂を行なうと、二個ないし三個（平均二・五個）ほどの中性子が放出される。このうち一個を用いて次の核分裂を行なわせ、他の平均一・五個は他の物質に吸収させるなどして核分裂反応に使われないようにすれば、出力の増えも減りもしない定常状態が維持される。これが制御の基本である。この制御に失敗し、核分裂に用いられる中性子が一個よりわずかでも上まわれば、短い時間（たとえば一万分の一秒）に増殖が繰り返され、核分裂反応はねずみ算的に増えて暴走する。

この反応制御の技術は確立したものと考えられがちだが、その根本の厳しさはつねに厳然として存在し、ひとつ間違えば大暴走になりかねない危険性を宿している。そのことを実際に示したのがチェルノブイリ原発の暴走事故であった。

原発の制御にとって、もうひとつ重要な点は、発生する熱の管理と制御という問題である。一〇〇万キロワット（一〇億ワット）と言ってわかりにくければ、炉心では八時間に一発の広島原爆が爆発する割合で、熱エネルギーが放出されている。この熱を恒常的に炉心から取り出し、水蒸気をつくりだして発電を行なうわけであるが、日本などに一般的な軽水炉では、この熱の伝達・冷却の役割を担うのが水である。すなわち、一〇〇万キロワット級の原発では、毎秒一〇トン以上の冷却水を炉心に送り込んで、炉心の冷却を行なう。

この炉心冷却の維持に失敗すれば、炉心はいわば空だきとなり、燃料棒被覆管の破損やウランの溶融（酸化ウラン燃料の融点はセ氏二八〇〇度）が進行し、大規模な放射能放出に道をひらく。このような冷却能力の喪失が起こるのは、一般に配管の破断などによって炉心から冷却水が喪失する場合（冷却材喪失事故＝ＬＯＣＡ）で、その事態に対抗する安全装置も施されているが、もちろんどのような安全装置も万能ではありえない。

熱の制御の問題をとくに厳しくしているのは、炉心に蓄積した放射能じたいがその崩壊熱（原子核の壊変に伴う熱）による発熱効果をもつことで、原子炉心では原発の運転停止（核分裂連鎖反応の停止）時にも、その出力の一割程度の発熱がある。この熱出力は炉心内に蓄積した放射性物質の減衰に従ってゆっくりと減少するだけなので、炉心に制御棒を挿入することによって終結せず、長い時間冷却を維持する必要がある。その間に冷却材喪失が生じると、空だきが起こる。

実際にも、原子炉心に重大な破損や危機が生じた事故のケースをみると、ほとんどが、原子炉の停止後の冷却の失敗に起因するものである。たとえば、スリーマイル島原発事故（一九七九年）では、原子炉停止後に進行した空だきによって、停止二時間―三時間後に本格的なメルトダウンが生じた。またこの事故では、ごく小さな破断口からの冷却水の流出が長時間つづくという、それまで安全対策上重視されなかった事故シナリオが進行し、事故にいたる道筋が多様にあることを印象づけた。

以上述べてきたことを整理すれば、原爆製造計画に始まった原子力技術は、一〇〇万キロワット級の商業原発を実現するところまでに達したが、そのことによって、この技術の根本に横たわる問題を解消したわけではなかったということがわかる。むしろ、技術上の進歩は、他の分野においてもそうであるように、より大きな規模とより高い集積度を必然化し、そのために、原発の炉心における放射性物質や熱エネルギーの発生量とその発生密度は、初期の頃と比較にならないほど大きくなり、かえってスタートからかかえていた困難を深刻化させたのである。

そしてその困難はいま、商業原発の運転にともなって、この技術と人間とのあいだのさまざまな境界面において、具体的なかたちをとって出現している。次節以降にそのいくつかの側面をみてみよう。

二　原発事故

1　原発事故と社会

原発と人間（社会）のあいだに横たわる最大の問題は言うまでもなく巨大事故の脅威である。その巨大なスケールについては、チェルノブイリというひとつの事故が雄弁に語ってくれた。

人間とその環境にチェルノブイリの事故がどのように広範囲な影響を与えつつあるか、なるべく簡潔に示すために、私はひとつのリストに整理してみたいと思う（表1）。このような大事故の影響評価には、多くの困難を伴い、また評価主体によって推定の幅が生じるが、データは主にソ連政府が直接・間接に公表しているものに依拠した。（今後に発生すると推定されるがん死の数の予測がもっとも評価の分かれる点で、実際に発表されている各種の報告のあいだにはさらに大きな幅があるが、いちおう推定根拠が

急性の障害など早期の効果	31名死亡、237名放射線症、更に隠された死者？ 子供の甲状腺異常、家畜・野生生物の異常など
晩発性障害	2万―50万人のがん死 数千―数万の遺伝障害
土地の汚染	全ヨーロッパ的汚染の広がり ソ連：日本全土の半分以上の面積が高度汚染
食品の汚染	食物の制限、輸出入の制限
経済的損失	直接の事故処理費：1兆7000億円
その他	農・漁業の破壊、生活・文化の破壊、移住、心理的後遺症など

表1　チェルノブイリ事故の影響

はっきりしていると認められたものの幅を示した。)

おそらく、右のようなリストは、深刻な問題を簡略化した項目にしすぎているという点を別にしても、我々が容易に把握し、特定できる問題だけを取り出しているにすぎないという点で、大幅な過小評価であろう。しかも、チェルノブイリの事故は、炉心の放射能のたかだか一〇パーセント程度が環境に放出された事故であり、とくに毒性の強いプルトニウムのような核種の放出はごくわずかであった。その意味で、このリストは、最大限事故の想定被害には、はるかに及ばない。[☆3]

それでもこのリストは、我々に原発事故の影響の大きさについてのおよその見通しを与えてくれるだろう。それはもはやひとつの工場の事故というような規模のものではなく、社会全体が広くしかもきわめて長い期間にわたって回復しがたい痛手を受けるような性格のものである。その意味でそれは戦災と匹敵するものであり、実際、強制移住、食糧や外出の制限、軍隊の出動といった事態のなかで、チェルノブイリ事故を経験したウクライナの人たちは、「いまはまさに戦時下です[☆4]」と受け取ったのである。

原子力分野で使われる言葉に「想定不適当事故」というものがある。それは原発の安全審査などで、最大限の事故を想定する場合にも、技術的にはとうてい考えられず想定するに値しないとして、考慮対象から除外されてしまうような事故である。そして安全審査では、いわば「想定適当」な設計基準事故(DBA = Design Basis Accident)のみが審査対象となる。ところが近年、過酷事故ないしシビア・アクシデント(severe accident)という言葉がしきりと用いられ、研究対象となってきた。

「過酷事故」とは、設計基準を超える事故、すなわちまさに、想定不適当事故なのであるが、現実に起こったスリーマイル島やチェルノブイリの事故は設計基準をはるかに超える放射能を放出したから、明らかに「想定不適当」な事故を想定する必要が生じた、それが「過酷事故」である。

過酷事故を想定する必要が生じたということは、設計基準事故の範囲に事故想定をおしとどめようとすること自体に無理があったことを示している。この点は古くから議論のあった点で、「技術的に起こりうる事故」の範囲の設定はきわめて恣意性をともなうもので、アメリカやそれを踏襲した日本など各国の政府機関の安全審査指針の設定は、根拠に乏しいという批判が強かった。二つの事故はその批判に裏づけを与えたかたちとなった。

それでは、これまで言われてきた「想定不適当」の根拠は何だったのかと言えば、それは純技術的な観点というよりも、より社会的・政治的な観点を背景にするものであろう。すなわち、そのような規模の事故にたいしては、もはや社会は備えがなく、広範で深刻な社会的影響を免れえない。何カ国にもまたがる範囲で社会生活を制限せざるをえないし、平常時の慣行や法制度さえ無視せざるをえない事態も生じる。その意味で、原発の巨大事故はやはり戦争にも匹敵するのであり、本来、社会はこれを「事故」として受容する備えがないのである。

このような事故に現代の社会がいかに備えがないか、チェルノブイリ原発の事故にさいしてソ連政府が自国内および国際的にとった態度がその一例である。たとえば、ソ連内にとどまらずヨーロッパの多くの国で食品の流通や摂取の制限と禁止をせざるをえなかった。それだけでも、通常の国際的慣行に従えば、莫大な賠償をソ連政府は各国に支払わなければならないはずであるが、よく知られるように、ソ連政府はいっさい損害賠償に類するようなことをしていない。通常の一工場の、もっと規模の小さい事故なら、そんなことが許されるはずはなく、国家間の紛争にもなっていたであろう。かえって、チェルノブイリ事故の桁はずれの大きさが、この事故の賠償責任を不問に付す役割を果たしてしまった。この事故では、戦時下に似て人間が社会を構成するさまざまな原理が破られたままになったのである。

原発事故の想定の問題に戻れば、「想定不適当」の考え方は、技術的可能性の考察からというよりも、そのような事故は通常の社会慣行に従っては対処しえないという社会的配慮から生まれたものというべきであろう。むしろ純粋に技術的に最大限の可能性を考えるならば、チェルノブイリの何十倍、いやはるかにそれ以上の規模の事故が想定されうるのである。

このように、純技術的とは言えないさまざまな配慮に左右されながら、しかし形のうえでは、さながら技術の専門家たちによる純技術的な判断として、原発の設置の適否をきめる安全審査などが行なわれている。後述するように、ここに示されている問題は、現代の先端的科学技術の多くに共通すると思われ、技術の今日的状況を特徴づけるものといえよう。

2　原発事故におけるヒューマン・ファクター

原発事故と人間の問題を前項とはやや別の観点から考えてみる。大きな原発事故のたびに問題になるのが、「人為ミス」である。スリーマイル島事故でも、チェルノブイリ事故でも、事故の主因が人為ミスであるかのごとく伝えられた。しかし、そのことによって、システム全体に横たわる根本問題があいまいにされ、「ミスさえなかったら」とすまされてしまうとしたら、それは誤りであろう。これらの事故の根本の原因は、すでに触れたように、このシステムの根本的な困難にあるのだが、それが運転員の操作にシワ寄せされたのが〝人為ミス〟にほかならない。

ちょっと考えると原発の運転操作などは、ほとんど自動化されそうである。たしかに、大量の情報量を取り扱い、迅速正確な運転操作を必要とすればするだけ、現代の巨大システムは自動化に向かい、自動制御システムによって集中管理されることになる。制御盤に向かう運転員の数も少なく、その作業も平常時は単純なものだ。

ところが、異常時には状況は一変する。一口に異常といっても、ちょっとした弁の異常から大口径の配管破断まで大小いろいろであり、小さな弁の異常や配管の穴あき、電気系統の異常などの可能性はほとんど無数にあるといってよい。それらの全部に柔軟に対応できるような自動制御システムは存在しないから、異常時には運転員の役割がきわめて重要となる。

運転員は中央制御室に寄せられてくるさまざまな情報を総合的に判断して、適切な手動操作を行なわなければならない。そこに「人為ミス」の生じる余地も生まれるが、そのほとんどは、操作ミスというよりも判断上のミス（不適切）である。

スリーマイル島原発事故で、決定的な「人為ミス」と言われたのは、運転員が緊急時に炉心に冷却水を送り込む高圧注水ポンプを切ってしまった〝判断ミス〟である。この〝ミス〟については、事故後一〇年にさいしての当事者自身の貴重な証言がある。☆5

ＴＭＩ2号炉の事故後、なぜ高圧注入系を切ったのかと私はしばしばたずねられた。私は、それは加圧器が満水状態になることを防ぐためで、もしそうなると設計圧力以上の圧力がかかって破壊が起こるかもしれなかったからだ、と説明した。するとすぐに研究者たちから答がかえってきて、計算によればぜったいにそんなことはありえない、と言うのだった。たしかに、彼らは正しいが、彼らは現場にいたわけではない。彼らは机に向かって計算し、他の技術者や法律家にその結果をチェックしてもらって、言っているのである。あとから考えたほうが、よい答えが出るに決まっている。

しかし、たとえ私がその結果を知っていたとしても、運転手順からすれば、やっぱり私は高圧注入系の流量を絞ったろう。

「人為ミス」と言われることの実態は右のようなものであり、手順ミスとか操作ミスなどではないのである。チェルノブイリでは、もっと劇的な事態の進展があり、「六つの規則違反」と言われるように、信じられないような「ミス」が多発したと一般には信じられている。しかし、事態の進展をくわしく追っていくと、運転現場の人びとにとっては予定外だった原子炉出力の変動があり、そのことの安全上の意味を正しく判断できなかったことから、坂道をころげるように事態が悪化していったのである。これも、私は基本的に「判断ミス」であると思う。

これらの事故によって、原発の運転におけるヒューマン・ファクターが見直されるようになった。そのこと自体は誤りではないが、通常言われるような「運転員の訓練の向上」ということによっては、困難は克服されないだろう。というのは、TMIやチェルノブイリの事故が明らかにしたのは、きわめて微妙な機械と人間の関係だからである。

TMIでは、機械部分の小さな異常を契機として事故が進展し、それによってもたらされた混乱が人間の判断ミスを誘い、それがさらに機械部分の異常を拡大し——というふうに、機械と人間がやりとりしながら、異常を増幅していった。たとえば、制御室には最盛時には一分間に何十もの警報が寄せられ、温度計はクエッション・マークを出しつづけ、コンピュータの打ち出しは遅れに遅れ、各種の計器やランプの表示も適切を欠いた。これは、単純に人間のミスが事故を誘発した（そういう種類の事故は、このシステムをフール・プルーフにすることによりかなり防ぎうる）ということでも、逆に機械の欠陥が事故を誘発した（これはフェイル・セーフ設計によりある程度防ぎうる）ということでもない。ひとつひとつは小さな混乱と思われることが、人間—機械の〝奇妙な〟とでも言うしかないようなやりとりのなかで拡大され、次第に大きな事態になっていくのである。チェルノブイリもその点ではまったく同様で、信じられないような規則違反が連続したことじたいが、右のような奇妙なシチュエーションを考えないかぎり説明されえないだろう。

先述したTMIの運転員E・R・フレデリックは、このことに言及して次のように言っている。[☆6]

（TMI以前には）小さな漏れとか長い時間かかってゆっくり進行する過渡現象にほとんど考慮が施されなかった。しかし、TMIの炉心を破壊したのはまさにそんな経過だったし、チェルノブイリの破局を招いたのも、同様にゆったりと進展していった混乱であった。過酷事故に関するこれからの原子炉安全研究のポイントは、このような二つの大事故を起こした管理・訓練上の問題にある。

原発を初期の頃に設計し始めた科学者・技術者の頭のなかには、完全に自動化されて人間の誤りとか感情とかが入り込む余地のないようなシステムが完成することが、漠然とではあるにせよ想定されていたことだろう。しかし、実際には原発の運転には奇妙に人間くさいともいえる機械とのやりとりがつきまとっているのであり、おそらくそれが人間のつくりだした技術の宿命であろう。そしてこの要素があるかぎり、人間の誤りによって大事故が誘い起こされる可能性は、けっして消し去ってしまうことができない。そして制御盤の前に立つ運転員は、つねに右のような機械との微妙なやりとりのもたらす圧力にさらされているのである。

三　原発内労働者

前節では、一方においてますます人間離れをしていく原発の技術が、それでいてじつに微妙に人間の営みと絡み合い、そのことによって固有の問題を提起していることについて述べた。ここにもうひとつ別の側面の問題がある。それは原発内の定期検査や修理、清掃などの作業に従事する労働者の問題である。

もう八年も前のことになるが、敦賀原発の一般排水路を通じて原発内の放射性物質が流出するという事件があり、大きな社会的関心をひいた。そのとき明るみに出たことであるが、最初に同原発内の放射性廃棄物建屋で発端となる事故が起こったとき、所員たちはポリバケツやぼろきれを用いて、床に流れ出した放射性廃液を拭き取ろうと奮闘していたのである。

「なんと前近代的な事故隠し」と新聞に書かれたりしたが、そのようなぼろきれによる拭き取り作業などは、取り立てて事故隠しのための非常手段ということではなく、あの近代的な外見を装う原発の内側で日常的に行なわれていることなのである。

政府の統計[☆7]によると、一九八七年度（八七年四月―八八年三月）に日本の三六の原発で放射線作業に従事した労働者の数

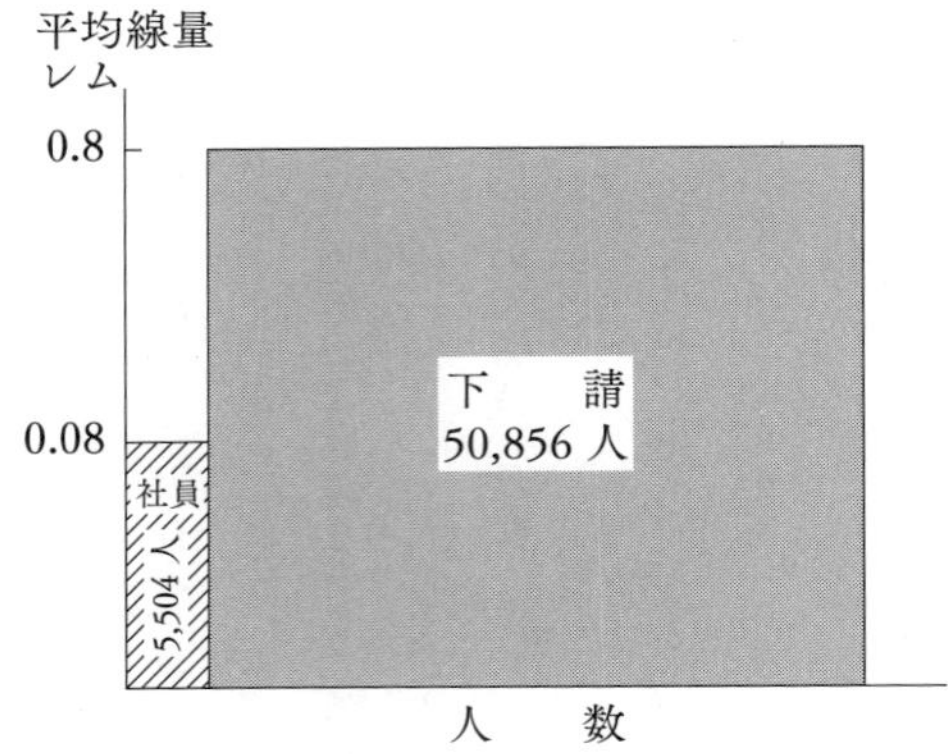

図 1　原発労働者の被曝（1987 年度）

は五六三六〇人で、単純平均すると一原発あたり約一六〇〇人である。くわしい作業内容は明らかにされていないが、過去の例から考えて、大半は「定期検査」期間中の原子炉周辺の作業である。

原発には年一回の定期検査が電気事業法によって義務づけられているが、その期間内には検査と同時に、各種の修理や除染（放射能汚染の除去）作業も行なわれる。それらは放射能汚染のかなり強い区域における作業を含み、ときには燃料を抜いた原子炉容器内に入っての作業ということもある。これらの高放射線下の作業は、個人あたりの被曝線量に規制があるために、大量の労働者を投入して人海戦術で行なわれる。「被曝要員」という言葉もあるように、これらの労働者は基本的に被曝作業のために駆り出された下請企業の労働者で、その一部は、大企業の技術者・本工労働者である。しかし大半は、孫請・ひ孫請などと言われる小さな会社に臨時的に雇われた人たちで、なかにはいくつもの原発の定期検査を渡り歩く〃渡り鳥労働者〃も少なくない。

労働者たちの被曝線量の分布をみると、危険な作業がいかにこれらの底辺労働力に偏っているかが分かる（図1）。図は横軸に被曝労働者の数、縦軸に労働者ひとりあたりの平均線量を示してある。このグラフの面積がいわば労働者の総被曝線量で、圧倒的に大きな（九五パーセント以上）被曝労働が下請労働者に押しつけられていることがわかる。さらにくわしい内訳をみると、年二・五レム（労働者にたいする年間線量限度の五〇パーセント）以上の高線量被曝をした人が一九八六年度で五一人、八七年度で八一人いたが、このすべては下請、それももっとも底辺の労働者であった。

ここにも、現代の最先端といわれる技術システムが人間との境界面でつくりだす深刻な現実の一断面をみることができよう。

四　放射性廃棄物

「原子エネルギーの大規模な解放」がパンドラの筐から解き放った〈災厄〉のなかでも、もっとも厄介な問題は放射性廃棄物問題であろう。私はここで放射性廃棄物のなかに原発の運転に伴って発生し残存するすべての放射能を含めておく（すなわち、燃料価値をもつとされるプルトニウムも含めておく）。

一九五〇年代の半ばに、世界じゅうの政策決定者が核エネルギーを「平和利用」に転じうるとして、バラ色の未来を描き出したころ、放射性廃棄物についていったいどれだけのことを考えたであろうか。おそらくひとつの産業の廃棄物がその産業にとって決定的な足かせとなるということなど当時は十分に考えられていなかったろうし、技術の生み出す困難は技術によって克服できると楽観していたことだろう。

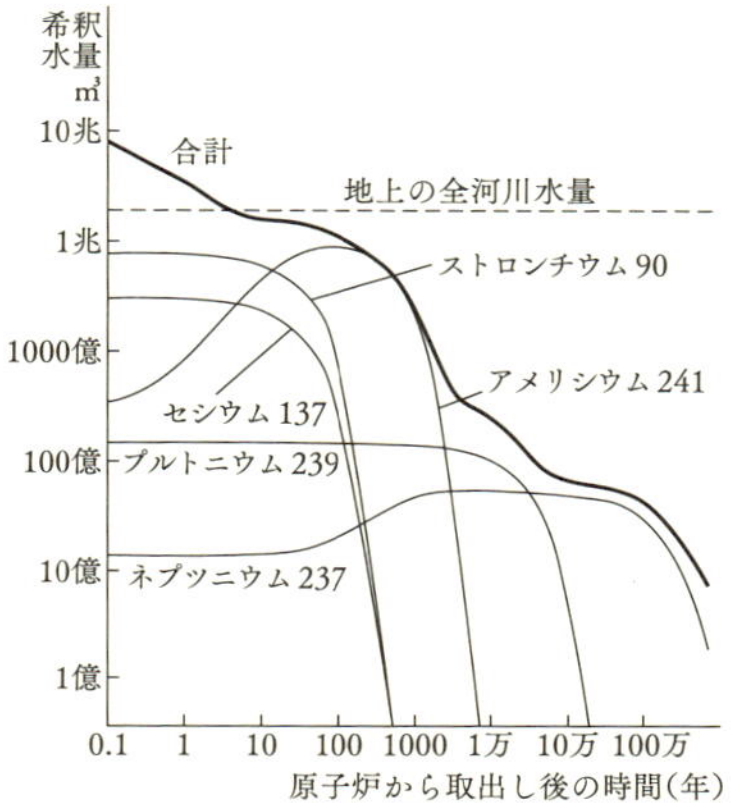

図２　使用済み燃料中の放射能の毒性変化

ところが、ここでも技術的楽観主義の破綻が歴史的に証明されることになった。放射性廃棄物は、その性質からして、処分にさいして生物環境からの絶対的隔離が必要とされる。問題は、その絶対的隔離に必要な時間の長さである。図2に一〇〇万キロワット原発の一年間の稼働によって生じる放射性廃棄物の毒性の時間的変化を示しておく。毒性の強さは、通常用いられる毒性指標（水で希釈して許容濃度以下の濃度にするまでに要する水の量）で表わされているが、まずは時間的変化に注目してもらいたい。

図にみられるように、毒性の減衰はゆっくりとしており、セシウムやストロンチウムが壊変しきる一〇〇〇年後以降は、長寿命のプルトニウムやネプツニウムの毒性が残存するため、数百万年後まで目立った変化がない。

それだけの時間の〝絶対的隔離〟が放射性廃棄物の処分に必要な条件であるが、人間の行なう技術に課せられた条件としてはこれはきわめて厳しい。主として考えられている処分の方法は、地下の深層への埋設処分だが、埋設された放射能が一〇〇万年以上ものあいだ生物環境に漏れ出てこないことを保障することはできそうにない。

放射性廃棄物を閉じ込める容器（いわゆる人工バリア）と地下の岩盤（天然バリア）によって隔離を達成しようとするわけだが、容器は数十年以上の耐腐食性が保障されそうにないし、地下の地層も何万年を超えるような安定性を確保できそうにない。もっとも大きな問題は、何百万年といわず、仮に何千年という期間を考えても、私たちの現在もっている科学的能力では、その期間に何が起こるか、とても予測ができないことだ。

現状で最善のやりかたは、処分をせずに人間の目の届くところで厳重な管理をつづけることだろう。長期間の安全管理を可能にするためには、一定の基準が継続的に守られうるような、安定した社会体制が必要となろう。ところが人間社会はこの長期安定性という点では、容器の耐食性や天然バリアの安定性に比べてもはるかに頼りない。

この点に関連して興味がもたれるのは、アメリカやＥＰＡ（環境保護庁）が一九八五年に作成した、高レベル放射性廃棄物の管理と貯蔵のための法令基準である。この基準のくわしい数値やその評価についての議論にはここでは立ち入らないが、放射性廃棄物の環境放出が一万年という期間を特定して規制されたことが画期的であった。今後一万年のあいだの漏洩率を核種ごとにある値以下に抑えなければならないとする規制である。

これは、直接的には放射性廃棄物の容器や貯蔵の条件に関する技術的規制であるが、この法律が議論を呼んだのは、それが暗黙の前提として少なくとも一万年のあいだの法の拘束力の持続を想定している点である。いったいそれだけの持続性をどうやって保障できるだろうか、いや期待すらできるだろうか。一万年という期間の長さを過去に遡って考えてみると、石器文化の時代あたりを考えざるをえず、とても現在との連続性を考えられない。一万年先ということになると、技術や産業活動の指数関数的な発展からして、過去のこと以上に考えにくい。

ここでは問題は、一万年のあいだの容器の健全性や地層の安定性以上に、社会の安定性である。将来、現在のような技術文明を人類が放棄することは十分にありそうなことだが、その場合には、放射性廃棄物の管理といったことからも関心を失うだろう。あるいは、技術文明を総体として放棄しつつも、その負の遺産を管理する技術だけは維持することになるのだろうか。

いずれにせよ、放射性廃棄物の管理に要請される時間のスケールは、技術が技術としての有効性を発揮しうるレベルをはるかに超えており、そこに生じる不確かさの分だけ、人間の側に負担を増大させることになろう。

五　技術の変質

これまでにみてきた問題は、けっして原発と人間のあいだに横たわる問題領域すべてをカバーするものではないが、問題の性格を理解する助けにはなったと思う。

技術とその結果の産物も、人間のつくりだしたものである以上、最終的にはすべて人間の管理下に置かれうるものであり、本質的に越えがたい壁は、技術と人間のあいだに存在しえないとする立場がある。原発の問題に即していえば、事故や放射性廃棄物問題にみられる放射能の危険性は、いずれは〝安全な原発〟の完成によって克服されると考える立場である。実際に、「超安全炉」の研究もさかんである。しかし、提案されている「超安全炉」の設計をみれば容易に理解されることであるが、仮にこの炉が現世代の原子炉より事故確率を減らすことができるとしても、すでに述べてきたような困難を解消するものではない。

私は、原子力技術と人間のあいだに存在する超えがたい溝の原因は、人間が生き、生活する原理とこの技術を有効に機能させる原理とのあいだに本質的に融合しえないものがある点にあると、すでに示唆しておいた。この問題を自然科学的側面からとらえれば、我々が生きる世界は化学物質により構成され、化学反応のエネルギーを熱エネルギーに転換し、ときにはそれをさらに機械的エネルギーに転換することによって活動する世界である。そのような活動をもっとも巧みに行なうのは生物であり、人間の生み出してきた技術は基本的に生物活動の稚拙な模倣であったといえよう（たとえば、最新鋭の飛行機も、少いエネルギー消費で自在に飛翔する小鳥や昆虫に比べたら、なんと無細工なことだろうか）。

ところが、核技術は生物にはまったくなじみのないものである。生物世界は原子核の安定の上に成り立っているが、核技術は原子核の破壊――いわばその不安定の上に初めて成立しうる。自然界においては星が光るのは核エネルギーによっているが、そのような核反応が進行する天体はもちろんまったく生命のない世界であり、非地上的世界と地上的世界とでは異なる原理が支配しているのである。その意味で「核エネルギーの解放」は、太陽の火を盗んだというプロメテウスの故事を地で行ったこととも言えるが、人類は天上の技術を盗んだだけでそれを地上の世界に折り合いをつけることに、本質的には成功していないのである。地上の世界に折り合いをつけようとすれば、不安定化した原子核をふたたび安定化する能力を自在に操らなければならないが、この能力――つまり、放射能を容易に無害化させ、原子の火を自在に消す能力――を身につけることはおよそ期待できない。

原子力発電所の構造に即してこの問題を考えれば、炉心ではまったく核的な原理に従って反応が進行し、放射性物質が蓄積する。一方、解放されたエネルギーを人間が使用しうる形（電力）に転換する技術はきわめて古典的な熱学的・機械的な（蒸気を発生させてタービンをまわす）原理に依拠している。また、放射能を閉じ込め、管理する技術は化学的であり、管理・操作の主体は人間である。この核的な世界と我々の古典的・日常的な世界とを斉合的につなぐ原理は見出されておらず、両者の境界面に沿って問題が発生する。そのいくつかはすでに見てきた。

核的な世界では、時間のスケールも我々のなじんできた範囲からはみ出している。一秒よりも早い応答が必要となるし、何百万年以上もの長いタイム・スケールでの管理も必要となる。それらが人間の能力のレベルを超えるということは、すでに述べてきた根本的な矛盾の一形態として理解できよう。

科学技術とは、本来実証的なデータに裏づけられたものであるはずである。試行でも実験でもなく、ひとつの定着した技術であるためには、実証的裏づけは絶対的条件であるといえよう。しかし、原発の技術に実証性を期待することはむずかしい。原発の事故想定を考えても、すでに述べたように、恣意的な判断に委ねられている部分が非常に大きい。これを確かなデータによって裏づけるためには、事故状況を繰り返し実験的に再現し事故についての実証的知識を深めなければならないが、もちろんそのような原発事故の実験が可能な場所はこの地上にはどこにもない。これも核技術は非地上的であるといったことの一側面である。

実証的に裏づけられない点は、大型コンピュータを用いたモデル計算によってカバーすることになるが、計算はあくまで計算にすぎず、現実との対応関係は実験ができない以上、確かめようがない。スリーマイル島やチェルノブイリの事故（それらはいわば事故の実験である）によって設計基準を超える〝シビア・アクシデント〟を考えざるをえなくなったという事情も、この技術の非実証性を示している。放射性廃棄物に関して述べた予測不能性ということも、同じ日実証性に由来する。

原子力技術の特徴に関してもっとも著しい点は右のような実証性からの離脱である。そこに生じる大きな不確かさの分だけ、従来の意味における純技術的判断以外の判断が入り込む余地が生じる。原子力における設計・運転などが、他の技術以上に政治・経済などの強い圧力を受けやすいことはよく指摘されるが、それは右のような事情によっているのである。この状況は、技術が他の要素によって支配される度合が高まったというよりも、技術そのものが変質しつつあることとして理解しておきたい。それは今日先端的と言われる他の技術（遺伝子組替や宇宙技術など）にも多かれ少かれあてはまることに思えるからである。

もう一度整理しておくと、核技術を人間の技術として地上に定着させようとする試みは、その根本にある矛盾のためにけっして完結せず、むしろ技術が強化発展され、肥大化されるにつれて、自然な生き物としての人間と、人間活動のひとつの産物としての技術とのあいだの緊張は拡大されてきた。今日、世界的にみられる脱原発の潮流は、放射能にたいする即自的な恐怖に由来するというより、右のような今日の技術文明の根本にある危うさの認識に由来しており、脱原発はこの根本的な問いを普遍化することを通じて、文明転換の糸口となりえよう。

いずれにせよ、技術が技術としてその論理を貫徹しえない時代になった。そのことは危ういことであると同時に、その危うさをより多くの人が認識すれば、技術の問題を専門家たちだけに閉じた問題としてでなく、すべての人が参加しうる開かれた場の議論にのせることができよう。そしてそのことのなかに人間がふたたび技術の主人公となりうるチャンスも潜んでいるであろう。

☆1　レオ・シラード『シラードの証言』伏見康治・伏見諭訳、みすず書房、一九八二年、七三頁。
☆2　Atoms for Peace　一九五三年十二月のアイゼンハワー米大統領の国連演説で用いられた言葉。
☆3　チェルノブイリ事故の被害については、高木仁三郎『巨大事故の時代』弘文堂、一九八九年、一二六頁以下を参照。
☆4　ユーリー・シチェルバク『チェルノブイリからの証言』松岡信夫訳、技術と人間、一九八八年、九七頁。
☆5　E. R. Frederick, Nuclear Engineering International, March, 1989, p. 28.
☆6　E. R. Frederick, Ibid., p. 29.
☆7　原子力安全委員会編『原子力安全白書』昭和六十三年版。

現在の計画では地層処分は成立しない

〈初出『「高レベル放射性廃棄物地層処分の技術的信頼性」批判』二〇〇〇年、地層処分問題研究グループ〈高木学校＋原子力資料情報室〉〉

奇妙なレポート

この報告書で問題にしている、ＪＮＣ（核燃料サイクル開発機構）の高レベル廃棄物（ガラス固化体）に関する「第二次取りまとめ」（以下たんにレポートと呼ぶ、それにたいして本報告書をカウンターレポートないしときには略してＣＲと呼ぶ）を、私は、なんとも不思議な〈平均値レポート〉と呼びたい。それは一口にいえば、「高レベル廃棄物の地下五〇〇―一〇〇〇メートルの地層への最終処分は〈平均値的に〉日本でも十分に可能である」（将来の世代への危険は十分に小さい）ことを保証するかたちになっている。しかし、「どこのどういう地層なら具体的にどういう方法でどれだけの放射能が埋設可能で、どれだけの期間の安全性がどう保証されるか」ということになると、厳密にはまた明示的にはなにも示されていないのである。

「〈平均値レポート〉」と呼んだのは、次のような意味あいである。レポートでは、たしかに処分の安全性に影響を与えそうな項目が一通り検討されている。しかし、それらのうち、レポート自体の記述によっても合格点に達しているかどうかかなり不確かな（ときには明らかに合格点以下の）項目も多く、その一部はこのＣＲで何人かの人がすでに指摘してきたところである。その一方で、たしかに、安全の余裕を気前よいと思われるほど見込んで（合格点を上回る）設計や評価をしている項目もある。それらを合わせて平均値をとれば、「十分に（日本で地層処分しても）平均として合格点がとれる」と言いたいらしい。そしてそれによって、地層処分にゴーサインを出したかたちになっている。

しかし、じつはこれでは困るのである。放射性廃棄物の最終処分という大問題に関わることだから、すべての項目が合格点を、想定される不確かさを目一杯に考えても、大きくクリアしていないといけない。ひとつ不合格点があっても、それが弱い環になって、安全性が一気に崩れてしまう可能性がある。しかも、少しくわしい検討にはいると、現在の処分計画の前提的条件を一気に崩してしまうような「弱い環」が少なからず見えてくるのである。

1　廃棄体の内蔵放射能とそれに派生する問題──発熱が大きすぎて、処分場はつくれない!

1.1　低すぎる内蔵放射能量（インベントリー）の設定

そんな不確かさのひとつが、ここで扱うガラス固化体の内蔵放射能量（インベントリー）とそれに伴って派生する問題である。結論を先に言えば、レポートでの取扱いははっきり合格点以下である。

ガラス固化体一本当たりのインベントリーとして、レポートは表1の第3欄に挙げたような値を使っている。これは日本原燃の六ヶ所再処理工場で製造される予定のガラス固化体を、製造後五〇年間貯蔵して、それだけ放射能を冷却（減衰）させたのちの値として出されているものである。本来こういう値は安全評価のスタートになるものだから考えうる最大値をとるべきだが、この第3欄はけっして最大値ではない。それには二つの理由がある。ひとつはセラフィールドやラアーグの再処理工場から海外返還されるガラス固化体のほうが、放射性物質の充塡量がはるかに大きいからである（固化濃度の違い）。やはり六ヶ所村の海外返還廃棄物貯蔵施設にたいして提示されている（すでに貯蔵が始まっている）インベントリー値を、表1の第4欄[☆1]に示しておく（COGEMA/BNFL初期値）。

核種	半減期（年）	報告書＊（Bq）	COGEMA/BNFL 初期値	COGEMA/BNFL 30 年後値	高木 採用値
Se-79	6.5×10^{4}	1.7×10^{10}			$4.6\times10^{10\#}$
Sr-90	2.9×10^{1}	8.0×10^{14}	7.4×10^{15}	3.6×10^{15}	3.6×10^{15}
Cs-135	2.3×10^{6}	1.8×10^{10}			$4.9\times10^{10\#}$
Cs-137	3.0×10^{1}	1.2×10^{15}	1.1×10^{16}	5.5×10^{15}	5.5×10^{15}
Np-237	2.1×10^{6}	2.5×10^{10}（1 万年後）	4.2×10^{10}	4.2×10^{10}	4.2×10^{10}
Pu-241	1.4×10^{1}	3.3×10^{12}	1.0×10^{14}	2.3×10^{13}	2.3×10^{13}
Am-241	4.3×10^{2}	2.9×10^{13}	1.7×10^{14}	1.6×10^{14}	1.6×10^{14}
Cm-244	1.8×10^{1}	1.5×10^{13}	1.7×10^{14}	5.4×10^{13}	5.4×10^{13}

＊：分冊2 III-9 図 3.2-4 から読み取り
#：COGEMA/BNFL 値を考えて、報告書値の 2.7 倍をとる。

表 1　ガラス固化体のインベントリー（Bq ／本）

もっともこの値は貯蔵開始時のもので、地層処分はそれから三〇～五〇年後（原子力委員会の方針）とされているので、処分開始時の値としては、三〇年貯蔵後の値をとるのが妥当である。その値を計算して示したのが第5欄である。第3欄のレポートの値が不当に低くなるもうひとつの理由は、政府は三〇～五〇年後とはっきり言っているのに、第二次取りまとめでは処分開始を勝手に五〇年後と決めてかかっているためである。

さて、海外返還廃棄物のインベントリーデータとしては与えられていないが、最終処分の安全評価のうえでは効いてくると考えられるセレン（Se）79やセシウム（Cs）135を他の放射能値から推定して補足したのが、第6欄（表1の一番右の欄）でこの論文の採用値である。この第6欄が、処分開始時の放射能の内蔵値として前提とすべき値であると考えられる。レポートの採用している値は、ベータ・ガンマ放射能に関して約三分の一、アルファ放射能に関して約四分の一から六分の一でしかない。換言すれば、前提とすべきスタートの放射能量は三～六倍を考えなくてはならないので、この点だけでも決定的な過小評価をしていることになる。

ちなみに、右のような大きな値となるのは海外返還の約三〇〇〇本分についてだけで、想定されている四万本のガラス固化体の大半は、第3欄の日本原燃値のようになるのではないかと思う人もあるかもしれない。しかし、じつはそれもはっきりしない。私見では、現在、日本原燃の提示しているインベントリーの数値は暫定的なもので、これだとガラス固化体の本数が多くなりすぎるので、日本原燃もガラス固化体の放射能濃度をいずれは英・仏並みにして、本数を減らすのではないかと考えられる（法令上の制限はない）。

1.2　処分場の非管理区域化は無理？

さて、右のようにスタートの放射能内蔵量をレポートよりも安全側に設定した場合、さまざまな問題が生じるが、その第一に取り上げたいのは、地下の処分場がそもそもレポートの想定通りには建設できないだろうという問題である。処分坑道・処分場は、「作業性を向上させる」ために、放射線の非管理区域とし特別の防護、管理なしに人が作業できる空間とするとされている。そしてそのレベルまで放射線を下げるために、たて穴方式では190mmのオーバーパック＋1700mmのベントナイト（緩衝材700mm＋埋め戻し材1000mm）を用いれば、十分とされている。そうすれば、空間線量率からして、そこで作業する人の被曝は一週間当たり300μSv以下（非管理区域にする規制条件）に抑えられるというのである。

地下坑道に非管理区域にし、人間が自由に入って埋め戻し作業を行なうという構想自体に大変恐ろしいものがあるが、ひとまずこの計画に従うとしよう。この地下坑道の安全が建築工学的に怪しいことは、すでに永井論文で指摘されているところであるが、仮に工学的に実現したとしても、放射能の前提を右のように変えると、非管理区域の設定ということがいかにむずかしいかがよくわかる。

空間線量率に効いてくるのは、オーバーパックの表面での線量等量率と1700mmの「緩衝材＋埋め戻し材」（どちらも七〇％ベントナイト＋三〇％ケイ砂を使う予定とされる：ベントナイトについては後述）の遮蔽だが、ここで問題になるのは主には中

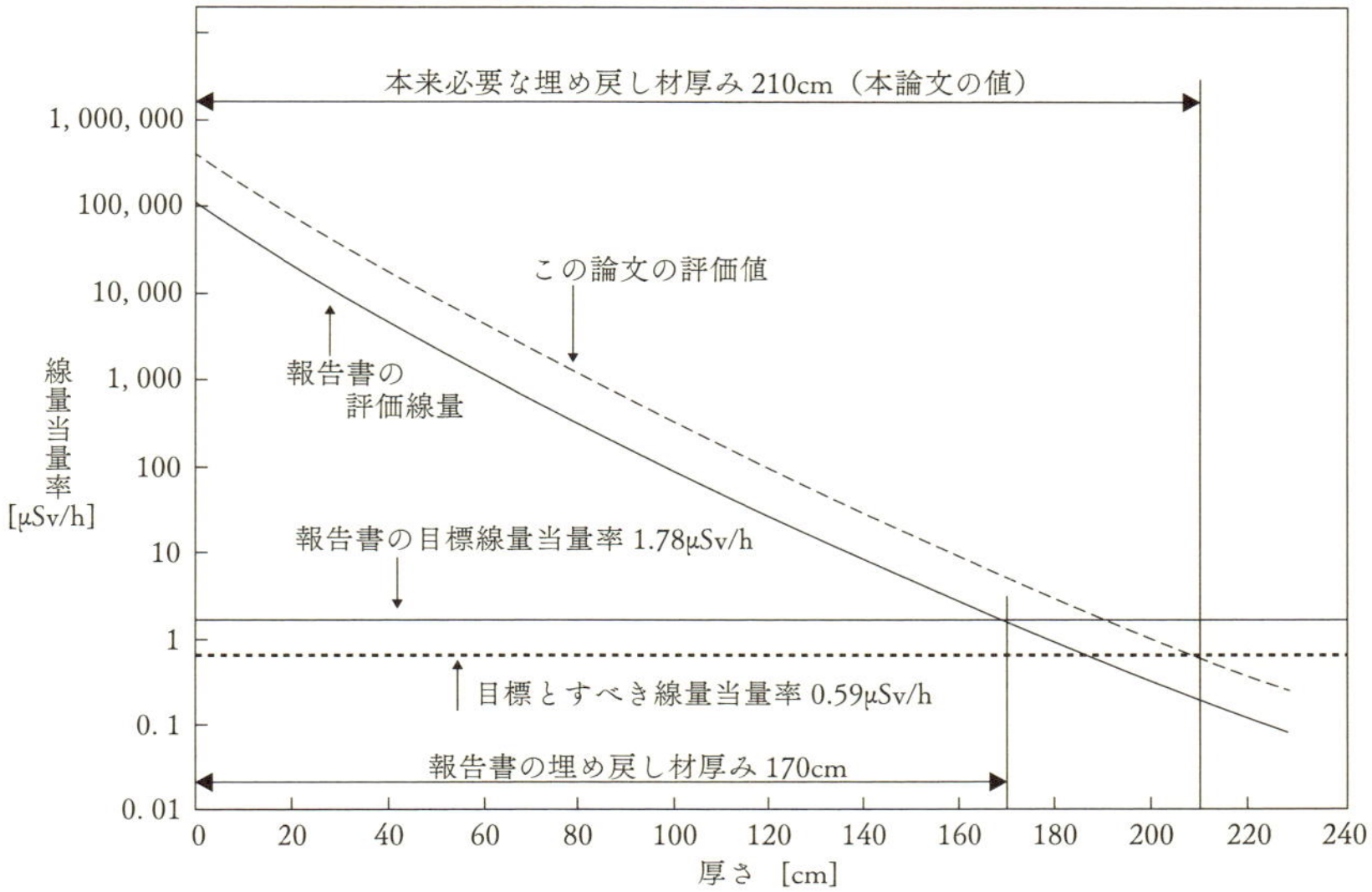

図１　埋め戻し材厚さと表面線量当量率（分冊２　4.1.2-82 図に書き込み）

性子線量である。これには、固化体中のアメリシウム（Am）241のアルファ線とガラス成分のホウ素やケイ素との核反応で生成する中性子[☆2]と、キュリウム（Cm）244の自発核分裂によって発生する中性子が寄与する。これらの中性子とガンマ線の効果も考慮に入れて、レポートの線量率の評価は約四倍にしなくてはならない（図1を参照）。

それだけではない。近日中に採用されつつある、ICRP九〇年勧告にもとづく新しい規制値では、非管理区域は、一週間当たり300μSvではなく、100μSvと三分の一にされるはずである。したがって、レポートの言うように1700mmの埋め戻し厚みとすると、非管理区域の規制値のなんと3×4＝12倍の空間線量になってしまい、とても非管理区域など成立しない。逆に言うと、非管理区域にするためには、埋め戻し材を強化して線量を一二分の一に下げる必要があるが、そのためには、埋め戻し材の厚みは1700mmではなく2100mmが必要で、40cmも厚くしてやらなくてはならないのである。これは大変大きな設計変更が必要になる。

そもそも「第一次取りまとめ」では、この緩衝材と埋め戻し材の部分は一〇〇%ベントナイトにすることになっていたのに、「第二次取りまとめ」では、経済性を考えて三〇%まで安いケイ砂を混ぜることにした（それでも性能的に十分と主張している）くらいであるから、40cm の厚み増はかなり大きな設計変更であり負担になるはずである。もっともそうしたとしても、廃棄体（オーバーパック）表面の中性子線量は約四～五倍あり、スカイシャイン効果もかなり効くはずである。したがって、廃棄体を坑道に沿って下ろしたり、人間が坑道に下りていって埋め戻し作業などするのは非常に困難であると考えられる。

1.3　オーバーパックの設計変更も必要

内蔵放射能の違いは、たんに処分場が非管理区域にできるかどうかの違いにとどまらず、オーバーパック（ガラス固化体を納める炭素鋼の容器）の設計そのものにも関係してくる。オーバーパックの厚みは 190mm と設計され、このうち 40mm が腐食代《しろ》、150mm が放射線に起因する腐食を防止するための遮蔽厚みとされている。

オーバーパックはとにかく一〇〇〇年間は、絶対に腐食にも外圧等にも耐えるバリアとして設計されているわけである（放射能の主成分であるセシウム〔Cs〕137 とストロンチウム〔Sr〕90 が一〇〇〇年でほとんど減衰してしまうので、オーバーパックで一〇〇〇年はもたせろ！というのが設計上の至上命令）。このレポートの腐食にたいする取扱いも大変大きな問題を含むのであとで別途検討するが、その前にここでは単純な話として、内蔵放射能が強い分だけを考えても、設計変更が必要になることを指摘しておく。

オーバーパックの厚みが薄い場合、オーバーパック表面での放射線が強い（この場合には主にガンマ線）ために、隣接する緩衝材（ベントナイト）に含まれた水が放射線分解して、酸性の化学種が生じ、オーバーパック材の炭素鋼を腐食（局部腐食：局部的に穴があいたり、割れ目ができたりして、鋼が浸食される）していくことが考えられる。レポートでは、一定の経験的な知識にもとづき、放射線の強さがある値以下なら絶対に局部腐食は起こらないとし、それに必要な遮蔽の厚みを 150mm としている。これに、局部腐食がなくとも一〇〇〇年のあいだにゆっくりと 40mm 程度の腐食は避けられないとみて、「腐食代」として40mmとり、合計190mmをオーバーパックの厚みとしているわけである。

この議論の進め方は後述のように大きな問題を残すが、これを仮に受け入れるとしても、前述のように、ガンマ線は三倍にして考えなくてはいけないので、遮蔽厚みは150mmでなく190mmとし、オーバーパック全体の厚みは230mmとすべきである。厚みが40mm増すというのは、重さにして三割以上重くなることを意味し、大きな設計変更である。

またこの厚み変更は、オーバーパックの工作上も大きな困難をもたらすはずである。たとえば溶接である。オーバーパックの蓋部分は溶接で取り付けなくてはならないのだが、190mmの厚みにたいしてさえ、溶接の目途など立っていないのである。レポートでは、

> 厚さ80mmまでの周溶接が可能であることを確認した。炭素鋼オーバーパックの肉厚は、前述のとおり190mmとなることから、電子ビーム溶接法により溶接可能な限界厚さをさらに拡大するための技術開発や、他の溶接法との併用に関わる技術開発や、他の溶接方法との併用にかかわる技術開発を行なっていく必要がある。（総論レポート IV—三五頁）

などとのんきなことを言っているが、要するに未だ技術がないということである。ましてや、230mmとなると……。これはたんに溶接の問題だけでなく、後述するように、そこが一〇〇〇年間、たとえば溶接による熱応力が原因で応力腐食割れを起こさないことなどを保証しなければならないだけに、大変重要な問題である。

1.4 発熱量が増して処分場は設計できない

さらに深刻なのが、ガラス固化体一体当たりの発熱量が増すことの影響である。処分直後の発熱量に主に効いてく

るのは、Cs-137とSr-90のベータ・ガンマ放射能で、これに一〇—二〇%の割合でAm-241などのアルファ放射線の寄与がある。前に述べたような理由で、処分開始を三〇年貯蔵後とすると、レポートに与えられている発熱量の約四倍となる。

レポートでは、ガラス固化体当たり三五〇Wの発熱としているが、COGEMA/BNFLの与えているデータでは返還時で二・五kWとなっている。後者は、処分開始を三〇年後とすると、一・三kW／本ということになり、この計算からも前述の約四倍というのが妥当な推定であることがわかる。

ガラス固化体の発熱量が増すということは、緩衝材の到達温度が高くなって設計上の制限温度を超える可能性が増すことになり、処分場が設計できるかどうかおおいに疑問である。設計を可能にするには、埋設する廃棄体のあいだに十分な距離をとることしか方法はないが、そうしたとしても、どうも私の計算では処分場を設定できない。

じつは、これは最初、私だけの思い違いによる杞憂ではないかと思った。しかしどう評価してみてもどうもおかしい。そう考えていたところ、JNC自身も同じような計算をしていたにもかかわらず秘かに隠していたらしいことが、最近取り寄せた資料でようやく判明した。

「第二次取りまとめ」が出された昨年の十一月のちょうどその同じ月に出されたJNCの報告書に、「ニアフィールドの熱解析」[☆3]というものがある。それに次のようなくだりがある。

> （処分前貯蔵期間を五〇年でなく三〇年と設定した場合）本検討で用いた条件下では、ガラス固化体中間貯蔵期間三〇年の場合、硬岩系岩盤においては、解析上現実的な処分坑道離間距離・廃棄体ピッチ、つまり廃棄体占有面積を設定することは、緩衝材の最高上昇温度及びその制限温度の観点から難しい、という結果となった。（強調は引用者による）。

彼らも処分場の設定はむずかしい、と言っているのである。これにこのうえ何をつけ加える必要があるだろうか。若干の補足をすれば、ここで計算に使われている条件とは、もちろん、前述のJNCの内蔵放射能値である。つまり、表1の第3欄の少ないほうの内蔵量を前提としている。それでも、貯蔵期間三〇年とすると、硬岩系岩盤では処分場は設定できない、と言い切っているのだ。軟岩系岩盤では、この計算ではぎりぎりなんとか可能になるが、内蔵放射能をこの（高木の）論文で示したような値にとれば、軟岩であろうと硬岩であろうと、およそ処分場を設定できる条件がないことを、JNC自身の計算が示しているのである。

この状況は、前記JNC資料3の図：緩衝材の最高上昇温度（図3-18-2：硬岩系岩盤、処分孔縦置き方式、図3-20-2 軟岩系岩盤：処分孔縦置き方式）に、内蔵放射能量としてこの論文での採用値を用い、貯蔵期間五〇年の場合を計算してつけ加えてみれば一目瞭然である。廃棄体の配置間隔を離してみても、内蔵放射能量が高いと貯蔵期間三〇年どころか五〇年としても、緩衝材の温度はいずれも100℃をはるかに超え、処分場は設計できないのである（図2参照）。なお、処分孔を横置きにする方式のほうが、状況はもっと厳しくなる。

このように、処分場の設定が困難になる最大の理由は、緩衝材（ベントナイト）が100℃以上になってしまって、期待される機能を発揮できなくなるからである。ちなみに、緩衝材（要するにオーバーパック外側の詰め物として使われる粘土）としては、ベントナイト七〇％＋ケイ砂三〇％の混ぜものが使われると想定されている。機能上重要なのはベントナイトで、これは一種の粘土鉱物で、地下水の透水係数が小さいこと、水をたくさん含んで膨潤することで浸入する地下水への歯止めとなること、ガラス固化体の放射性物質が漏れてきた場合、これらを吸着（陽イオン交換性吸着）する能力に優れていること（専門的には、分配係数が大きいと表現される）を、必須の要件として期待されている。このベントナイトの温度が100℃を超えた場合には、水を保持する能力や透水性能などは大きく変わってしまい、機能が劣化すると考えられる。したがって、温度が絶対に100℃を超えないように廃棄体を配置することが地層処分の基本的な必要条件である（十分条件ではない）。レポートでも繰り返しそのことが強調されている。ところが

(硬岩系岩盤、処分孔縦置き方式)
Aレポートのインベントリーに対して（JNC計算値　貯蔵期間30年）
B高木採用のインベントリーに対して（高木計算値　貯蔵期間50年）

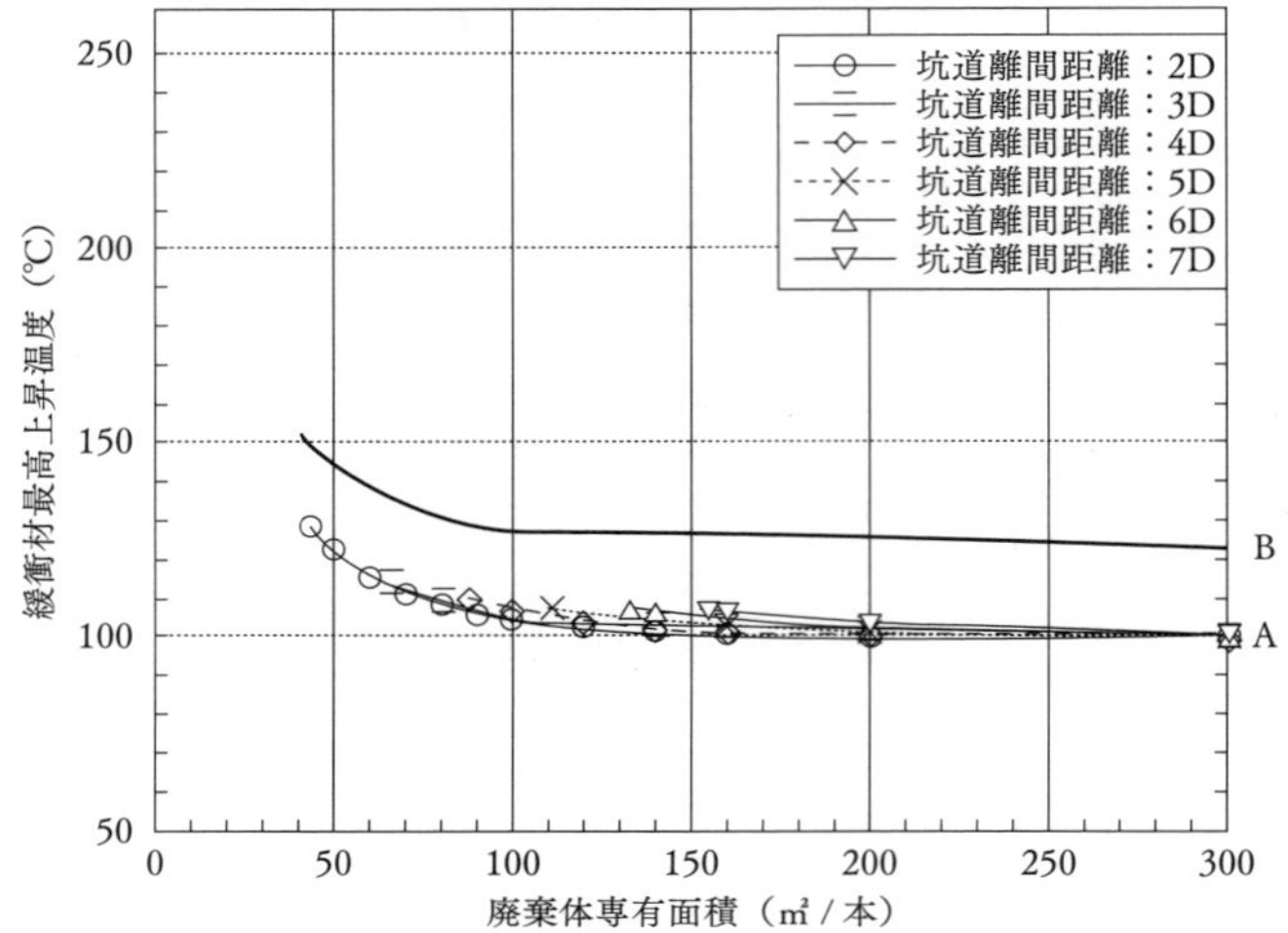

図 2-1　緩衝材の最高上昇温度　文献3　図3-18-2に書き込み

(軟岩系岩盤、処分孔縦置き方式)
Aレポートのインベントリーに対して（JNC計算値　貯蔵期間30年）
B高木採用のインベントリーに対して（高木計算値　貯蔵期間50年）

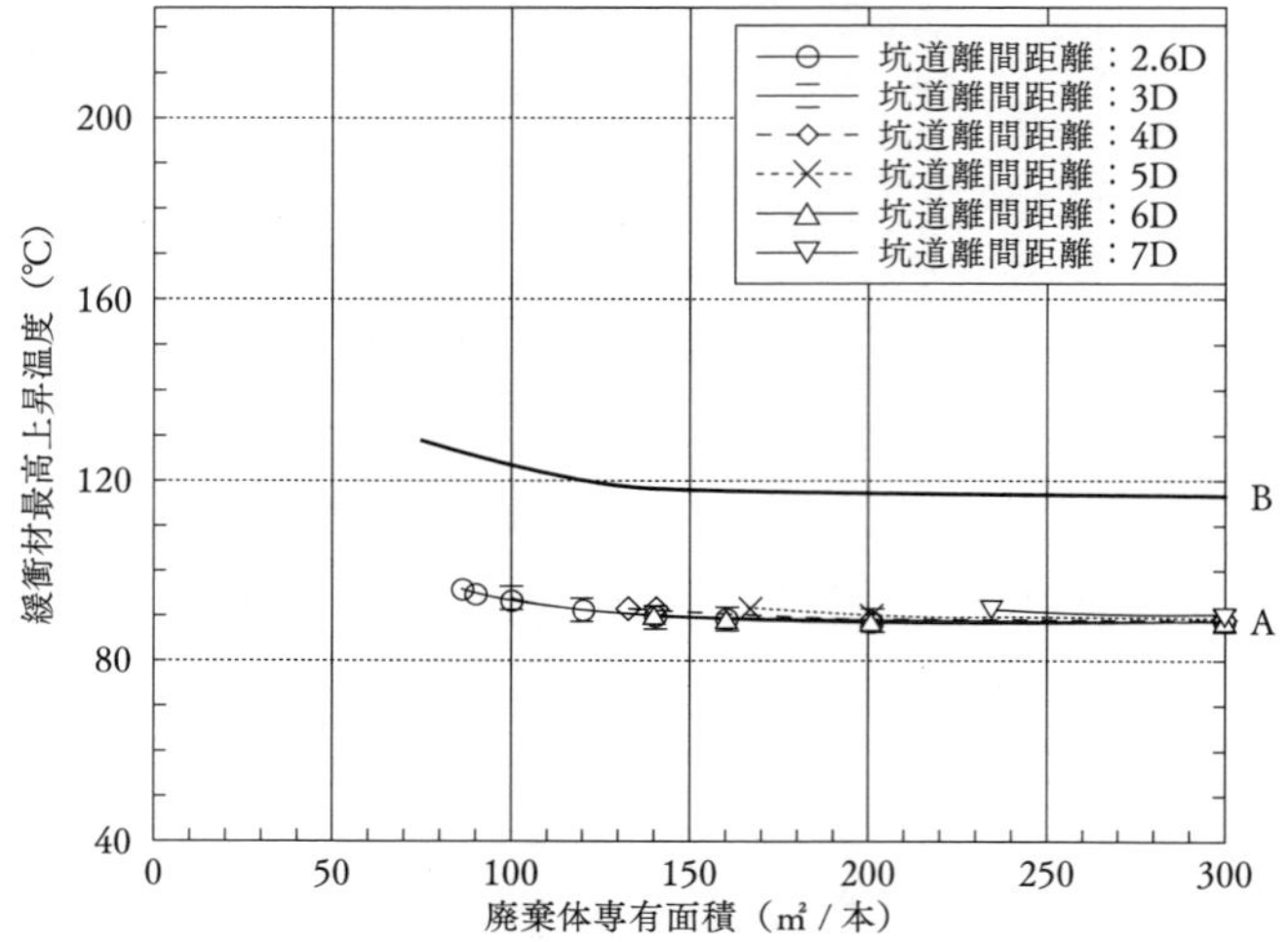

図 2-2　緩衝材の最高上昇温度　文献3　図3-20-2に書き込み

実際には、右のような内蔵放射能の設定をすると、この条件が満たされないのである。

さらに付け加えるならば、硬岩系と軟岩系の違いはたんに処分場の深度が違うからにすぎない。レポートで、硬岩系は地下一〇〇〇m、軟岩系は地下五〇〇mを処分場深度として計算を行なっているが、地下の温度は深度が一〇〇m深くなるにつき3℃高くなると設定されているため、地表の温度を15℃として地温や緩衝材温度の初期値は硬岩系で45℃、軟岩系で30℃となる。硬岩系と軟岩系の緩衝材の最高上昇温度が15℃違うのは、深度の五〇〇mの違いを反映しているだけである。

レポートでは、地下の温度上昇の度合いを示す地温勾配として、日本の平均的な値と言われている一〇〇mにつき3℃という値を採用しているが、総論レポートの図3.3-14に示された日本の地温勾配図を見るかぎりでは、とくに火山の近くではないようなところでも一〇〇mにつき5℃ぐらいまでを処分場の一般的な条件として想定すべきである。その場合、緩衝材の最高温度はさらに10℃から20℃高くなるわけで、緩衝材の制限温度を守るということは、ますますむずかしい条件になる。

レポートがずるいのは、このような計算が背景にありながら、それをいっさい隠し、一番少ない内蔵放射能の仮定と、楽観的な前提条件で計算した都合の良い結果だけを公表して、「処分はできる」としていることである。冒頭にも述べたように、このレポートでは非常に気前よく安全の余裕を見ているところがある一方で、内蔵放射能量や地温勾配のようにわずかの変更でも地層処分の実施を困難にするようなウィークポイントについては、都合の良い値に固定して評価を行なっている。こういった点が、このレポートの信頼性のなさと、地層処分がいかに困難であるかを示していると言えよう。この具体的な検討を行なうまでは、私は「このレポートはずいぶん不確かさが多い、いい加減なレポートだ」というぐらいに思っていたのだが、こうやって内部資料も含めて検討してみると、あまりのひどいやりかたに憤りでいっぱいである。

2　オーバーパックは腐食にたいして本当に守られているか

2.1　不動態化はないか

さて、前述したように、オーバーパックはとにかく一〇〇〇年間は、絶対に腐食にも外圧等にも耐えるバリアとして設計されている。そのために、オーバーパックの厚みは190mmと設計されており、このうち40mmが腐食代、150mmが放射線に起因する腐食にたいする防止のための遮蔽厚みとされている。

レポートによれば、放射線の影響による局所的腐食を150mmの遮蔽で防いでしまえば、極端な不均一腐食はなく、全体としては圧縮ベントナイトという化学的にそれなりに不活性な環境で守られた炭素鋼は、きわめて腐食されにくいとされ、酸素による酸化で、平均腐食深さが1.8mm、若干の不均一な腐食の可能性を考慮しても最大11.8mm、水の還元による腐食が平均10mm、それに伴う不均一さを考えた最大推定で20mm、これらを合わせて一〇〇〇年間で表面からたったの31.8mmしか腐食しない（余裕を見て40mmの腐食代を見込めば十分）という。小さな試験片を用いて、わずか二年くらい、それもきわめて限定的な化学条件下でしか観測していないのに、一〇〇〇年以上も観測をつづけてきたかのように、えらく自信をもって言うのである。

しかしその根拠に挙げている文献は数も少なく、実験内容としても貧弱で、レポートで言うほどには確かなことはわかっていない。重要な点は、彼らの言うように全面が均一に腐食するような過程（全面腐食general corrosion）だけが起こり、局部が鋭く浸食されていくようなすき間腐食（crevice corrosion）とか孔食（pitting）が絶対に起こらないかどうかということである。

問題は二つある。鉄の表面が全体にうっすらと酸化皮膜でおおわれる不動態化という現象が起こると（この方がむしろ普通に金属で起こる現象）、前述のような均一腐食が長いあいだかけてゆっくり進むというシナリオは当はまらなくなる。

全体としての腐食は進行しない代わりに、不動態化した金属表面のどこか一カ所に弱い部分があると、そこから一気に穴あきや割れ目の進行が高速度で進む。なまじ不動態化するばかりに、かえって弱い部分を作ってしまうのである。だから、絶対に不動態化が起こらないかどうかということがひとつの大きな問題である。

第二の問題は、顕著な不動態化が起こらないとされる条件で、前述のように一〇〇〇年で40mmの腐食代を見込んで置けば本当に安全かどうかという問題である。この二つの問題のそれぞれについて、具体的に根拠を検討してみる。

まず第一の不動態化の問題である。たしかに不動態が生じるとしたら大問題で、その状況は、たとえばスワドル著『無機化学』[☆4]にはこう書かれている。


すき間腐食の最悪の場合には、きわめて少量の金属が失われただけでも、材料が局所的に弱くなるための材料の損傷につながり、しかも、一時的な検査では発見できないことが多い。この型の腐食は、(例えば)応力が金属原子格子中に欠陥を誘起し、そこが局所的に高い自由エネルギーをもってより化学的に活性なスポットを生成した箇所から起こり始める(応力腐食割れ)。(この指摘は、応力腐食以外の腐食や孔食などにも一般化できる)。


もちろん、JNCもこの点をおおいに気にしていて、研究をつづけいくつかのレポートを書いているが、決定的なものはない。その研究不足の状況は一九九九年一月付けの研究報告[☆5]において、次のように書かれていることからもわかる。

緩衝材であるベントナイトの共存下での炭素鋼がどのような腐食形態をとりうるかはよく知られていない。大場らはベントナイト接触水中においてpH7～9の範囲で炭素鋼が不動態化しないことを示した。☆6 しかし、実際の圧縮ベントナイト中で検討された例はほとんどない。

一九九九年の時点でこのありさまである。

この問題を直接扱った論文のなかで一番まとまっているのが、なんと一九九九年の十月、つまり「第二次取りまとめ」の出る直前に出されたＪＮＣ内部の技術資料（研究報告☆7）である。この種の研究報告は、いずれも審査機構を通ったものではなく、「第二次取りまとめ」のためにまとめられたＪＮＣの内部資料であって、第三者によってなんの検討もされていない内輪のものにすぎない。通常の言葉で言えば、証拠能力はきわめて低いということになる。

しかも、その報告書でさえ、不動態化は絶対起きないなどとは言っていない。彼らの研究によると、オーバーパックに含まれる炭素鋼と接触する水に、いろいろな化学種（とくにイオン）が含まれ、pHがある程度高いと不動態化しやすくはなるが、実際にオーバーパックが置かれる環境はわずかにその不動態を起こす条件をはずれているということが期待できるという程度である。地下水には一般に炭酸塩が含まれるが、深層地下水では、その上限はだいたい0.1mol/lであり、地下水のpHが一一以下の場合、圧縮ベントナイト（乾燥密度1.6Mg/m^3）中の空隙水はpH9.5以下となり、この条件では不動態化が起こる可能性は低いという。

このように、極めて高い炭酸塩濃度条件がもたらされると、炭素鋼は圧縮ベントナイト中でも容易に不動態化する可能性がある。しかし、日本における一般的な地下水の炭酸塩濃度の上限は10x10^{-1}M以下、pHの範囲は五から一〇であることから、処分環境において炭素鋼が不動態化する可能性は低いと言える。（強調は高木）

図３に彼らの文献☆7から「不動態化は実際の地下の条件では起こらない」ことを保証するとした実験結果を再現して

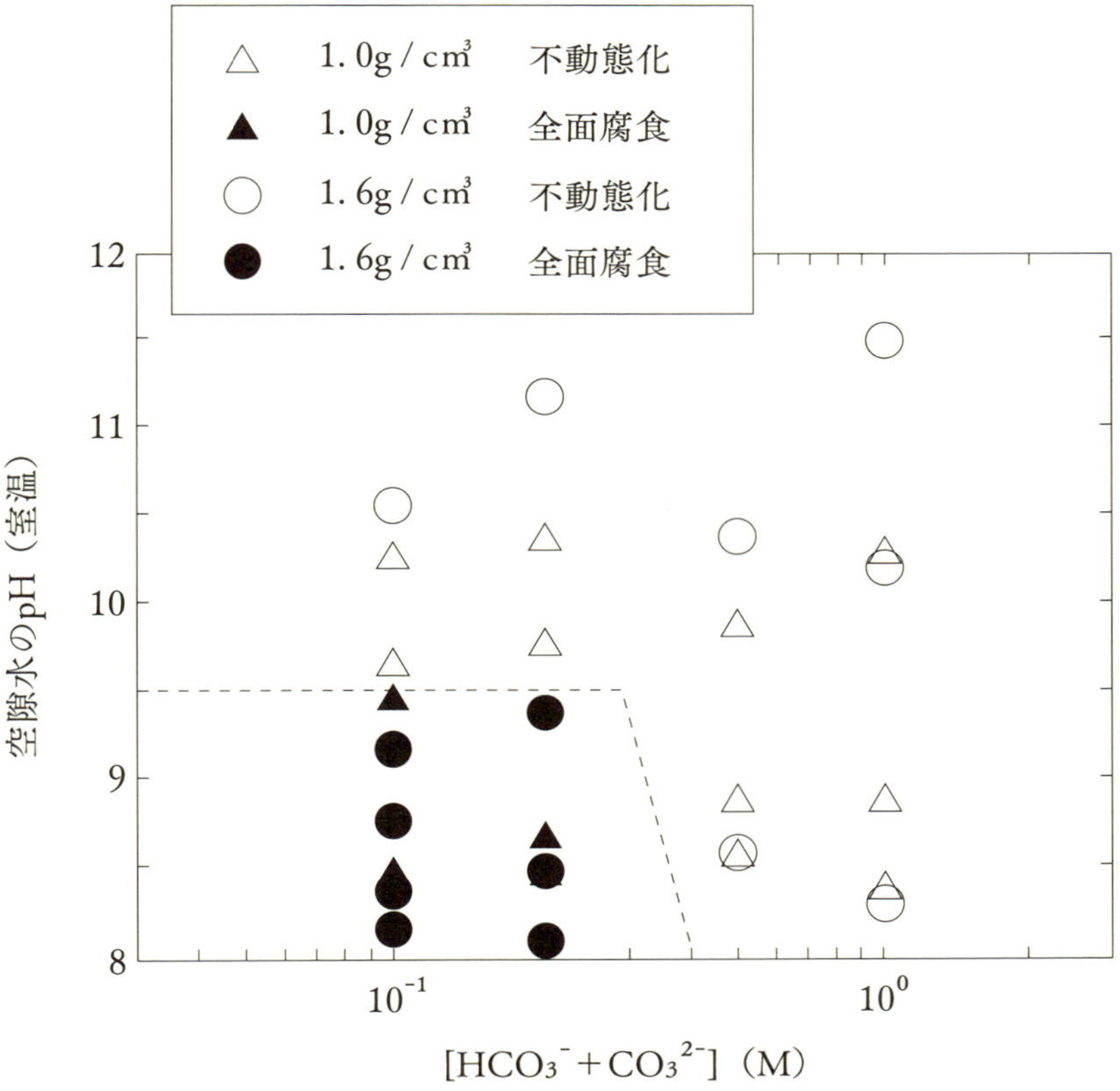

図３ 炭酸塩濃度と空隙水 pH に対する炭素鋼の不動態化条件（文献７より再現）

おく。この図を見てどれだけの人が、「不動態化は起こらない」ことの保証として受け止められるだろうか。

この実験はきわめて限られた炭酸塩濃度でしか行なわれていないが、炭酸塩濃度が$2x10^{-1}$mol/ℓをこえると、かなり低いpHでも容易に不動態化が進む可能性が示唆されている。さらに$5x10^{-1}$mol/ℓ以上では、すべての観測条件下で不動態化が起こっている。また、これらの実験は、80℃の条件でのみ行なわれているが、前節で述べたようにベントナイトがこれ以上の温度になる可能性はきわめて高いので、そのときには不動態化は進むとみるべきであろう。このように、「可能性は低い」というのは、かなり頼りない保証であることがわかる。

実際には、炭酸塩の濃度が高くなる地下の条件はいくらでも考えられるのではないか。また、たとえ炭酸塩濃度がある程度抑えられたとしても、硫酸イオンないし塩素イオンなどが入ればきわめて低濃度でも状況はすっかり変わるはずである。そのうえ、フミンなど植物起源の化学種や硫酸還元菌などの微生物も腐食の原因となりうることも一般的に知られている。本来は、そのようなさまざまな地下環境の可能性について、一〇〇〇年間の変化を考慮して観測・考察しなくてはならないはずである。

またpHに関してはＪＮＣの研究報告[☆8]は緩衝材の間隙水がpH7-11の範囲で変動しうることを報告している。図3からみると、10^{-1}mol/l程度の炭酸塩濃度でも十分不動態化が起こりうることが示唆されるのではないだろうか。この点に関して、レポートは、

> 0.1mol l^{-1}程度の高濃度の炭酸塩を含む地下水は油田、炭田及びガス田に付随する地下水に典型的であって、資源のある地域を処分場として選定しないというわが国の処分概念では、このような水質の地域の多くは除外される。（分冊2Ⅳ—一五頁）

と述べているにすぎない。

冒頭で、〈奇妙な平均値レポート〉と言った理由がおわかりいただけたろう。この種の論法は、ほとんど「地層処分の出来る条件の所を探せば、地層処分は出来るはず」という同語反復に近く、科学的に意味はない。

2.2　一〇〇〇年で5mm？

さて、右に挙げた二番目の問題を考えよう。明確な不動態化が起こらず、全面腐食が起こると期待できる場合、どの程度の腐食速度を仮定しておけばよいかという点である。

一般的に考えられる全面腐食は、緩衝材内に取り込まれた酸素による酸化と水の還元による腐食である。

2.2.1 酸素による腐食

酸素による腐食緩衝材中に残ると想定される酸素の全量が全面腐食（全表面がゆっくりと酸素により均一に侵される）に寄与すると仮定して、最大ケース（軟岩に縦置き処分するケース）で、腐食深さ1.8mmと計算される（これは酸素量にもとづく単純な計算）。

問題はこのような平均的な腐食だけを考えればよいのかということだが、腐食というのは確率的な現象なので、ある程度の不均一性は避けられない。レポートでもその点は考慮していて、前述の1.8mmという平均腐食にたいして、局所的に腐食が深く進行する最大腐食深さを経験式を用いて推定している。その式とは、

$$P=X+7.5X^{0.5} \qquad (1)$$

これにもとづいて、平均腐食深さX＝1.8mmとすると、最大腐食深さP＝11.9mmとなり、この種の腐食には最大11.9mmを考えておけばよいというのが、レポートの主要である（なお、レポートでは11.8mmとなっているが、計算してみると11.9mmが正しい）。

この式の直接の根拠となっている実験的観測は、動燃時代の技術資料ひとつだけで、右の式は人工海水／人工淡水系での短期間の観測にもとづくものである。実験には炭素鋼の試験片を用いているが、その面積は6.65cm²、なんと

オーバーパック一本の一〇〇〇〇分の一程度の大きさにすぎず、これではいかにも観測の精度が悪い。

だが、その乏しい実験的根拠にかかわらず、(1)式に自信ありそうに頼っている背景には、一般論として、

$$Pi = kT^n \qquad (2)$$

(Piは局部的穴あき＝孔食の深さ、kは一般に孔食係数と呼ばれるもの、Tは時間、nは1より小さいある数、Romanoffの観測[☆9]では、0.37, Marsh[☆10]では0.485)

型の式が成り立つといういちおうの定説があり、それにもとづいている。しかし、それも、もっとも長いRomanoffの観測(レポートの引用文献では、一九八九年となっているが、元の文献は、なんと一九五七年のもの!)ですら、一八年をカバーするにすぎず、これらにもとづいて一〇〇〇年先まで推定するのは乱暴すぎる。とくに、(1)式の〇・五という指数の部分が少し変わると、この一〇〇〇年間の外挿値は大きく変わりうる可能性のあるものである。

もう少し緻密な議論をすると、この種の現象は本来確率的なものだから、最大腐食深さの期待値は、平均腐食深さXにたいして統計分布で与えられる。そこで、最大腐食深さの推定値は、ある一定の信頼率を指定した場合の、その信頼率(確率)で、実際の最大腐食深さが求められた値を超えない数値という性格をもつ。たとえば、(1)式は、信頼率九九%にたいするものである。

つまり、ガラス固化体一〇〇本に一本は、最大腐食深さが右の式で求められる値を超える可能性がある。仮に、九九・九九九%の信頼率(一〇万本に一本以下しか超えない)を得ようとすれば、最大腐食深さの推定値は11.9mmでなく17.4mmとなる。

この5.5mm程の違いはさして重要ではないと思われるかもしれない。しかしレポートで、この種の数値がそういう信頼率のものでしかないことに触れていないのはおかしい。前述の原論文[☆7]では次のように書かれている。

本解析では十分に信頼性の高い値として指定信頼率九九%における推定値を示したが、Gumbel分布関数の性質上、指定信頼率を大きくすればするほど無限に大きな推定値が得られる。(中略) 実際には限られた期間、限られた量の酸化性物質の条件下では進展しうる深さに限りがあるため、過度に大きな信頼率では値は工学的に意味を持たないと考えられる。(強調は引用者による)。

そうだとしたら、所詮、一〇〇〇年先の推定には、限られた信頼率しかおけないのではないだろうか。

2.2.2 水の還元による腐食

少し酸素による腐食にこだわりすぎたが、じつはより重要なのは、緩衝材中の水の還元による鉄の腐食である。これは基本的には

$$Fe+2H_2O=Fe(OH)_2+H_2$$

のような反応で、水素が発生する。これによって、平均的に、おそらくは右の酸素による酸化よりは速い速度で炭素鋼が腐食していく。そのうえに、発生した水素が炭素鋼の表面に吸蔵されると、水素脆化という現象が起こって、ここから炭素鋼が食い破られていく。

このあたりのことは一通り、レポートには書いてあるが、深刻な問題になるかもしれないのに、非常にあいまいな取扱いでお茶を濁している。

まず、還元による平均腐食速度だが、この種のことはもう実験的観測に頼る以外に道はない。JNCの実験[☆5]では、

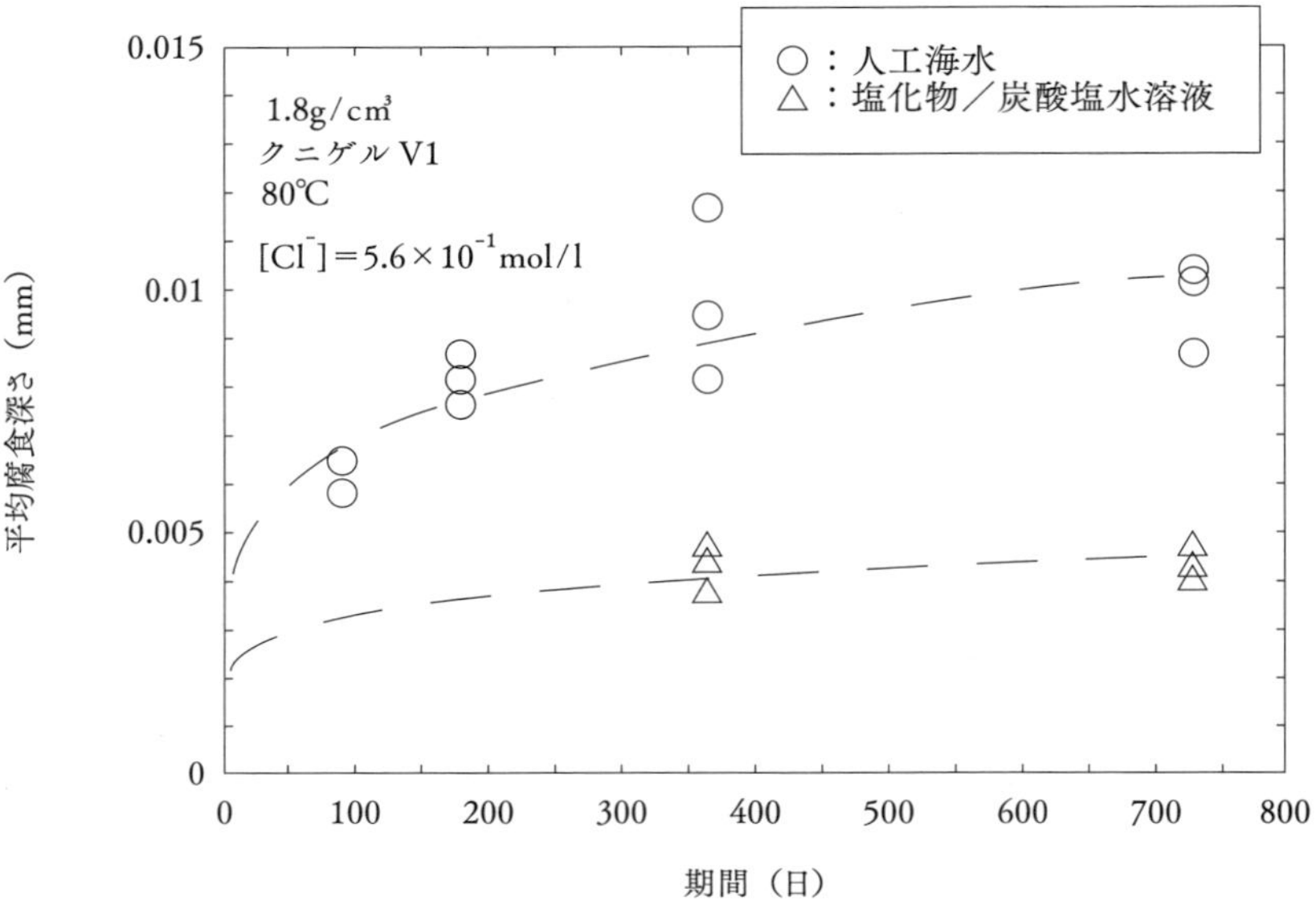

図４　圧縮ベントナイト中における炭素鋼の平均腐食深さの経時変化（文献５より再現）

腐食に関して想定される一番厳しい条件として、人工海水と塩化物／炭酸塩水溶液で飽和させた圧縮ベントナイト中の炭素鋼の試験片を二年ほど埋め込み、平均腐食深さを調べている。その結果、たしかに還元性の腐食が観測される。彼らの実験結果を図４に再現しておく。

この図からして、最初の立ち上がりの変化を別にすれば、あとの二年くらいは、（条件の厳しい）人工海水の方でも二年間の変化は0.005mm 以下と読める。そこで、彼らは小さな試験片を用いたたった二年余の観測だけで、大胆にも次のような「結論」を下す。

溶液の飽和した圧縮ベントナイト中において、炭素鋼の平均腐食速度は時間とともに低下して、二年後には0.005mm/y 以下となる。よって、一〇〇〇年間の平均腐食深さは5mm 以下と予測される。

これは、科学論文としては普通通りそうにない大胆な結論である。たった二年しか観測せず、その最初の一年では図4にあるようにかなり腐食は速く進行した。0.008mm/yに近い。その後もう一年たったら深さの進展が少なく0.002mm/y程度だった。そこで中をとって、一年で0.005mm程度と考え、一〇〇〇年間先に外挿して、一〇〇〇年で5mmというのである。（本当は、もう少し緻密らしい議論をしかけていて、右の（2）型の式を図から強引に最小自乗法によって導いたりして議論しているのだが、二年間の観測のこれだけの点でそんな議論をすればするほど、恥ずかしい話になるからその議論は無視していい）。

言うまでもないと思われるが、仮に図4のような頭打ち型の曲線にいちおうの経験的根拠があるとしても、せめて一〇年くらい観測して、「平均」腐食速度を出してもらわないと困る。この実験では、二年目の三つの点に比重がかかりすぎる。

さて、このように求めた平均腐食深さに、どれだけの不均一性の幅を見込み、最大腐食深さを想定すべきか。これは前述の文献による還元腐食の扱いでは、九九％の信頼率で8.29mmから9.16mm、九九・九九九％の信頼率で10.3mmから11.2mmとなる。

ところが、レポートでは、ここで話が急に整合性がないというか、どんぶり勘定となり、次のようなくだりが登場する。

> 圧縮ベントナイト中における二年間の浸漬試験では、5μmy^{-1}以下の腐食速度が得られている（谷口直樹ほか、1999b）[☆5]。環境条件を実験的に確認した範囲（人工海水及び人工淡水）に限定すれば、長期試験の結果に基づいて平均腐食速度は5μmy^{-1}となる。しかし、これら長期試験結果は、想定される環境条件をすべて網羅したものではないため、微生物の活動などによる環境条件にともなう不確実性も勘案し、保守的に平均腐食速度を10μmy^{-1}としたうえで、さらに不均一化（谷口直樹ほか、1999a）[☆7]を考慮して、2倍の20μmy^{-1}を仮定して、一〇〇〇年間の腐食深さを20mmと評価した。（総論レポート　IV—二八頁）。

これは、まったく奇妙な話と言うべきではないか。酸素による腐食に関しては、最大腐食深さが（九九％の信頼率で）11.8mmと0.1mmの桁まで提示しながら、話が還元腐食に及ぶと、急に、「微生物の活動などによる環境条件にともなう不確実性も勘案し」などとこれまでにないトーンとなり、気前良く倍に腐食速度をとり、さらに不均一化は前のような手法に従わずに、なぜかこれも二倍の速度をとって、20μmy^{-1}としている。科学的根拠が薄弱でも、本当の保守性が保たれているならよいが、気前良さそうでいてそうではないのである。

平均腐食深さが10mmというなら、文献7にあるように、かりに九九・九％の信頼率で最大深さは12.9～15.5mm、九九・九九九％の信頼率ならここで16.2～17.7mmとすべきである。しかし、これも、かならずしも納得できる数字ではない。「微生物の活動などによる環境条件にともなう不確実性」については、分冊2でほんのわずかに、「腐食が加速される可能性は少ない」と述べているにすぎないが、他の部分と比べ気前良く二倍に速度を増しているところから見ると、大きな不確かさがあることが気になったのだろう。その不確かな10mmという数字を基礎にして、九九・九九九％の信頼率で、17.7mmなどと計算するのが気が引けたので、一〇〇〇年で20mmという値を出してきたものと思われる。

それにしてもこのエイヤッと出してきた20mmという数字と、酸素による腐食深さ（九九％信頼率）11.8mmを足し算して、31.8mmを最大腐食深さの推定値としている神経もちょっと信じがたい（有効数字などという考えはないらしい）。

2.3　まとめ——信頼性の明らかでないオーバーパック

筆者の立場からすれば、「微生物の活動などによる環境条件にともなう不確実性」も含めて、一〇〇〇年のあいだのオーバーパックの腐食に影響する因子は複雑多岐にわたると考えられるが、右で議論されたのはそのごく一部にすぎない。とくに、腐食という現象には、直線的に外挿して議論できないnon-linearなプロセス（ある現象が始まると一気に急激に孔食や割れなどが進行する）に左右される可能性がある。ある種の化学種や生物の働きが触媒的に働けばそういうことが起こる。ここでも十分議論できなかったが、レポートでは、いちおう極値統計解析はしているものの、そういう面のメカニズムの考察がまったくないのは大きな欠陥である。

議論の対象とされている因子に限定しても、レポートのオーバーパックの設計は不十分さが目立つ。数年の、それもきわめて限られた化学系での、小試験片を用いた観測にもとづいて、オーバーパックの健全性を一〇〇〇年間保証することは、以上の限定された議論だけでもとうてい無理であることは確言してよいであろう。

いま行なわれるべきことは、地下への処分という前に、その前提となるオーバーパックや緩衝材の熱的制限からくるガラス固化体のインベントリーの制約などについて、この先少なくとも何十年かデータを蓄積して、それにもとづいて公開の議論が行なわれ、どの程度の信頼率で、どの程度の安全度（危険度）が期待できるかを明らかにすることであろう。現在は、オーバーパックの設計を云々できるだけの、科学的知識の水準に達していないと言うべきではないだろうか。処分候補地についての議論などとうていなすべき段階ではない。

仮に十分な保守性を見込めばよいという立場に立ったとしても、「何が十分な保守性か」を定量化できるだけの評価法は確立していない。ましてや、どの程度の信頼率なら人びとが納得できるのかの議論もまったくなされていないのである。

3　地下における放射性物質の挙動

この項では、オーバーパック以降の人工バリア中での地下の放射性物質の挙動について考える。ということは、緩衝材（うめ戻し材を含む）中での動きということになる。

3.1　問題の所在

これまで述べてきたところから、オーバーパックまでの人工バリアは、有効に機能する場合もあるだろうが、ある確率ではもろくも崩壊して、一〇〇〇年のあいだの放射能閉じ込め機能を果たさない場合もおおいに考えられる。いや、むしろそうなる恐れが強いといえる。

そうだとすると、レポートが期待しているような放射性物質移行のシナリオはまったく当てはまらなくなる。一番わかりやすいケースでは、オーバーパックまでの人工バリアが一〇〇年程度で崩れてしまって内部の放射性物質の外部への移行が始まった場合、地下水への溶解度が高いCs-137が地下水中に大量に溶出することになり、その後のシナリオも安全評価もまったく違ったものとなる。

その場合でも、緩衝材の陽イオン吸着機能が働いて、Cs-137の足止めが起こり、Cs-137は緩衝材というバリアを越える前に完全に減衰してしまうと、レポートのCs-135に関する計算の類推から主張されるかもしれない。しかし、そういうシナリオはこのケースでは期待できないだろう。というのは、いまはオーバーパックが早期に局部腐食によって腐食するようなケースを考えているわけだから、放射線場が著しく強く、緩衝材の足止め機能が一般には期待できないからである。

このような場合には、最終的な人間環境までのルートを大ざっぱに考えて見積もりをしても三～四桁被曝が大きくなることが想定される。極端すぎるといわれるかもしれないが、われわれの立場からすれば、十分に考えておくべきシナリオであろう。

以上の点を指摘しておいて、オーバーパックまではいちおう健全に働いたとして、つづいて生じる問題点について考えてみよう。

その先は、（a）放射性物質の緩衝材中の地下水への溶解、（b）緩衝材の間隙水への放射性物質の移動／吸着、（c）岩石中の移動／吸着、そして（d）断層破砕帯・帯水層を通っての人間環境への到達、（e）さまざまなルートによる被曝、という経路を通るのだろうが、（c）から先は、主に藤村氏の作業に委ね、また、（e）は全体を踏まえての共同作業に期待するとして、ここでは、主に、（a）と（b）に関連して、地下における微量放射性物質を検討するときに考慮すべき因子について、若干の問題提起をし、第二次取りまとめがこの点でも不確かさの多いことを指摘したい。ただし、十分に定量的な議論をするだけの備えが、目下のところ当方にもないので、以下に行なうのはごく定性的な問題点の指摘にすぎないことを断っておく。

レポートを読んで、問題のありそうな領域を指摘すると、以下の点である。

・緩衝材間隙水中の元素の溶解度
・緩衝材間隙水中の放射性物質の移動（拡散／吸着）
・ホットアトムの挙動
・微生物の作用
・コロイドの形成

3.2（省略）

3.3　緩衝材間隙水中の溶解度

介在する化学種が複雑で、多くは1000分の1mol/l以下の低濃度で核種が存在するので、しっかりした測定データなどほとんどない領域である。レポートの手法は、Yui et alによってまとめられ、「国際的専門家によるレビューを受けつつまとめられた」と称する熱力学的データベース（JNC TN8400 99-070）の数値に全面的に依拠するものである。ところが、驚いたことにこの第二次取りまとめの段階では、このデータベースは公表されておらず、あるいは公表されるようなかたちに整っておらず、文献ではin preparation（準備中）とあった。このデータベースは、もちろん、この第二次とりまとめのために計算・編纂されたものであるはずだから、それが整っていないうちに、結論としての第二次取りまとめが公表されたというのは、よく言っても不誠実、厳しく言えば、国民を愚弄するスキャンダラスなものである。「国際的専門家によるレビューを受けつつまとめられた」というのも、いったいどういうプロセスが踏まれたのかすら国民一般には明らかではないから、にわかに信用もできないし、「国際的専門家」の「虎の威」を借りたような表現である。

内容的にも、この種のデータは熱力学的な計算によるもので、実測による値ではないから大きな不確かさが伴う。結論レポートV-47ページは、溶解度のデータをレファランスケースについて表に挙げている（表5.5.5）が、その一部のデータは計算値でなく、実測値があるので、後者を用いている。そこに参考値として挙げられている計算値を見ると、実測値と大きく違うものがある。実測値と計算値が違うものについて、実測値を採用したのは正しいが、両者が大きく違うということは、そもそも計算値には信用がおけないことを意味しているのではないだろうか。

たとえば、Nbは採用している実測値が1×10^{-4}mol/lであるが、計算値は7×10^{-7}mol/lである。この場合は、より保守的なデータが選ばれた結果になっているが、熱力学的な計算値しかないようなケースでは、このデータベースが、保守的な評価を与えることをどうやって保証するのか明きらかではない。逆に、二桁以上甘い結果になる可能性があるのではないだろうか。

3.4　緩衝材中の放射性物質の移動

これが地下の放射性物質の挙動のうちもっとも重要な事柄のひとつで、どの程度的確に予想できるかによって、その後の安全評価なども大きな影響を受けることになる。レポートのこの点に関する取扱い方もいろいろ問題がありそうである。3.3と同じように、大きな不確かさを含みうるが、そのことにたいする議論が弱い。少しだけ立ち入ってみる。

緩衝材中の移動は、濃度勾配によって生じる拡散という現象と、純粋な拡散に歯止めをかける吸着（緩衝材部による放射性物質の主としてイオン交換性吸着）によって左右され、いわば、この両者のかねあいで決まってくる。（岩石中では、これに動水勾配によって決まる地下水の流れが重要になるが、ここでは無視する。）前者は拡散係数De（実効拡散係数）（単位はたとえば、m^2/s）によって決まり、後者はKd（m^3/kg）によって記述される。この拡散、吸着（分配）は、物理化学的に意味のある素過程であるが、実際の移動は、吸着や「純粋な」間隙水のみの拡散（拡散係数D_0）、媒体中の間隙率E、そして吸着のかねあいで決まるので、その全体を現象論的に記述するには、見かけの拡散係数Daを導入して、下のように取り扱うのが一般的なようである。

すなわち、一次元的に簡素化して書けば単位面積・時間当たりの物質の流量F($kg/m^2/s$)は、

$F=Da\cdot dC/dx$　Cは濃度　xは拡散源からの距離　（1）

$dC/dt=Da\cdot d^2C/dx^2$　（2）

Kd=(De/Da-E)/q　q は緩衝材の乾燥密度 (kg/m³)　(3)

あるいは、(3) 式は、Da=De/(E+qKd)　(4)

これらの式は、総論レポート V-40 から V-50 あたり (或いは分冊3のIV-30 からIV-34 あたり) に書かれているのと同じものである。数値計算をこれから試みようというわけではないのに、なぜ右の基本式を書いておいたかというと、レポートでの問題の取扱いを整理しておく必要があると思ったからである。

われわれが扱う普通の物理なり化学の過程を考えれば、実際に De (これは一般には普通の拡散実験で求められる) と Kd (普通の吸着／分配実験で一般には求められる) とから、(4) 式により、見かけの拡散係数 Da を求め、三次元的に (1)、(2) を解いて、移動の計算をするというのが常道だろう。しかし、この世界ではどうもそうではないらしく、De に関しては、Cs にたいしてしか実測値がない。あとは、全部なんらかの意味で推定値であり、その確かさにもバラツキがあるものと考えられるが、ここでも不確かさについてのきちんとした議論はない。

また Kd はというと「分配係数は固層への収着の程度を表わす値として、一般にはバッチ収着試験により求められる」(総論レポート V-50) べきものだが、「圧縮ベントナイト中においては、その微細な間隙構造により間隙水の多くの部分が固体表面の影響を受けていると考えられること」などから、直接適切な分配係数を実験的に求めることはできないとしている。

むしろ、圧縮ベントナイトに関して直接観測された Da 値 (観測値がない場合は類似すると考えられる元素からの類推値) を用いて、右の (3) 式から Kd を求め、これをレファランスケースとして、表 5.5-7 に挙げている。

この書き方の構造からすると、こうして求めた Kd を用いて、(1)、(2) を解いているらしい。そう読める。しかし、そもそも、この Kd は (4) 式と見かけの拡散係数への推定値から求められたものだとすると、ここで、Kd を持ち出す意味はまったくなく、最初から、見かけの拡散係数の推定値を使って、拡散式を解いているのと同じことである。（ただし、おおむね同じようにして推定的に低い精度で得られるものでしかないKd値は、その後の岩石中の移動計算では大きな意味をもってくる。（総論レポート　表5.5-9参照）。

少し横道にそれかけたが、Kdが持ち出されるのは、この量の物理化学的概念がはっきりしていて、ちゃんとした実験をやれば個々の元素につき決定しうるものだからであろう。実際にはそれがむずかしいからといって、より現実主義的な立場で、「見かけの」値、それもかなりの程度に推定値を使うというのでは、実験に恣意性が入るのを否定できないのではないか。

現在までのところ、筆者には、この方法による類推で、どの程度の恣意性が入ったか、どの程度に保守性が維持されたか検討する余裕がなかったが、疑問として提示しておきたい。一見手の込んだ手続きをとっているようだが、結局は、Da, Deの推定値の妥当性に結果は一方的に依存しているのであるが、その妥当性をチェックする手だては与えられていないし、自らも評価していないのである。強いていえば、推定値がすべて、Kdにして〇・〇一とか、一とか一〇といったorder estimateのレベルでしか与えられていないから、受け取る側には、その程度のものでしかないと受け取る自由があるというべきだろう。つまり、この場合一という数字は、〇・一や一〇よりは一に近いという程度の数字と考えるしかない。

この問題と関連して指摘しておきたいことがある。それは、仮に、ある元素Aに関して、X、Y、Z……の化学種が存在するとして、Zはこのうち平衡存在量も少なく、一般的でないとすると、見かけの拡散係数の推定（そのための実験や計算）などのさいには無視される可能性が強い。ところが、これが他に比べてZの見かけの拡散係数が桁違いに大きい（Kdが小さい）とすると、じつは無視されたこのZの化学形で、拡散がどんどん進み、平衡もそちらにずれるから、このZというチャンネルを通して、きわめて速い速度で（遅延効果なしに）移動が進む可能性があるのではないか。そういう意味では、可能性のあるすべての化学種について、きちんとした実験的なデータが得られないと、移動の計算、したがって、最終的な安全評価をするのはむずかしい。少なくとも、不確かさの幅を決めるのは困難である。ここでも、個々の元素の拡散係数の推定に二桁や三桁の不確かさはついてまわり、全体としての安全評価にも、それから由来する不確かさが少なくとも一桁から二桁はつきまとうのではないだろうか。

3.5 ホットアトム効果は無視できるか

最終的な安全評価にかなり効いてきそうな核種のうち、Th-229、U-233、Np-237、また、Ra-226、Pb-210は、崩壊系列の中間に属する放射性物質であり、アルファ崩壊したときの反跳原子、いわゆるホットアトムである。このときには、通常の熱力学的計算や、観測的な溶解・吸着などの挙動と異なる挙動をする可能性が予測される。たとえば、U-233として吸着していたものが、アルファ崩壊してTh-229になるときに溶離されてくるということが起こりうる。このような効果をどう評価しているのだろうか。無視できると考えていると正しくないのではないか。

3.6 (省略)

3.7 まとめ

筆者の側もまったく定性的な指摘しかできなかったが、その程度にしか地下の放射性物質の振舞いについて予測できないのが現状ではないだろうか。

JNCとも連携して、学術会議サイドでこの問題を研究しているグループが『放射性廃棄物と地質科学』☆11という本を出版しているが、そのなかで、地質学者の中嶋悟氏は「岩石中での放射性元素の挙動の典型的な例」の大まかなイメージを描いたあと(この描像は、放射化学者の私にもそれなりに参考になった)、次のように述べている。

これが、これまでの筆者の経験から出せる岩石中の放射性元素の挙動の予言である。これはあくまでも、ある意味で強引に模式化したイメージであり、今後の研究の進展によって、より整合性のあるモデルを作ってゆかねばならない。

これは筆者自身が言うように、現在これから未だ多くがなされなければならない研究段階だといっているに等しい。それはよいのだが、その後に氏が、次のように結んでいるのには驚かされた。

われわれは、上記のように広いテーマ全般にわたって、中立的な立場で、信頼性の高い、予言力のあるデータを蓄積していく必要がある。そこでわれわれのもっとも大きな悩みは、仲間不足である。このような研究に携わる人口があまりに少ない。資源・環境・原子力関連の研究テーマはお金がつきやすいので、動機は不純でもよいから、多くの地質科学者に研究してもらいたい。そうすることが、地球社会におけるそして地球科学における地質科学の意義づけをしていくとともに、地球科学自身の新たな発展をもたらすことになると信じている。

「不純な動機をもった」地質科学者がどんどん地層処分の研究に参加するような状況を、私はおおいに憂える。そんな研究は「地球科学自身の新たな発展」などではなく、止めどない腐敗をもたらすであろう。われわれの研究会は、金もなく、ささやかなものではあっても、そのことを明らかにして一矢を報いていかなければならないと思う。

文献（および注）

☆1　高レベル放射性廃棄物管理施設　補正申請書　一九九一・四・二六　添付書類　七―一〇。

☆2　中性子線量の計算結果は、分冊2 図4.1.2-82に与えられているだけだが、追試の計算を行なった結果、この計算自体は、おおむね正確と判断された。なお、ガラス固化体あたりの中性子発生数は、六ヶ所施設の申請値として、$1.3x10^{+9}$ n/sと与えられている。三〇年貯蔵後の値としては、約$1x10^{+9}$ n/sとなる。このうち約四分の一がCm-244の自発核分裂によるものと計算される。計算の簡便なやりかたについては、たとえば日本原燃「COGEMAガラス固化体からの中性子発生数の計算方法」（参考資料　一九九二）。

☆3　谷口航、岩佐健吾（一九九九）：ニアフィールドの熱解析　JNC TN8400 99-051　核燃料サイクル開発機構　東海事業所。

☆4　スワドル（一九九九）『無機化学』石原ら訳　東京化学同人。

☆5　谷口直樹ら（一九九九）：圧縮ベントナイト中における炭素鋼の腐食形態と腐食速度の評価　JNC TN8400 99-003　核燃料サイクル開発機構　東海事業所。

☆6　大場和博ら（一九九六）　ベントナイト接触水中における炭素鋼の不動態化と脱不動態化、材料と環境　四五, 209-219.

☆7　谷口直樹ら（一九九九）：炭素鋼オーバーパックにおける腐食の局在化の検討、JNC TN8400 99-067　核燃料サイクル開発機構　東海事業所。

☆8　小田治恵ら（一九九九）：地層処分研究開発第二次とりまとめにおける緩衝材間隙水化学の評価、JNC TN8400 99-078　核燃料サイクル開発機構　東海事業所。

☆9　H. Romanoff (1957): Underground corrosion, NBS Circular 579.

☆10　G. P. Marsh et al (1983): Corrosion Assessment of Metal Overpacks for Radioactive Waste Disposal, European Appl. Res. Rept-Nucl. Sci. Technol. 5, No. 2, 223-252.

☆11　島崎・新藤・吉田編（一九九五）『放射性廃棄物と地質科学』東京大学出版会。

第三部　原子力発電所事故への警告

原発事故はなぜ起こるのか

（初出 『チェルノブイリ――最後の警告』一九八六年 七つ森書館）

事故症候群が突出した大事故

原発の大事故というと、一九五〇年代のイギリスのウィンズケール炉の事故、六〇年代はアメリカのアイダホのSL―1の爆発、七〇年代のアメリカのスリーマイル島（TMI）、そして今回のソ連のチェルノブイリといった大事故を取り上げて考えがちだ。しかし、これらの大事故のかげには、数多くのヒヤッとさせられるニアミスが起こっている。TMIやチェルノブイリは、そういった「事故症候群」のなかの突出したものととらえたほうがよい。

TMI事故後には、事故防止論がさかんにいわれたが、最近までの状況をみると、結局TMIの前後で事態は本質的になにも変わっていない。チェルノブイリの事故はけっして「寝耳に水」のことではなく、きわどい事故は世界じゅうで頻発している。その状況の深刻さは、たとえば、アメリカの原子力規制委員会（NRC）が、昨年（一九八五年）六月にアメリカ初の事故調査特別チームITTを常設したことでもわかる。この小論では、最近のいくつかの重要な事故を比較しながら、何が事故をもたらすのか、それをチェルノブイリのような大事故に拡大させるのは何かを考察し、日本の原発への教訓を引き出してみたい。

ここで取り上げる事故の概要を表に示す。取り上げたい事故はまだ数多くあるが、TMI事故以外はこの二年ほど

原発名（国・炉型）	年月日（発端の時刻）	主な事故経過	機器の故障・欠陥	人為要素
スリーマイル島2（米・PWR）	79.3.28（0400）	二次給水系停止から冷却材喪失。炉心大損傷（溶融）・放射能大放出。	逃し弁開固着水位系の欠陥など。	給水系弁の開け忘れ、緊急冷却系の絞りすぎなど。
ビュジェイ5（仏・PWR）	84.4.14（夜）	制御電流喪失からほぼ全面的電源喪失に。	整流器の故障、設計上の欠陥など。	ランプ表示の無視。
ランチョセコ1（米・PWR）	85.12.26（0430）	制御室への電流が26分喪失、一部放射能漏れ。	電源回路の不備、ポンプ故障。	運転員1人倒れる。バルブ操作不適。
デービス・ベッシー1（米・PWR）	85.6.9（0135）	主給水系停止から12分給水喪失。	補助給水系の整備不良。	ボタンの押し違え。
馬鞍山1（台・PWR）	85.7.7（1722）	発電機冷却用の水素漏れでタービン室が大火災、2時間半後鎮火。	タービンブレード損折、品質管理の欠陥。	ずさんな運転管理。
チェルノブイリ4（ソ・RBMK）	86.4.26（0123）	核暴走、水蒸気爆発（水素爆発）、大量放射能放出。	制御システムの複雑さと欠陥。	危険な実験の設定、〝規則違反〟の運転。
敦賀1（日・BWR）	81.3.28（2135）	廃棄物タンクのオーバーフローから、一般排水路へ放射能漏れ。	パイロットランプの故障、廃棄物建屋の欠陥。	弁の閉め忘れ、ずさんな監視。

最近の原子力発電所の事故例（PWR：加圧水型、BWR：沸騰水型、RBMK：黒鉛減速・軽水冷却型）

のものに限定し、きわめて重要と思われるものだけを、国の違いなども考慮して選んだ。ただし日本の事故については、やや古いがよく知られたものとして、日本原子力発電・敦賀の放射能漏れを選んで比較することにした。

ＴＭＩ、ビュジェイ、チェルノブイリについては、少しくわしく説明しておこう。

(1) ＴＭＩ-2号炉の事故

この事故は、蒸気発生器に二次冷却水を送る主給水ポンプの停止と補助給水系弁の閉め放しが重なって、二次冷却水が一時完全に停止状態となったところに端を発している。ついで原子炉の炉心を直接冷却する一次系の圧力が上がって、加圧器逃し弁が開いたが、この弁が開いたまま閉じなくなり（開放固着）、運転員がそのことに気づくまでの二時間一八分のあいだ、開きっ放しとなった弁を通じて一次冷却水が失われた。

さらに、水位計の表示の不適切さのために運転員が緊急炉心冷却水の流量を絞りすぎ、原子炉内はいわゆる冷却材喪失（空炊《から》き）状態となって、炉心が露出した。これにより加熱状態となった燃料棒は大規模に破損し、少なからぬ部分は溶融してしまった。最新の推定によれば、なんと炉心の七〇パーセントは溶融していたとされる。

大規模な放射能漏れが、補助建屋に移送された水などを通じて生じたが、七〇パーセント溶融という深刻な炉心損傷のわりには、あの程度の事故でおさまったのは、むしろ幸運であった。もうちょっと進行が変わっていたら、大破局を招いた可能性は十分あった。

事故の究極的な原因は何だったか。人為ミスという説もあるが、設計上の欠陥、装置の動作不良、品質管理や運転管理の不備と人間の誤判断などが複合的に作用したものと考えるのが、もっとも妥当なところである。

(2) ビュジェイ5号炉の事故

フランスのビュジェイ5号炉でもきわどい事故が起こっていたことが、最近明らかになった。

事故は、フル運転中、制御電流のトラブルに端を発した。四八ボルトの直流制御電流用の整流器（二つのうちひとつ）が故障し、予備のバッテリー電源に自動的に切り替わった。その警告表示灯が点灯したものの、運転員は無視し、運転を継続した。ところがバッテリー電源は次第に電圧低下を始め、三時間後には三〇ボルトにまで下がってしまった。このゆったりした制御電圧の降下という予期しなかった事態のため、混乱が生じた。

すなわち、ONとOFFがはっきりした状態を想定して設計されていたシステムが、連続的に少しずつ機能を低下させていくという事態に対応できず、主冷却系と非常用冷却系の多くのポンプが次々に電源を断たれて停止し、炉心が加熱し始めた。かろうじて、非常用ディーゼル発電機の三番目のものを作動させることに成功し、危うく事なきを得た。ほとんどブラックアウト（完全な電源喪失）寸前の事故で、「フランスの原発でもっとも深刻な出来事」と言われた。

（3）チェルノブイリ原発の事故

八月十四日に、ソ連政府は事故についてのくわしい報告書をIAEA（国際原子力機関）に提出した。そこに示された事故シナリオには疑問となる点も多いのだが、ひとまずその報告書の内容として報道されたところに従ってみよう。

事故はタービンの慣性を利用して、主電源喪失時に緊急用の電源確保を試みるという、「実験」の過程で起こった。実験は、六パーセント（熱出力二〇万キロワット）という低出力で行なわれ、タービンをオーバーラン（慣性回転）させたあとで、出力の急上昇が始まった。制御棒挿入の指示が出されボタンが押されたが、時すでに遅く出力上昇はつづき、炉心で爆発が起こった。さらに数秒後に第二の巨大な爆発が起こった。これらの爆発で、燃料の一部は粉々に砕けてとび散り、また水と接して蒸気爆発を起こした。さらに核暴走の巨大な出力によって生じた爆発で、燃料片は炉外にまでとび散った。水素爆発も生じていたかもしれない。

炉心と格納容器・原子炉建屋は破壊され、タービン室の火災と炉心の黒鉛火災に発展した。これらを通じて炉心から放り出された放射能は希ガスを除いて約五千万キュリーという。ソ連政府の発表によれば、このような事態となった原因は、制御棒操作上の誤り、緊急炉心冷却装置のスイッチを切ったこと、原子炉の出力を下げすぎたことなど「六つの重大な規則違反」が重なったことにある。

私なりにまとめると、六パーセントの低出力というきわめて不安定な状態での運転のうえに、冷却水流量の不安定化が生じ、なお、この出力を維持して実験を実現しようとしたために、給水流量を調整したり、制御棒を過剰に操作する必要が生じた。

このことが、正のボイド反応度係数の効果と相乗して、核暴走に導いたといえよう。この事故は、これまでほとんどちゃんとした解明のされてこなかった出力暴走事故が大型原発で実際に起こりうることをまざまざと示したのである。

「規則違反」とか「人為ミス」と言われるが、明らかに実験そのものの設定に最大の問題があり、運転員が未経験な状況で実験を強いられたことが、「規則違反」を生んだと考えるべきである。また、出力検出と表示の欠陥や制御システムの複雑さなど設計上の要素も関係しており、多くの要因のからんだ複合的事故像が浮かんでくる。「人為ミス」ととらえるのは皮相な見方である。

事故の五つの共通点

表に掲げた各事故は、一見したところさまざまな事象を発端とし、経過もまちまちである。しかし、その見かけ上の違いにもかかわらず、その本質においては際立った共通点をもっているとはいえないだろうか。その共通点は、次の五つの命題にまとめられよう。

(1) 事故は筋書き外のことで起こる

予期していた通りのシナリオに従うなら大事故など起こりえないから、この命題は平凡なようだが、じつは大きな意味をもつ。

原発の安全審査などでは「安全設計指針」とか「安全評価指針」といった指針に従い、いくつかの典型的な事故やトラブルを想定して、これに対処できることを安全性の条件とする。ところが、実際の事故はほとんど全部といってよいほど、その筋書き通りに起こらない。むしろほんのささいな、しかし筋書き外の事柄から事故が生まれ、その展開に装置や人間が対応できないことで大事故へと進展していくのだ。

TMIでは、口径六センチメートルの逃し弁が開きっ放しになるという「極小破断」にたいして、大口径配管のギロチン破断ばかりを考えていたシステムが対処できなかった。加圧器逃し弁は「安全上重要な機器」に分類されてさえいなかったのである。ビュジェイ原発の事故でも制御電圧が徐々に降下するという、まったく予想もしなかったことが起こった。馬鞍山《まあんさん》では、発電機の軸の冷却用の液体水素がタービン軸の振動の影響で漏れ出し、引火するという事態が生じた。これらは、設計時や安全審査時にまったく考慮の対象とされなかったシークエンス(事象)であった。

チェルノブイリの事故でも、そのような事象が関係していたと考えられる。当初、現場筋の情報として、「予想もしなかったことが起こった」とさかんに言われた。その後、「人為ミス」が強調されるが、今度の報告書は事実そのものの記述ではない。残った記録から数学的解析によって推論したもので、予想外の因子の作用などはまだ表面に出ていない可能性が強い。また、「人為ミス」そのものも事故対策のシナリオになかなか組み込みえない筋書き外の事象の典型だろう。

ここでひとつ注意しておきたいことは、ここでいう「筋書き外のこと」は、想定されたシナリオ外のことという意味であって、けっして突拍子もないこととか、天変地異のようなことを意味しない。むしろどこにでもころがっているような、ごくありふれた事象であり、それゆえにこそ巨大システムの命とりとなるのである。

（2）事故は連鎖を呼ぶ

これに加えて、機械同士や、機械と人間のあいだに相互作用が生じるという事情が、事態をより深刻化する。エール大学のペロウ教授がその著『Normal Accident』のなかで interactiveness（相互作用性）と呼んだ現象である。

たとえば、TMIの場合、

I（主給水系の停止）→II（補助給水系の不作動）→III（加圧器逃し弁の開きっ放し）→IV（緊急炉心冷却水の絞りすぎ）→……

といった一連の出来事が次々に起こって、大事故となった。これらはまったく独立の事象が偶然に重なって生じたというより、IがIIを促し、IIがIIIを促すという連鎖が生じたと考えるほうが自然だが、これがペロウの相互作用性である。

人為的要素もまた、もっとも相互作用を起こしやすいことのひとつである。ランチョセコの事故で、制御室への電源が断たれて混乱状態となり、手作業で弁を開けようと奮闘した年配の運転員が倒れてしまったのなどは、典型的なことだ。デービス・ベッシーの事故でも運転員の操作ミスがからんだが、これも混乱の結果であろう。チェルノブイリの信じがたいような異常事象の重なりも、強い相互作用を示唆している。

こういう連鎖が起こりうるとすると、大事故の起こる確率は、個々の事象が独立に起こる確率を掛け合わせた総合の事故確率、

$$P = P_1 \times P_2 \times P_3 \times \cdots\cdots$$

よりはるかに大きくなる。ラスムッセン報告流の事故確率論が、現実的でない大きな理由がここにある。TMI事故も、

P_1（給水系全面停止の確率）$\times P_2$（逃し弁開放固着の確率）$\times P_3 \cdots\cdots$

とやって計算したら、とても現実には起こりえない、小さな数値となってしまうだろう。だが、TMI事故は現実に

起こったのである。

　この相互作用性ということを考えると、原発の安全審査の重要な指針となっている「単一故障指針」の妥当性はおおいに疑問となる。安全審査で事故を考えるときに、安全系の機能別にもっとも厳しい結果を与える単一の故障を考えて、それに対処できるように安全設計をする（装置の多様性や冗長性を考える）というのが、安全審査のさいの基本となっている約束事である。

「日本の原発は、絶対に事故を起こさない」などというのは、みなこの単一故障指針にもとづいての話で、「いかなる単一の厳しい故障にも耐えられるように設計されている」という意味にすぎない。したがって、この単一故障指針が成立しないとすると、「大事故は起こらない」保障はなくなり、また安全審査の事故解析や災害評価、さらに防災対策といったことのいっさいの前提は崩れ去る。

　ところが明らかに、システムの構成要素のあいだに相互作用が存在するとなると、単一故障指針は怪しくなる（火災などで多くの機器が一気に止まってしまう共通要因故障も、「相互作用」のなかに含めておく）。単一故障指針は明らかに、二つの重要な故障が重なる確率は、もともと小さい確率を二つ三つかけ合わせるから無視しうるほど小さくなる、という暗黙の了解に立っている。相互作用を考慮すると、この了解は成り立たないのである。

（3）事故は日常から生まれる

「日常」の意味をもう少していねいに説明すれば、日常的な運転管理、管理者・運転員の慣行・心構えなどはもちろん、そのときの原発を取り巻く社会的環境（経済状況や規制のありかた、組織の状況など）をも指している。

　ＴＭＩの事故は、アメリカの原子力産業が斜陽になりかけた七〇年代末に起こった。当時、石灰火力発電との競争が厳しくなってきたため、アメリカの原発はかなりの無理を強いられた。そのため、ＴＭＩに先立つ一、二年のあいだに、同型炉でＴＭＩ先がけ現象と思われる事故が頻発したにもかかわらず、その検討がないがしろにされ、ＴＭＩ

事故を招いた。

ＴＭＩ2号炉自身、試運転時にトラブルを頻発させながらも、税法の関係で七八年末に強引に営業運転を開始した。そのことにすでに無理があった。本来開けっ放しにしておくべき補助給水弁を閉じたままにしておいたことや、加圧器逃し弁が開きっ放しになったことの背景にも、日常的な管理状況のずさんさが指摘されている。緊急炉心冷却系のポンプも、おそまつな整備状況だった。すべて経済優先で安全性軽視となっていた当時の状況を反映したものだ。デービス・ベッシーの事故でもＴＭＩとほぼ同種の管理不備があった。

ビュジェイの事故では、最初に整流器が故障したとき、予備のバッテリー電源に切り替わり、その警告表示ランプがついた。このときに、運転員が即座にバッテリーから補助の整流器へと切り替えていたら、大事にはいたらなかった。このランプ表示が無視されたのは、数日前からこのランプの絶縁が不良で、ランプが点滅していたからである。このように日常的な管理の手抜きが、肝心なときに大きな役割を演じる。

敦賀原発事故のときも、故障していたパイロットランプを放置していたことが、放射能漏れを招いた洗浄水移送ミスの引き金となった。さらに馬鞍山の事故も、日常的な小事故の頻発のなかから生まれているのである。

（4）事故時には人間が決定的役割を演じる

これも当たり前すぎることなのだが、とかく忘れがちなことだ。こういうと、人為ミスのことをいっていると思われるかもしれないが、そうではない。人為ミスというのは、事故時に人為的要素が決定的役割を演じることのひとつの結果ではあるが、それはいわばメダルの裏側である。

むしろ、事故の先がけ的状況を大事故に発展させないという、もっとも重要な安全装置の役割を担わされているのが人間である。ＴＭＩでも、たとえば、加圧器逃し弁の開放固着に気づいて、元弁を閉めるまでに二時間十八分要したことが、決定的な「人為ミス」といわれている。しかし、見方を変えれば、ともかくも人間は、その決定的な開放固着に気がつき手動操作で元弁を閉めて、事態を収束させたのである。大事故を収束させるという面でこそ、人間は決定的な役割を演じたのである。

デービス・ベッシーの事故のときは、技術員たちが「四階の階段をかけ降り、南京錠を開け、ヒューズボックスにヒューズを差し込み、手動でひとつのポンプをスタートさせ、さらにいくつかの大事な弁を開けるために奮闘した」(『サイエンス』一九八六年二月二十八日号)ことによって、大事故が阻止されたのである。七五年の有名なブラウンズフェリー1号炉のケーブル火災でも、破局的大事故を危うく逃れたのは、現場の人たちの機転による通常の機能外のポンプの使い方にあった。設計された安全システムに任せていたら、これらの事故はけっして収束されなかったろう。

こうみてくると、数多くある大事故の先がけ的事象のうち、人間が大活躍をしえたようなケースでは大事故が防ぎえたし、そうでないケースでは、その度合いに応じて事故が大きなものに進展したのではなかったか。それを人為ミスというのは、逆立ちしたとらえ方である。チェルノブイリは、もっとも徹底的に人間が事態の収束に失敗した例だが、それでも3号炉への類焼を食い止めるために、人間の果たした役割は決定的だった。

このように人間が事故時に決定的な役割を担うということは、しかしやっぱり大変怖いことだ。人間は必ず誤ることのある動物である。その人間が決定的な役割を担うとしたら、事故の発生は避けられないのではないだろうか。そのとき、「人為ミス」といっても、なんの解決にもならない。

この点に関連して、もうひとつ興味あることを指摘しておこう。それは、事故は往々にして、夜半から明け方にかけて起こるということだ。もちろんいつもとはいえないが、表でもそのケースにあてはまらないのは一例だけである。運転員が最小限で、しかも人間のリズムからいえば本来寝ているような時間帯、そんなときにこそ事故が起こりやすいのではないか。

（5）事故には背景がある

すでにみてきたように、事故の原因はたんに技術的なものではなく、きわめて複合的なものだ。そして（3）に述べたこととも関連するのだが、事故にはいわば構造的背景というべきものがある。

TMI事故のあと、アメリカ大統領委員会は次のように総括した。

「TMIのように深刻な原発事故を防ぐためには、組織、規則、慣行――そしてとりわけNRCの態度と、（中略）原子力産業の態度にも、根本的な変化が必要である」

敦賀の放射能漏れ事故の背景には、廃棄物建屋を短期間に無計画的に何回も増築するという無理があり、その増築の継ぎ目から放射能が漏れたのだった。しかも、さらにその背景には、原発の放射性廃棄物の発生量の見通しを誤るという、原子力産業に共通の構造的原因があった。

チェルノブイリ原発事故に関しても、ソ連政府は、「人為ミス」としながらも多数の幹部の処分を発表して、構造的要因を印象づけた。危うい実験が行なわれた背景としては、ソ連政府が石油輸出戦略のために急速に大型原発を増やし、原発依存に傾き、その経済効率の向上を追求していった性急さが指摘されるべきだ。

日本の原発も例外ではない

日本の原発の問題を考える材料は、すでに十分に提示したと思う。前述のような複合的要因の各要素は、十分すぎるほど日本にも存在している。とくに最近の日本の原発には、気になる事故が多いのである。

原発の経済性が厳しくなった状況を反映して、定期検査期間を短縮しての稼働率向上、建設費削減のための安全装置の簡素化などが志向されている。そんななかで昨年は、少なからぬ事故があった。福島第一の1号炉のタービン室で、ケーブル火災があった（この火災は内部でひそかにモミ消そうとして失敗し、かえって大騒ぎとなった）が、たまたま別の理由で事故停止中だったので大事とならなかった。美浜3号炉では、制御棒一本が取り付け部からはずれたまま運転されていたことに、あとからやっと気づいた。こういう状態は、反応度事故を生む土壌となる。

この七月には、大飯1号炉が発電機保護ブレーカーの原因不明の作動（あとからの調査で増設工事の作業員によるケーブル損傷）で自動停止して電源が断たれ、2号炉からの電源回路も遮断されて、一時は完全な停電状態となった。非常用電源は起動したが冷却材ポンプの電源としては足りず、一時は自然循環に頼って炉心を冷却するきわどさであった。八月には、高浜2号炉で、運転規則違反を運転員が犯し、タービンが異常回転を起こす事故があった。

こんな状況が放置され、「単一故障指針」を頼りに大事故の可能性が無視されているとしたら、「事故は起こらない」根拠はきわめて危うい、と言わねばなるまい。

さらに、今回のソ連の事故が「実験」によって引き起こされたことでヒヤッとするのは、日本の原発でもこれからさまざまな試験が行なわれようとしている点だ。つい最近、敦賀1号炉で始まった「プルサーマル試験」は、軽水炉でウラン・プルトニウム混合燃料を燃やす試みだ。この試験は、制御棒の効き方を悪くさせるなど危険な面をもつ。また今後行なわれる負荷追従運転（負荷の変化に合わせて出力を変える）の試験も同じだ。大型の商業原発を用いた試験など、事故の条件づくりをしているようなものではないか。

チェルノブイリ原発事故から、日本の原発が学びとるべきものは、あまりにも多い。

チェルノブイリ原発事故の波紋

（初出　『チェルノブイリ――最後の警告』一九八六年　七つ森書館）

敏感に反応した子供たち

チェルノブイリ原発の大事故は、その未曾有の規模の放射能放出を通じて、人と生態系に空前の被害を与えつつある。それと同時にこの事故の与えた社会的衝撃も、その広がりと深さにおいて、これまでに例をみないものであったといえよう。

ソ連の原発のことなど考えてもみなかった何千キロと離れた遠方の人にも放射能は容赦なく降り注いだから、汚染は直接に食卓の問題となった。とくに、いわば放射能雲の直撃を受けたかたちとなったヨーロッパでは「何を食べたらいいのかわからず、途方にくれています。怒り、憤りと、恐ろしさ、悲しみといった感情が交錯して、正直にいってどうしていいかわからなくもなります」（西ベルリン在住の山本知佳子さんの手紙）というのが、人びとの一般的な状況であったようだ。

とりわけ事故で一番の打撃を受け、それゆえにもっとも敏感に反応したのは子供たちだったかもしれない。「五歳の子供がニュースを聴く。六歳はデモをし、七歳は砂、草、花（の汚染）を心配する」と西ドイツの週刊誌『シュテルン』は伝えている。これはけっして誇張ではなかったろう。飲食物は厳しく制限され、遊び場は閉鎖され、雨の日には学校や幼稚園にも行けず家の中に閉じ込められた子供も少なくなかった。各地で中学生や高校生の原発反対デモが行なわれ、なかには学齢前の子供たちが、親たちに付き添われて、遊び場や食品の放射能測定をきちんと行なうように国や自治体に要求した行動もあった。『シュテルン』誌などに紹介されている子供たちの発言を読むと、これらの幼い人たちの行動が、けっして大人たちに仕組まれたものでなく、ごく自然なものであったことがわかる。

各国政府で原発の見直し

そんな状況は、もちろん各種のメディアにも反映し、私の知りえたかぎりでは、ヨーロッパ各国の新聞、雑誌がけっして興味本位からでなく、この事故の意味を持続的に探ろうとしていた。とりわけ注目されたのは、西ドイツの知識層に広く読まれている週刊誌『シュピーゲル』で、事故当初から連続何週間にもわたって特集を組み、事故の実態を正確に伝えようとする努力から始まって、最終的にはエネルギー政策としての原子力問題に正面から取り組んでいた。同誌はその主張としてはっきりと、“Ausstieg aus Kern-Energie”(脱原子力)を掲げ、問題はもはやその是非ということより、〝いかに早くそれを達成するか〟にこそあるとしている。もっともこのAusstieg(原発から降りる)という言葉はほかの雑誌や新聞でも使われているから、いまやひとつの合言葉かもしれない。

そのような人びとの反応にたいして、各国政府の反応はどうだったろうか。日本の政府や電力会社は、「日本の原発は安全」を繰り返し、また放射能降下物にたいしても「健康上なんら心配ない」を繰り返して論議を呼んだが、原発推進の各国政府や原子力産業も少なくとも当初はおおむね似たような態度をとった。たとえば、アメリカの原子力産業よりの宣伝機関US Committee for Energy Awarenessは、五月十二日の『ウォール・ストリート・ジャーナル』に全面広告を出して、「チェルノブイリで起こったことがなぜTMIでは起こらなかったか(格納容器があったから)」と訴えている。西ドイツやフランスでも同様の発言が目立つ。しかし、さすがに一般の世論の前に、各国政府内にも既成の路線の見直しや慎重論が現われ始めた。

オーストリア政府が、国民投票によって凍結中だった、ツベンテンドルフ原発の解体を決めたのをはじめ、ユーゴスラビア、エジプト、オランダ、フィリピンで、原発計画の延期・凍結や原発廃棄の方針が決められた。スイスでは原発の是非をめぐる国民投票が提起されたし、西ドイツでは、連合与党のFDPが原発慎重論に転じ、フィンランドでも通産相が長期エネルギー計画の見直しを表明するなど、原発を推し進めてきた国の政府の内部にも動揺がみられる。アメリカのNRC（原子力規制委員会）委員のあいだでも、アメリカの原発に炉心溶融事故が起こる可能性について大きな意見の違いがみられ、五人のうち二人の委員までが、これまでより高い事故確率を見込むべきであると主張して注目された。

降下放射能については各国政府が測定値の公表を渋ったり、数値の意味を説明せずに安全宣伝を繰り返したりして、民衆の不信をかうことになった。とくにひどかったのはフランス政府で、五月十日過ぎまで、SCPRI（国立電離放射線防護局）や気象台が「フランスには異常放射能がまったく検出されていない」といいつづけてきた。これは、まったくの虚偽で、五月十一日には政府も認めたように、放射能雲は、四月末から五月初めにかけてフランスをおそっていたのである。この政府の態度のおかげでフランス国民は、西ドイツなどでは摂取制限されていたレベルの牛乳や野菜を知らずに食べつづけたわけで、ソ連政府の秘密主義だけを非難したのではすまない事態となった。

真価が問われる反原発運動

もちろん、各国の反原発運動は大きな盛り上がりを見せた。ヨーロッパ各地では毎週のようにデモがあり、久々にパリやローマでも何千、何万という人たちの集まる集会が実現した。西ドイツではバイエルン州に計画されるバッカースドルフ再処理工場反対との関連でとくに運動が盛り上がり、厳しい規制を敷く警察当局とのあいだでしばしば衝突があり、逮捕者や負傷者が数多く出ている。

さらに注目されるのは、ポーランドで反原発署名が三〇〇〇名の賛同者が集めたのにつづいて、東ドイツでも三〇〇名の署名者によって原発廃絶要求が政府にたいして行なわれたことだ。このアピールは、政府にたいして、シュテンダル原発の建設とルブミン原発の増設を中止するとともに、遅くとも一九九〇年までに原発を放棄するようにエネルギー政策の転換をはかることを要求している。西ドイツの『フランクフルター・ルントシャウ』紙によれば、アピールは、ソ連や東ドイツでは住民が放射能の危険性を知らされないことを告発し、汚染状況などの正確な情報公開を政府に求めている。さらに、ゴルバチョフ書記長が「核兵器の危険と比較して、原発が無害のように言う」ことには「我々は反対する」とはっきり述べ、原発と軍事利用は境界がなく、また原発が戦時の攻撃の対象となることなども指摘している。このような本格的な反原発論が、東ヨーロッパに公然と登場したことは、今後の世界の反原発運動に大きな意味をもつであろう。ソ連国内においても原発反対の市民的抵抗運動が始まっているらしい。ユーゴスラビアやルーマニアなど政府サイドでも慎重論が強まっていることが感じられる。以前から噂のあった東欧の反原発の住民運動が、顕在化してきたとみてよいだろう。

しかし、反原発運動にとっては、その盛り上がりを喜んでばかりもいられない。むしろ「チェルノブイリ以前と以後で世界がすっかり変わった」といわれる状況のもとで、いまこそ反原発運動はその真価を問われることになったのである。ひとつには、原発事故の前に国境などありえないことがはっきりしたいま、運動側がどこまで国境を越えて手を結べるかが問われている。その意味では、西ドイツ各地で一〇万人が集まった六月八日のデモよりも、仏独国境に近いフランスのカトノム原発の計画に反対して、西ドイツ、ルクセンブルクから九〇〇〇人のデモ隊が国境を越えて行進し、フランス側の一〇〇〇人と合流した六月十五日のデモこそ、あらたなインターナショナルな反原発運動の記念すべき出発点となるかもしれない。

もうひとつこの事故が反原発運動に突きつけた課題に、放射能汚染にどう対処するかという問題がある。各国政府が安全宣言を繰り返すか、甘い制限基準を設定するにとどまったため、市民の不安は増幅され、ヨーロッパの一部では一時パニックに近い状態となった。そのときに、反原発運動に求められた役割は大きく、西ドイツにいくつかある反原発研究者グループなどはおおいに奮闘した。ハイデルベルクの運動・研究グループであるIFEU（エネルギー・環境研究所）は、食品の制限や子供の遊びなどについて、一定の目安をつくって勧告を出し、パンフレットにまとめたところ、大きな反響を呼んだという。ヘッセン州は、SPD（社民党）と緑の党が連合政権を形成する唯一の州だが、その効果が事故にたいする措置に現われた。連邦政府が牛乳の制限値を五〇〇ベクレル／ℓにおいたのにたいして、同州は二〇ベクレル／ℓにおき、また被曝を避けるために適切な行動指針を提示して注目された。このように、今回の状況のもとでは、反原発運動はたんなる反対派としてよりも、実際に人びとの命を守るために何ができるかが問われたわけで、そのことは日本の運動にもそっくりあてはまる課題である。

核施設と非常事態——地震対策の検証を中心に

（初出 『日本物理学会誌』一九九五年十月号）

私は耐震建築の専門家でも地質学の専門家でもないが、電力会社や政府の委員会に属する専門家の人たちが「原発は地震にたいして絶対に安全」と断言することに、かねがね疑問を抱いてきた。新たな地震が起こるたびに従来の認識や対策方法の変更を迫られたりするような状況のもとでは、地震学も耐震建築学も未だ現象論的な経験学の領域をでず、大自然相手ではそれも当然で、とても「絶対」などを主張できるものではないと考えられたからである。阪神大震災は、絶対を主張する専門家の過信の根拠のなさを天下に明らかにしたと思われたので、この大きな不幸が技術過信へのよい反省材料になるだろうと、報道に接しながら確信した。

ところがである。阪神大震災後に行なわれた、耐震設計に関するいくつかの討論（政府・電力事業者側との論争）に出席してみてわかったことだが、行政側にも事業者側にも原発の安全性を見直して、この大災害をよい教訓にするという姿勢が少しも見られなかった。いや、非公式には、私は現場の人たちから多くの不安や「安全神話」の過信にたいする反省の声を聞いたが、それらは少しも公式の場に現われなかった。そのことにショックを受けた。

公式の場では、相も変わらぬ「原発は大丈夫」の大合唱である。たとえば、「通販生活」一九九五年夏号の討論[☆1]で、次のようなやりとりがあった。

小森（東京電力）　建て前というかもしれませんが、設計とはそういうことです。われわれはちゃんとやっています。

田原（司会）　じゃあ、神戸の高速道路や新幹線を設計した連中はバカだったということになるわけですか？　学者たちは、いまになって、大丈夫というものはない。壊れない建物などないんだ。それでうまく壊れるためにはどうすればいいのかという議論になっているわけです。ところが、原発はいまだに壊れないの一点張り、そこがわからないいんですが。

岸（東京電力）　基本的には、良い（筆者注――壊れないの意）方はこれだ、悪い方はこれだと、仕分けはできてるわけですよ。

………

田原　いや、だから、（神戸の地震で）学ぶべき点はあったのか、なかったのか、どっちですか。

藤富（通産省）　いまのところ、従来の安全設計のやりかたを改善しなければいけないような問題はなかったと思っています。

「学ぶべきことはなにもなかった」と言われると、そこから先に議論は一歩も出なくなるが、彼らの言い分を検討してみても、「原発だけは大丈夫」とはとても納得することはできない。また、彼らにとっては、「原発は壊れない」建て前になっているため、いまのような機会を生かして、原発が被災した場合の緊急時体制や老朽化原発対策などを真剣に考えるという姿勢もまったくみられない。これは、筆者にはまったく不誠実な対応と考えられるが、本稿ではそれらの点も含めて原子力施設と非常事態の問題を考えてみたい。

耐震設計の考え方

原発の耐震設計審査指針については、別にくわしい説明があると思うので、基本的な考え方についてだけ多少触れておきたい。国の用いている原発の耐震設計指針は、基本的に原発の各種建物や配管等を、その重要度の高い順にA、(As)、B、Cのクラスに分け、通常の建築物の耐震力のそれぞれ三、二、一倍の強度をもつようにする（機器配管類は二〇パーセント増し）、想定する地震としては、古文書の記述やこれまでの地震の記録をもとに、その地域における「設計用最強地震」を設定する。さらに、とくに重要度の高いAsクラスの機器配管系（格納容器、原子炉容器、制御棒など）については、「設計用限界地震」（起こるとは考えられないが万一のために想定する地震）にたいしても機能を維持することができるようにする、というものだ。

問題となるのは、（一）はたして、前記のような最強地震や限界地震（規模と距離）が適切に設定されうるか、（二）そのような地震が起こったときの揺れが適切に評価されうるか、（三）地震時に予想される各種の衝撃や損傷にたいして、実際の原発の安全機能がどこまで保証されているか、という点であろう。もちろん、これらの点は相互に関連している。

そして原発の耐震性について現在不安の声があがっているのも、阪神大震災を経験した現在、専門家の説明を聞いても前記のような点でなかなか納得できるものがないからである。たとえば、今日のような知識の水準では、ある地域で最大限どんな地震や揺れが想定されうるかについて、「絶対」というような確かさで予想ができるとは、誰しもとうてい思わないであろう。

表1に、いくつかの原発の設計用最強地震と限界地震の最大加速度（単位：ガル 1gal = 1cm/s^2）ないし最大速度（カイン 1kine = 1cm/s）を示すが（初期の安全審査では地震動はガル表示であったが、最近はカイン表示、一部では両方の数値があげられている）、これらは神戸で実際に観測された加速度や速度に比べてはるかに小さく、原発はほんとうに大地震に耐えられるのかという疑問を強めざるをえない。また同じ敷地にあっても、浜岡原発のように1、2号炉と3、4号炉では想定地震力に大きな差があるというのは、整合性という点だけからも、とても人を納得させうるものではない。

施設名	最強地震の地振動		限界地震の地振動	
	加速度(gal)	速度(kine)	加速度(gal)	速度(kine)
東海	100		150	
東海第二	180		270	
敦賀 1	245		368	
敦賀 2		26.0		37.0
福島第一 1〜6	176		265	
福島第二 1・2	180		270	
福島第二 3・4		12.1		17.1
柏崎・刈羽 1	300		450	
柏崎・刈羽 2〜5	300	15.6	450	22.0
浜岡 1・2	300		450	
浜岡 3・4	450	43.3	600	53.9
志賀 1		14.8		21.8
美浜 1・2	300		400	
美浜 3	270		405	
高浜 1・2	270		360	
高浜 3・4		16.1		21.8
伊方 1・2	200		300	
伊方 3		18.0		24.5
玄海 1・2	180		270	
玄海 3		9.0		13.5
もんじゅ		13.8		18.2
六ケ所再処理	230		375	

（参考）阪神大震災での観測値

観測場所	加速度（gal）	速度(kine)
大阪ガス（神戸市中央区）	833	—
神戸海洋気象台	818	92
神戸大工学部（岩盤上）	東北　270	55
	東西　305	31

表 1　原始力施設の設計用地震動

阪神大震災のときに神戸で観測されたような揺れは地表面のもので、原発が立っている岩盤上の揺れは二分の一から三分の一なので、表1のような設計で大丈夫だ、という説明が国や電力会社によってよくなされる。たしかに地表面で揺れが増幅することが多いが、個々の地震によってかなりの差があり、確定的なことは言えないのが実情だ。こういうと、実際に阪神大震災のときに、福井の各原発での揺れの観測値は、周辺地域の岩盤でない地表面の揺れにたいして、三分の一程度だったということが必ず引き合いに出される。しかし、その程度の乏しい経験を一般化してしまうのはおそろしいことだ。仮に二分の一ないし三分の一だったとしても、表にある初期の原発は神戸で経験したような激しい揺れに耐えられないことになる。

さらに、原発の耐震設計では、上下方向の地震動（縦揺れ）を水平方向の地震動の二分の一までしか考慮していないが、これも阪神大震災の経験から見直しが要請される点だ。とくにこの点は、高速増殖炉「もんじゅ」の耐震設計との関連で懸念される。高温の液体ナトリウムを一次、二次の冷却系に使用する「もんじゅ」は、配管構造が複雑をきわめ、現在の振動解析がどれだけ実際の地震時の揺れを予測しうるか、おおいに疑問である。

活断層について

阪神大震災は、活断層に沿った直下型の地震ということでとくに話題を呼んだ。それにたいして、原発は一般に活断層のない場所を選び、しっかりした岩盤の上に建設することになっているから、阪神大震災の例は当てはまらない、というのが国や事業者側の主張で、前述の「原発は安全」の根拠になっている。しかし、活断層の有無についても、柏崎・刈羽、敦賀、六ヶ所（核燃料サイクル施設）などではとかく論議があるところで、たとえば、敦賀原発の敷地内を通る浦底断層は、『新編　日本の活断層』[☆2]においても確実度Ⅰの活断層とされている（図1）。

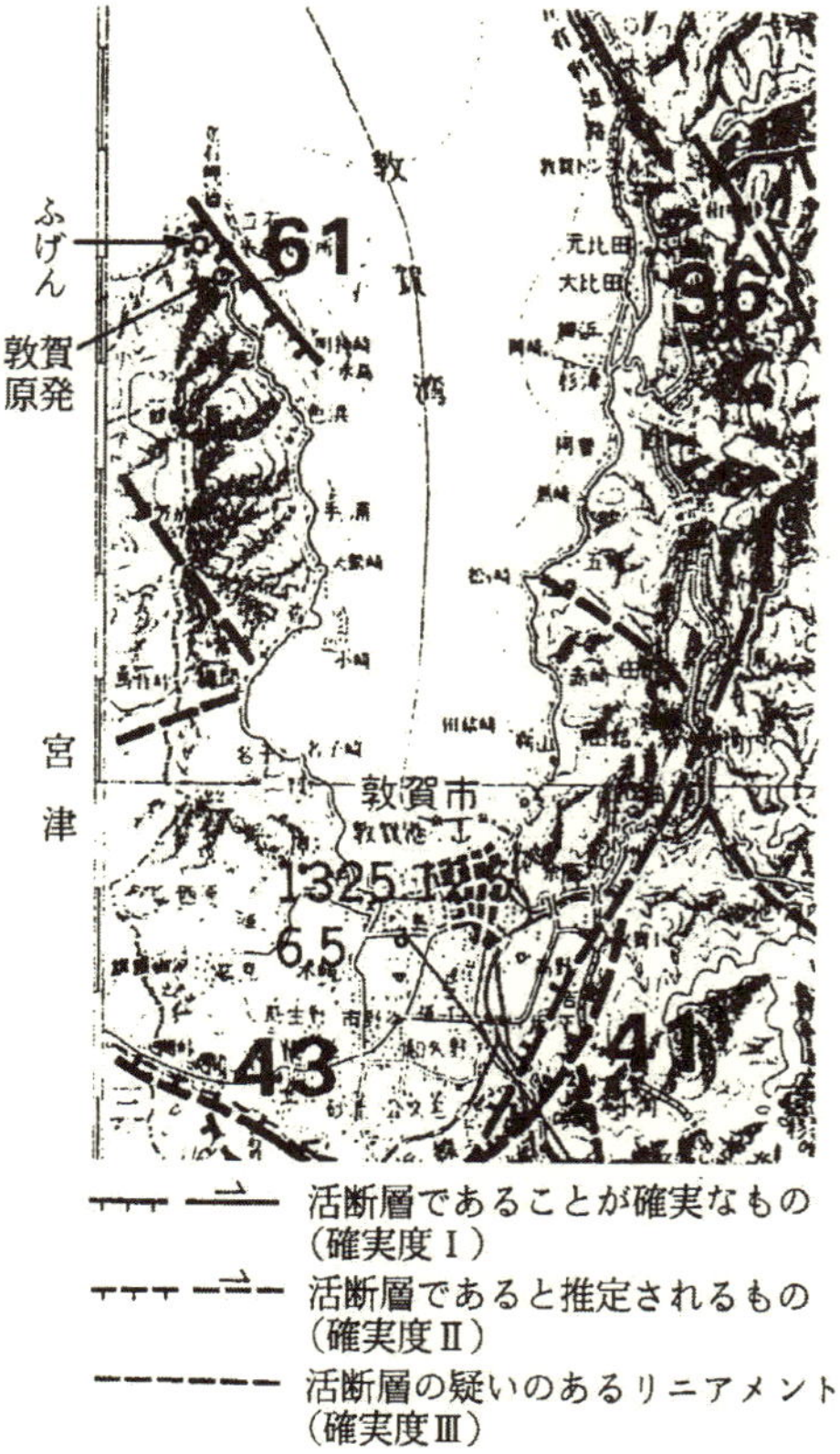

図1　敦賀原発と浦底断層（『新編　日本の活断層』（東京大学出版会、1994）より）

また、阪神大震災のあとから活断層が多く発見されたことからみても、活断層がどれだけの確実さで発見されうる

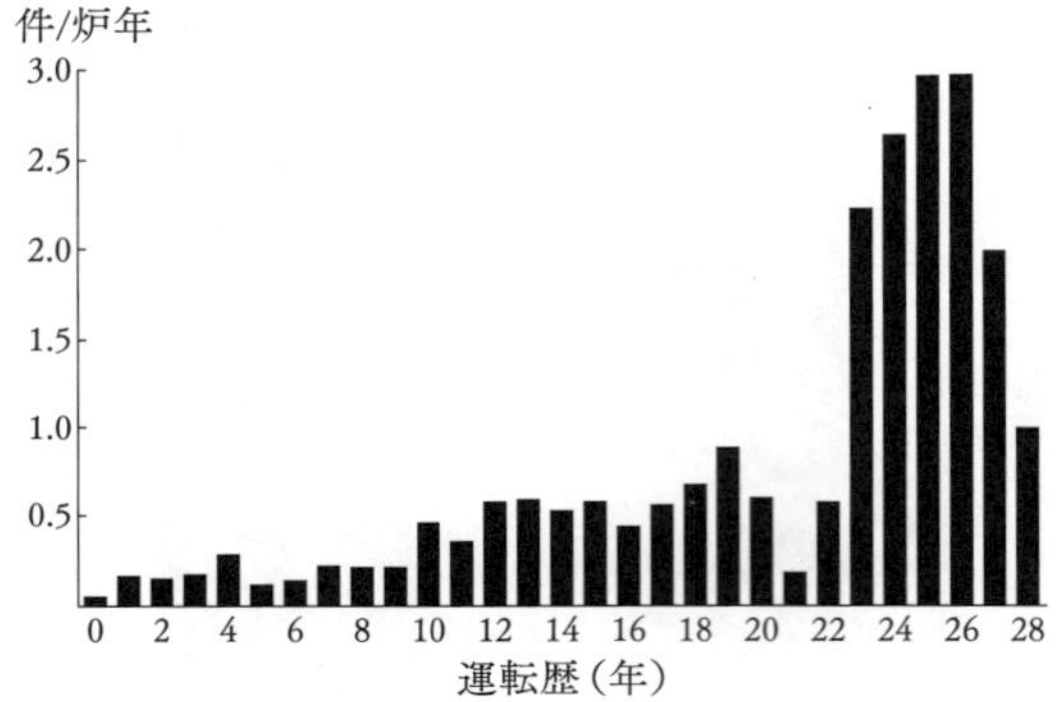

図2　運転歴による原発の事故・故障発生率

かについてもおおいに疑問が残るところで、「活断層がない所」が選ばれているというより、「活断層がまだ知られていない所」というほうが正しい。ちなみに、現在の設計指針においても、万が一を考えてマグニチュード六・五の直下型地震が想定されている。しかし、なぜ六・五に設定すれば足りるのかの説得力ある言い分は、ついぞ聞けない。阪神大震災は震源深さ一三キロメートル、マグニチュード七・二であった。実際に、原発の安全審査で採用されている金井式に従って、阪神大震災規模の地震が原発の敷地直下で起きた場合の最大加速度を計算してみると、硬い岩盤上でも条件によっては六〇〇ガルを超える。このような地震の発生源となる活断層が隠れていないとはとても断言できない。

老朽化と地震

さて右のような耐震設計そのものの問題とは別に、気になる問題がいくつかある。一番大きな問題は、老朽化した原発が増えてきているということだ（原子力の専門の世界では「高経年炉化」という言葉を使うが、辞書にない日本語なので私は使わない）。図2に届出のあった原発の事故・故障の原子炉当たりの年発生率を、原発の運転歴にたいしてプロットしたものを示す。図はひとつの目安にすぎないが、運転歴の長い原発では事故・故障の発生率が増えるという傾向がはっきりとわかる。これらの事故・故障は、もちろんただちに外部環境に大きな影響を与えるものではないが、近年、福島II―3号炉の再循環ポンプの大破損（一九八九年一月）とか美浜2号炉の蒸気発生器伝熱管破断（九一年二月）というような、大型の事故も目立つようになってきた。また、これまでになかったような老朽化に起因すると考えてよい、原子炉容器本体や炉心構造に関連した大型の損傷もみられるようになった（たとえば、沸騰水型炉では福島I―2でみられた炉心シュラウドの大きな亀裂、加圧水型炉では海外で多く認められ、日本でも発生が懸念される原子炉上部貫通管の溶接部の亀裂など）。

老朽化によって、材料や機器の性能の劣化が進行すると、地震の問題は別にしても、次のような二点でとくに安全上の問題が生じる。その第一は、小さな事故・故障が重なり合って、大きな事故に発展するような機会が多くなることだ。第二に問題となるのは、定期検査で発見されないような部分の損傷や亀裂、劣化が生じるという点だ。これは、LBB（leak before break＝破断の前の漏れの段階で見つける）の安全原則からの逸脱を意味しており、深刻な問題だ。九一年の美浜2号炉の蒸気発生器伝熱管破断など、この典型例である。

さて、原発にこのような老朽化が進行している状態で地震に遭うとどうなるか、冒頭で述べてきたような耐震設計時の条件を満たす性能と比べると、実炉ではるかに劣化していると予想されるから、設計・施工にまったく問題がなくとも、実炉の耐震性はおおいに疑わしい。仮に破断寸前まで配管や機器の溶接部分の亀裂が発見されない状態にあったときに地震が起これば、一気に破断する可能性も大きいだろう。耐震設計の有効性を大形模型を用いた振動試験で実証していると言われる多度津工学試験所（原子力発電技術機構）の試験でも、老朽化した装置が試験されているわけではない。

老朽化原発が大きな地震に襲われると、いわゆる共通要因故障（ひとつの要因で多くの機器が共倒れする事故）に発展し、冷却材喪失事故などに発展していく可能性は十分ある。また、地震のときに原発がうまく止まるかという問題もある。現在はなるべく運転を維持したいという立場から、原発は一般に、震度五程度の揺れでは自動停止しないよう、運転条件が設定されている。これはとくに沸騰水型原発では問題で、一九八七年四月に福島I―1、2、3が、そして九三年十一月には女川1が地震によって停止したが、これは振動をキャッチしての停止ではなく、中性子束が異常に上昇したことによるものだった。振動によって炉心の冷却水中の気泡（ボイド）が除去され、減速効果が増したことによるものだが、原子炉が停止したからよいと言ってはいられない。もし、制御棒がうまく挿入されないような事態が重なれば、暴走事故にもなりかねないのである。

原発の非常時対策は？

以上、耐震設計に関連して私の見方をごく概略的に述べてきたが、原発の地震にたいする安全性について大きな疑問・不安が残る。最大限控えめにみても、「原発は地震にたいして大丈夫」という言い方は、前述のような疑問や不確かさにたいして、すべてを楽観的に解釈した場合にのみ成り立つものだろう。

しかし、そんな楽観論の積み重ねの上に築いてきた砂上の楼閣が音を立てて崩れたのが、阪神大震災の実際ではなかったか。その教訓に学ぶとすれば、「安全神話は成り立たない」ことを前提にして、原発が地震に襲われて損傷を受けた場合の対策を考えておくのが現実的ではないだろうか、国や電力事業者は、「原発は地震で壊れない」ことを前提にしてしまっているため、そこから先に一歩も進まず、地震時の緊急対策を考えようとしない。たとえば、静岡県による東海大地震の被害想定に、浜岡原発が事故を起こすことは想定されていない。逆に、浜岡原発の防災対策では、地震で各種の動きや態勢がとれなくなるようなことはいっさい前提としていない。ただでさえ、地震時の防災対策にも、原発事故時の緊急対策にも不備が指摘されているから、これらが重なったら対応は不可能になるだろう。

仮に、原子炉容器や一次冷却材の主配管を直撃するような破損が生じなくても、給水配管の破断と緊急炉心冷却系の破壊、非常用ディーゼル発電機の起動失敗といった故障が重なれば、メルトダウンから大量の放射能放出にいたるだろう。もっと穏やかな、小さな破断口からの冷却材喪失という事態でも、地震によって長期間外部との連絡や外部からの電力や水の供給が断たれた場合には、大事故に発展しよう。その場合、住民はきわめて限られた制約のなかで、避難等をしなくてはならなくなる。現行の原子力防災指針では、一定の事故段階でコンクリート製の建物などへの住民避難を前提としている——それすら住民参加型の訓練が行なわれていない状況では実現性に疑問が残る——が、地震でそれらの建物が使えなくなることなどは、想定していない。

さらに、原発サイトには使用済み燃料も貯蔵され、また他の核施設も含め日本では少数地点への集中立地が目立つ(福島県浜通り、福井県若狭、新潟県柏崎、青森県六ヶ所など)が、このような集中立地点を大きな地震が直撃した場合など、どう対処したらよいのか、想像を絶するところがある。しかし、もちろん「想像を絶する」などとは言っていられず、ここから先をこれから徹底して議論し、非常時対策を考えていくべきであろう。

この論文は主に原発と地震に関して問題点を指摘し、今後の議論への材料とすることを目的としているが、若干の提案をしておけば、まず一番気になる老朽化原発(東海、敦賀1、美浜1、福島1が運転開始二五年以上になる)に関して、どのような原則で、いつ廃炉にしていくかについて、具体的に議論すべき時にきていると思う。とくにこのところの東海原発の稼働状況は悪く、いつ廃炉にしてもおかしくないと考えるが、現実には廃炉のための基準といったものもなく、ずるずると故障つづきのまま(図2の運転歴二五年以上のデータは、この炉の状況を反映している)運転が継続されている。

さらに、防災体制についても、地震を想定した、現実的な原発防災を、いますぐにでも具体的に検討すべきだと思う。そのなかで、たとえば、事故時の避難場所の確保を建物の耐震性も併せて考えることや、現在地域の保健所に置かれているだけのヨウ素剤を各戸配布することなども検討することを提案したい。

他の緊急事態は?

少し地震の問題に紙数を増やしすぎたが、阪神大震災は、核施設の他の緊急事態への備えのなさについても、大きな警告を発しているように思われる。考えられる事態とは、たとえば、原発や核燃料施設が通常兵器などで攻撃されたとき、核施設に飛行機が墜落したとき、地震とともに津波に襲われたとき、地域をおおうような大火に襲われたときなど、さまざまなことがあげられる。それらのときには、右に地震に関して議論してきたようなことが、多かれ少なかれ当てはまる。

これまでにもそれらの問題の指摘はあったが、そのような事態を想定して原発の安全や防災対策を論じることは、「想定不適当」とか「ためにする論議」として避けられてきた。しかし、最近、阪神大震災だけでなく、世界のさまざまな状況をみるにつけ、考えうるあらゆる想定をして対策を考えていくことが、むしろ冷静で現実的な態度と思われる。

その点からすれば、これまでの原子炉の安全原則とされる多重防護（ないし深層防護＝defense in depth）の概念は（それが適切に実施されているかどうかは別として）、あくまで施設内部の事象が外に広がらないための護りであった。しかし、右に述べた事象は、施設にとってまったく外部的な要因にたいする護り、いわば外から内への護りの問題であり、新しい設計概念や安全評価を要請している。この点が、いま、教訓化されるべきことと思う。

そしてそのような外部的事象によって引き起こされる緊急事態がどのようになり、それにどのように備えができるかできないかもきちんと、国や事業者の側が議論を提起すべきであろう。公衆は、それらの点も含めて、改めて核エネルギーの選択の妥当性を判断しなくてはならない。

☆1　藤富正晴、岸清、小森明生、荻野晃也、高木仁三郎、田原総一朗（司会）「通販生活」一九九五年夏号（カタログハウス社）――徹底検証、大震災！　どうなる原子力発電所。

☆2　活断層研究会編『新編　日本の活断層』（東京大学出版会、一九九一）七一ページ。

「もんじゅ」事故のあけた穴

（初出　高木仁三郎『もんじゅ事故の行きつく先は』一九九六年　岩波ブックレット）

破れた夢

動力炉・核燃料開発事業団（動燃）が運転する高速増殖炉「もんじゅ」（福井県敦賀市）で昨一九九五年十二月八日に、大量のナトリウムが漏れて炎上する事故が起きました。動燃や科学技術庁は当初この事故を「事象」と言い、なるべく小さく見せようとしましたが、世論や福井県の人たちの強い抗議にあい、「事故」と認めるようになりました。それでも、事故による放射能の環境への影響がなかったとして、「軽微な事故」とする姿勢はかえていません。

ナトリウムの漏えい量は現在の科学技術庁の推定ではおよそ七〇〇キログラムとされますが、運転中の配管からのナトリウム漏れとしては、高速増殖炉史上で最大の規模で、漏えい量だけからみても深刻な事故です。

漏れは、二次主冷却系のナトリウム配管に取りつけてある温度計のひとつから起きました。漏えいのあった配管室は空気の雰囲気だったため、漏れ出た高温のナトリウムは空気中の水分や酸素と反応して激しく燃えました。そしてその熱によって、直下に敷設されていた空調ダクトや鉄製の足場、床の一部を溶かし、破壊しました。火災は三時間を超えてつづき、ナトリウムの反応生成物の白煙は、建物の床面積のおよそ二二パーセントにも広がったのです。この種のナトリウム漏えい・火災は、高速増殖炉の事故としてはもっとも恐れられているものです。

「もんじゅ」はプルトニウムを燃料として使い、消費した以上のプルトニウムを新たに生み出す、つまり「増殖」するように設計された原子炉です。増殖するためには中性子を高速（高エネルギー）のまま利用するところから「高速」

がついて、高速増殖炉と名づけられているのです。かつては「夢の原子炉」とも呼ばれましたが、開発は大きな技術的・経済的困難にぶつかって「夢」は破れ、ほとんどの国が高速増殖炉計画から撤退しつつあります。

その困難の最大のものが、冷却材にナトリウムを使わなくてはならないことです。ナトリウムは水と爆発的に反応しますし、また高温では空気中で燃えます。さらに不純物が少しでも混じると強力な腐食作用をもつなど、多くの困難を抱えているにもかかわらず、「増殖」を実現するためにはナトリウムを使うしかないのです。

動燃はこれまで、日本のナトリウム技術は大丈夫と言い、「絶対にナトリウムは漏れない」と言いつづけてきましたが、今回の事故でその根拠がなかったことがはっきりし、動燃の技術への信頼は失われました。日本でも、「夢」ははかなくも破れたのです。

二八年の歳月と約六〇〇〇億円の建設費を投じて建設された「もんじゅ」は、一九九一年五月から機器・設備類の機能試験や性能試験などを行ない、九四年四月に初臨界（核分裂の連鎖反応が維持されること）に達しました。その後、制御棒の効き方などを評価する炉物理試験、原子炉出力を上げる核加熱試験などを行ないながら、九五年八月に一時間の初発電を行なっています。事故はそれからおよそ四ヵ月後、原子炉緊急停止試験を行なうために、定格電気出力二八万キロワットの約四〇パーセントまで出力をあげたときに起きました。

二次系ナトリウムの高温側の配管内に突き出すように、温度計が取り付けられています。その温度計を納めているさや管の先端の細くなった部分がナトリウムの流れと共鳴して振動し、ぽっきり折れてしまったことが原因です。温度計のごく基本的な設計ミスであったと言われています。さらに、動燃や二次系を担当した東芝、温度計部分を設計した石川島播磨重工業は、この初歩的ともいえる設計ミスをチェックできなかったのでした。

噴き出した問題点

その他にも、事故の経過のなかで、さまざまな問題が明らかになりました。主なことを列挙しますと、

（一）事故の安全解析上の問題。原子炉設置許可申請書では、二次系配管室でナトリウム漏えい事故が起きることを想定して安全解析をしていますが、そのシナリオが実際の事故と大きく違っていることです。想定では一五〇立方メートルのナトリウムが漏れても、床に張ってあるステンレス製のライナ（上張り）上に落下し、床の傾斜に沿って流れて大半は貯蔵タンクに回収されるとしています。解析ではそのときの床の温度は五三〇度を超えないとなっていますが、実際には床は少し溶けており、温度は部分的に一五〇〇度を超えていたことが推定されます。また、ナトリウムは回収されるどころか、すべて燃えてしまったのです。事故で漏れたのは、一立方メートル程度でしたが、ほんとうに一五〇立方メートルも漏れていたらどうなっていたのか、身の毛がよだつほどです。

（二）原子炉を緊急停止しなかった問題。火災警報やナトリウム漏れ警報が発生しても、ただちに原子炉を止めませんでした。運転員は運転マニュアルに従って、事故に対応したのですが、そのマニュアルが曖昧で不十分でした。そのために原子炉停止の判断が遅れたのです。また、設置許可申請書にはナトリウム火災の警報が鳴ったら原子炉を緊急停止するとされているのですが、実際の運転マニュアルはそうなっていなかったことや、配管室にビデオなどが設置されていず、中央制御室ではどの程度漏れているのかまったくわからない仕組みになっていることも不備な点です。もっと驚くべきことは、現場の運転員に緊急停止の権限がなかったことです。最終判断は、東京の本部に仰いだのですが、この事故のとき、東京に電話したら留守番電話になっていたということです。

（三）ナトリウム漏れ後の対策のなさ。ナトリウム用消火器はあったのですが、実際には消火できるような状態ではなく、まったく役にたちませんでした。ナトリウム火災では窒息（酸素を断つ）消火が原則になっているのですが、配管室は広く、密閉されていないため消火には時間がかかります。しかも実際には空調を止めなかったために火災がつづいたのでした。

（四）通報連絡の遅れの問題。動燃から県への連絡は二〇時三五分、敦賀市へは同四八分と、事故発生から一時間あまり遅れました。「ただちに連絡」することを定めている安全協定どおりにはいきませんでした。事故が夜間に起きたこともあって、事故対策会議の設置が遅れ、連絡が遅れたのです。これにたいして県や自治体は、通報体制の改善を強く求めています。

（五）事故隠しの問題。動燃や科学技術庁は徹底した情報公開で対応すると表明しましたが、その直後に動燃が事故現場のビデオの核心部分をカット、編集していたことが明らかになりました。さらにその後、最初に現場に入ったときに撮影したビデオを隠していたことも発覚しました。福井県が事故後ただちに現場に駆けつけており、動燃がビデオを撮影していたのを知っていたことや、安全協定にもとづいて強制立ち入り調査を行なったことなどがきっかけで、事故隠しが明らかになりました。動燃の事故隠しを監督できなかった科学技術庁の責任も重大な問題です。

「原子力ファミリー」

こうして問題点を見てくると、動燃や科学技術庁の独善的な体質が浮かび上がってきます。事故の二日後に科学技術庁は「もんじゅナトリウム漏えい事故調査・検討タスクフォース」を作りましたが、そのメンバーは相変わらず「原子力ファミリー」とでも言うべき人たちで構成されています。動燃の事故隠しにいたっては、調査の信頼性を根底から崩すものです。当事者だけでいくら調査を行なっても事故の再発は防げません。

独善体質を示す例は他にもあります。「もんじゅ」が建設中の一九九一年七月と翌九二年三月に、二次系配管に設計ミスがあり配管の付け替え工事をせざるをえなくなったこと、蒸気発生器細管の溶接にミスがあったことが、内部告発で明らかになりました。告発がなければ内部で隠されたまま建設が進んだことでしょう。また、九三年には、動燃東海再処理工場のプルトニウム燃料製造施設でのプルトニウム管理上の大きな問題も、海外からの指摘で初めて明らかになりました。

「もんじゅ」での事故は、今回がはじめてではありません。九四年四月に臨界に達してから、水・蒸気系（三次系）で事故が相次ぎました。これらにたいするくわしい情報公開はなく、住民の納得を得るプロセスを経ずに開発が進んできたのは独善体質の結果です。

いちばん大事なことは、動燃の独善をチェックする体制がなかったことです。「もんじゅ」の建設も、その安全性をチェックするための試験や審査すら、基本的にすべて動燃のデータと、それを取り巻く「ファミリー」の内側で行なわれ、そのデータは門外不出でした。原子力産業の利害と独立な専門家や住民の声を反映するようなシステムがまったくなかったのです。

ナトリウム漏れのあけた大きな穴

右のことは、日本のプルトニウム計画全体の進め方についても言えることです。計画策定にあたって、国民的な議論の場が作られたことはありません。これまで、日本のプルトニウム利用には、技術上の困難さや経済性のなさだけでなく、核拡散の危険性などの側面でも、海外から強い懸念が表明されつづけてきました。一九九三年に「あかつき丸」がフランスからプルトニウムを運んできたときには、批判はピークに達しました。そこで九四年三月に、原子力開発利用長期計画の改訂にあたって、原子力委員会の歴史上初めて国民から「ご意見をきく会」がもたれましたが、「聞きおく」ことが中心で、十分な議論の場ではありませんでした。この会では、政府のプルトニウム政策に強い批判が相次いだにもかかわらず、原子力委員会には冷静な判断ができず、一度決めた計画は変更したがらない官僚的な体質があらためられませんでした。このように蓄積していた批判や懸念を、いっきょに噴出させるきっかけとなったのが、「もんじゅ」の事故です。

九六年一月二十三日、福井、新潟、福島三県の知事が内閣総理大臣に「今後の原子力政策の進め方についての提言」を手渡しました。「提言」は、これまでの国民不在の原子力政策の進め方を痛烈に批判し、「専門家の意見だけでなく、国民や住民の生活者としての意見や受け止め方を十分に踏まえて」「検討の段階から十分な情報公開を行なうとともに、安全性の問題も含め、国民がさまざまな意見を交わすことのできる各種シンポジウム・フォーラム・公聴会等を主務官庁主導のもと各地で積極的に企画、開催」することにより「今後の原子力政策の基本的な方向について」合意形成をはかるよう求めています。三県はいずれも東京電力、関西電力の原発が集中立地する地域（日本の原発の約六割がこの三県に集中）であるだけに「提言」のもつ意味は重いのです。

もちろん、これまでの原子力政策や開発の進め方に根本から疑問を呈しているのは、三知事だけではありません。「もんじゅ」事故から二ヵ月半ほどたって行なわれた朝日新聞社の全国世論調査では、「原子力発電所で大事故が起きるという不安を感じている」人が七三パーセントと、チェルノブイリ事故直後の六七パーセントを上まわる圧倒的多数を占め、また、「『もんじゅ』を中心とした核燃料利用計画は再検討すべきだ」という人が六一パーセントを占めました。「中止すべき」の一七パーセントを加えると、なんと八割近い人が、プルトニウム計画の中止・見直しを求めていることになります。

事故で「もんじゅ」の配管にあいた穴は一平方センチメートルくらいと推定されていますが、この事故が日本の原子力計画にあけた穴は、はかりしれないほど大きなものだったのです。

原発事故はなぜくりかえすのか

（初出『原発事故はなぜくりかえすのか』二〇〇〇年十二月　岩波新書）

臨界事故

一九九九年九月三十日に茨城県東海村のＪＣＯ（ジェー・シー・オー）社のウラン加工施設の再転換工程において、だれしも予想だにしなかった臨界事故が起こり、日本全体があらためて原子力事故の恐怖に包まれました。この臨界事故は、核燃料加工の過程で、本来の作業手順を逸脱して、ウラン—235の高濃度のウラン溶液をひとつの容器に集中したために核分裂反応が持続し、中性子が環境に放出された事故です。現場作業員などが被曝し、付近の住民に退避要請が出されるなど、原子力施設の安全管理体制に大きな波紋を投げかけました。この事故は単独の事故としてあったわけではなく、一九九五年十二月の高速増殖炉「もんじゅ」（福井県敦賀市、動燃＝動力炉・核燃料開発事業団）のナトリウム漏れ事故に始まり、九七年三月の同じく動燃（九八年改組、現・核燃料サイクル開発機構）の東海再処理工場のアスファルト固化処理施設における火災爆発事故につづく、いわば三段階のステップのなかで起こってきた事故でした。

また、事故以外にも、背景として現在の原子力行政にたいする大きな国民的な不信や不安、懸念を増大させるような要因が多く起こって、顕在化してきていたのです。さらに、原子力産業の退潮化、衰退ということが重なり、それにともなってデータの改ざんなどもありました。

そうしたことが重なって、この間、原子力をめぐる状況について、これまでには見られなかったような広い国民的な議論がありました。しかし、それから一年ばかり経ってみると、忘れっぽい日本人はまた、すでにそういう問題は忘れようとしてしまっているかに思えます。この状況が私には非常に怖い。提起された問題は、戦後の日本の原子力のありかたの総体を、根本から問い直すような問題ではなかったのか。一年やそこらで忘れてもよいこととは思えないのです。

その後、JCOの事故調査委員会（原子力安全委員会「ウラン加工工場臨界事故調査委員会」）が九九年末に終わり、国会で原子力関係の法改正等がそそくさと行なわれ、省庁の再編がそれにつづいています。安全規制や原子力防災の部分などが若干変わりつつありますが、私に言わせれば本質的なことではなんの変化も起こっていません。それどころか、原子力の事故という恐るべき事故でむしろ影に隠れてしまったけれども、その周辺ではもっと忌むべきこと、心配になるようなことも大変多く起こっているのです。そういうことが隠されてしまって、あれだけ大きな事故が起こったのに、〝大山鳴動してねずみ一匹〟のたぐいで、結局、旧態依然たる原子力行政に戻っていくのではないでしょうか。いや、その旧態の原子力行政すらなくなってしまいそうです。

今度の省庁再編のなかで科学技術庁が文部科学省に統合され、縮小されてしまいます。そのとき、これまで科学技術庁の管轄下で生じていたようなJCOや「もんじゅ」などの「核燃料サイクル開発機構」（旧動燃）の問題は、全部清算されてしまうのではないでしょうか。新しい経済産業省の指導のもとで、原子力推進の行政が進行し、過去のことなどあまり問題にならなくなってしまうのではないかと危惧せざるをえません。

青い閃光

問題そのものは山積しているし、この間に生じた国民の原子力にたいする大きな不安や不信、あるいは原子力事故がいまにも起こるのではないかという懸念は、けっして一過性のものではなく、こうした不安を生み出している原因は現在も厚い雲のように日本全体のよどみのなかに深く垂れ込めています。

いつこれが吹き出してまた大きな事故が起こるかもしれません。その問題の根本は何なのかを可能なかぎり明らかにしてみたいというのが私の願いです。そうでないかぎり、根本の問題をおきざりにした日本の原子力行政は、もっとひどいところにいくのではないか。最悪の事故のようなものが避けられないかもしれない、とんでもない事態が起こっているようで、かけ根なしの恐怖感が私にはあるのです。

私事で恐縮ですが、私はいま、がんの闘病中で、さまざまな苦しみに襲われています。しかし、そんな私にペンをとらせざるをえないようなものが、いまの状況のなかにあるのです。

したがって、この本では細かい技術論をいろいろ議論するのではなく、根本にある問題は何なのか、日本人は原子力技術というものをどう受け止めているか、それにどう接しているか、さらには原子力技術だけでなく、日本の企業や日本人個人個人が技術というものをどのように考え、安全についてどのように思っているのか、生き方のなかでそれらの問題がどのように処理されようとしているのか、というようなことを論じようと思います。これは日本人の文化論にもかかわる問題かと思います。

私が文化論をどこまでやれるかという疑問はありますが、こういう問題を根本まで考えざるをえなかった原因は、もちろんJCOの事故でした。

JCOの事故が起こって八〇日あまり経った九九年の十二月二十一日に、沈殿槽の一番近くにいてもっとも中心的な作業をされていた現場作業員の大内久さんが、大量の被曝による放射線急性障害で命を落とされました。それからしばらくして、今度は同じ作業員の篠原理人さんも命を奪われるというように、日本の歴史ではいまだかつてなかった原子力事故による直接の死亡が二件起こりました。それだけでも、いままでの日本の原子力開発がかつてない打撃を受け、大きな反省を迫られた事故でした。

あの事故に接したとき私は、これまでの原子力事故とは本質的に違う、身が震えるような衝撃を覚えました。それは、あの臨界事故が起こって青い光が光った、その青い光によって大内さんや篠原さんが打ち倒されたわけですけれども、あの青い光がメッセージを放ったと思うのです。その青い光のメッセージは、大内さんたちだけではなく、私たち日本人皆にたいして発せられていて、私たち日本人の戦後というものを根源的に問うことになったのではないかという気がしました。

あの原子力事故のときに光った青い光は、〝チェレンコフの光〟と言われています。原子炉で核分裂の連鎖反応が起こったさい、その核分裂反応の高いエネルギーをもった粒子が水の中を運動するときに発する特殊な光です。それはいわば核爆発とか、核分裂といった現象に固有の光です。私たちはこの光を、一般の人が浴びるというようなかたちで、三たび見ることになったわけです。

八月六日

第一は、広島で一九四五年八月六日に起こった被爆でした。このときは、青い光は、まさにピカドンという象徴的な言葉で呼ばれました。第二が、同年八月九日に長崎で起こった被爆でした。さらに、青い光を直接見たかどうかという問題はちょっと微妙ですが、青い光の衝撃に派生する光やキノコ雲を見たものとしては、一九五四年三月一日のビキニ環礁における第五福竜丸の久保山愛吉さんたちの被爆があります。それらはいずれも人間の死をもたらしました。

もちろん広島、長崎の死と、久保山さんの死ではずいぶん規模も違いますし、意味も違うところがあります。しかし、基本的に同じ急性の放射線障害によって、死がもたらされたということができると思います。それは皆、核分裂という爆発現象が起きて光った青い光によってもたらされたもので、その衝撃だったのです。

そしてしばらくその青い光というものを、われわれはすっかり忘れていました。ところが一九九九年、広島・長崎から数えればもう五四年、ビキニの事件からは四五年目にあたりますが、核の半世紀というようなことを私たちは軽く口にしますけれども、その半世紀後にもう一回この光を、ＪＣＯの事故によって私たちは見ることになったのです。

もちろん私たち一人ひとりがこの光を見たわけではありませんが、大内さんの死、篠原さんの死というかたちをとって、また、大内さんや篠原さんたちの証言から青い光が光ったということによって、広島や長崎で起こった核分裂と同じ臨界事故であったことを私たちは知らされ、あらためて核のもつ潜在的な破壊性、暴力性、その恐ろしさというものに驚いたわけです。

峠三吉の詩

この話をするときに、私にとってただちに思い出されるのは、峠三吉《とうげさんきち》の詩です。峠三吉は広島のことをうたった原爆詩人です。広島をうたった原爆詩人には、原民喜とか栗原貞子とか、多くの有名な詩人たちがいます。それらの詩人たちのなかでも、直接的に広島の悲劇を人間の立場からうたった詩人の代表として峠三吉は知られています。
その峠三吉の詩を引用してみます。

八月六日　　峠三吉

あの閃光が忘れえようか
瞬時に街頭の三万は消え
圧しつぶされた暗闇の底で
五万の悲鳴は絶え
……（中略）……
三十万の全市をしめた
あの静寂が忘れえようか
そのしずけさの中で

帰らなかった妻や子のしろい眼窩が
俺たちの心魂をたち割って
込めたねがいを
忘れえようか！

（峠三吉『新装・愛蔵版　原爆詩集　にんげんをかえせ』合同出版）

冒頭と最後に繰り返される詩人の心底からの叫び、「あの閃光が忘れえようか」という部分が私には忘れられないのです。つまり、峠三吉がうたったときに、皆そうだと思った。あの閃光をだれが忘れえようか。三十万の全市をしめたあの静寂が忘れえようか。閃光だけではなくて、それによってひしがれて静寂を強いられたその三十万の広島の市の惨状はだれが忘れえようか。帰らなかった人たちのあの心情というのは、私たちの心のなかを断ち割ってまで入ってくる。その気持ちをだれが忘れえようか。皆この心境を共有したと思うのです。

私もこの詩を読んだときに、一九四五年から見ればだいぶあとになって、大人になってからこの詩を読んだのですが、ああ、そうだ、八月六日を忘れてはいけない、とあらためて思いました。

しかし、どうでしょう。JCOの閃光が起こったときに、この詩をもう一回思い出した人がだれかいたでしょうか。おそらくほとんどの人には、八月六日のあの閃光とJCOの閃光とは結びつかなかったのではないでしょうか。そうすると、八月六日の閃光、人間の魂を焼き尽くし、三十万の都市を焼き尽くした原子兵器の恐怖を、その後の五四年のあいだに私たちはすっかり忘れてしまって、東海村にこんな工場があるとは思わなかった、いったいこれは何が起こったんだ、と言って皆うろたえたわけです。あの八月の閃光という破壊的なものを生み出した文明が、やはりここにも影を落としていたのだ、そこに潜在的なものがあったのだ、ということは疑いようもない事実です。原子力の本質というものはそのように理解すべきであったと私はつくづく思い、もう一回今度の事故を振り返ってみる必要があるのではないかと考えたのです。

饒舌な報告書

ＪＣＯの臨界事故については、非常に多くのことが語られました。政府もわずか三ヵ月間でしたが、事故調査委員会を集中的に開いて、報告書を出しました。その報告書を読んでみると、いろいろ不十分な点はありますが、けっこう立派な言葉で、原子力安全文化の原点に戻れとか、原子力の「安全神話」を捨てなければいけないとか、さらにはモラルハザードの問題、人間の文化や精神のありようにいたることまでが、いちおう書かれています。いままでの政府のレポートとは少し違うかもしれません。それはやはり青い閃光のもった意味の衝撃からきているのでしょう。そういう報告書が出ています。

しかし、非常に巧みに多くの言葉を使ってこの報告書が語れば語るほど、私には根本的な疑問が大きくなります。では、原子力文化というのは何なのだろうか、その原子力文化というのがよくわからない。原子力文化のうえにさらに「安全」がついた原子力安全文化とか、最近流行語のようになった安全文化とはいったい何なのだろうか。さらにはそういうことがいっさいの原点になって起こってくるモラルの問題、文化の伝統の問題……。

いくら原子力安全文化の確立というようなことを叫んでみても、われわれがこの五十年間をいったいどうやって過ごしてきたのか、何がこの五十年前の青い閃光をふたたび生むような事態をつくりだしたのか、という問題には全然迫っていないのではないでしょうか。私が技術論ではないところからこの原子力の事故に迫ってみたい、あるいはもっと端的に言えば、原発事故はなぜ繰り返すのかということを突き詰めてみたいと考えたのは、こういう問題意識からなのです。

第四部　新しい自然観の模索

いま自然をどうみるか

（初出　『いま自然をどうみるか』一九八五年　白水社）

虹

空に虹をみるときに
私の心はおどる
私の生涯の始まったときもそうだった
大人となったいまもそうである
年をとってもそうだろう
さもなくば死んだほうがよい
子供は大人の父である
さればわたしの生涯の一と日一と日が　願わくは
自然に対する畏敬の念でつながれているように

（ワーズワース[☆1]）

ある早朝に

いま自然というとき、私たちはまず何を思い浮かべるだろうか。
たとえばある五月の朝、思わず早く目ざめる。ほとんど野生の自然というものの名残りをとどめない、この都会の一隅においても、澄んだ早朝の空気のなかには、まさに昇らんとする太陽とともに、眠りからさめた自然が活動を開始しようとするときの、あのなんともいえぬ期待感が満ち満ちている。そんなとき、私たちは誰しも、科学者であるよりは詩人となる。思わず『エミール[☆2]』の有名な一節が思い浮かんでくる。

太陽は先ぶれの火矢を放ってすでにそのあらわれを予告している。朝焼けはひろがり、東の方は真赤に燃えて見える。その輝きをながめて、太陽があらわれるにはまだ間があるころから、人は期待に胸をおどらせ、いまかいまかと待っている。ついに太陽が姿を見せる。輝かしい一点がきらめく光りを放ち、たちまちのうちに空間のすべてをみたす。闇のヴェールは消え落ちる。人間は自分の棲処《すみか》をみとめ、大地がすっかり美しくなっているのに気がつく。緑の野は夜のあいだに新しい生気を得ている。それを照らす生まれいずる日、金色に染める最初の光線は、それが目に光と色を反射して見せてくれる。合唱隊の小鳥たちが集まってきて、いっせいに生命の父へ挨拶を送る。このとき黙している小鳥は一羽もいない。小鳥たちのさえずりはまだ弱々しく、一日のほかの時刻にくらべてもっとゆっくりとやさしく聞こえ、安らかな眠りから覚めたばかりのものうい感じを感じさせる。そうしたあらゆるものが集って、感官にさわやかな印象をもたらし、それは魂にまで沁みわたっていくように思われる。それはどんな人でもうっとりとせずにはいられない恍惚の三十分間であり、そういう壮大で、美しく、甘美な光景にはだれひとりとして無関心ではいられない。

ほんとうにそのとおりだ、と現代に生きる私も思わずにはいられない。この「壮大で甘美な」光景への期待感あるいは虹をみておどる心は、東西を通じて、歴史を貫いて変わらぬもので、それゆえに人間と自然のもっとも根源的な結びつきに根ざすものであろう。実際、いまこうして早朝の空気のなかで私をわくわくとした気持にさせるのは、私のなかの自然であるにちがいない。今日という時代においても、私たちが自然について考えるとき、どのような科学や哲学の考察よりも、まずこの気持から始めることは、それこそ自然なことである。

科学的な自然像

しかし、もう一方で私たちの前には、一見したところきちんと理性的に解明された、整然たる自然像がある。むしろ今日、私たちの自然観はそれによって決まっている。それは西洋近代の科学者たちが理論化し、教育過程を通じてひろく私たちに支配力をもつ、合理主義的にとらえられた自然の姿である。

この自然像は、たとえば、なぜ太陽が東から昇り、西に沈み、そして日に日にその昇り沈みの時間を変化させていくのか、あるいはさらに進んで、なぜ太陽はあんなにもあかく燃えつづけるのか、を説明してくれる（もっとも、この説明は現象論的であり、そもそもなぜ太陽がそこに存在すべきものか、という存在論的な問いへの答えはなんら用意しないのだが）。じつは、種をあかしていえば、引用した『エミール』の一節は、そのような天体の運行に関する理解のための教育の導入部ともいえるものであった。

ルソー流にいえば、まず強制ぬきの観察から始まって、ゆっくりと子供たちに注意を呼び起こしていく。

> おや、おかしなことがあるものだ。太陽はもう同じところから昇ってこない。こちらがわたしたちのまえに見たところだ。ところが、いまではあすこに昇った。（中略）結局、夏太陽が昇る方向と冬太陽が昇る方向とがあることになる。（中略）若き教師よ、これがあなたの行くべき道だ。こうした例証だけで十分にあなたは、世界を世界として、太陽を太陽として、きわめて明快に天体運動について教えることができるはずだ。

根源的な、理屈ぬきの自然の甘美なすばらしさから始めて、理性的な天体運動の教育へと、いわば二つの自然像を結びつけていく、これがここでの『エミール』の自然教育の構想だ。詩人に始まって科学者へ、というわけである。それはいかにも理想的な教育のありかたのように思える。だが、はたしてそううまくいくだろうか。こればかりは、どうもルソーの言う通りというわけにはいきそうもない。

早朝の野に出て、山の端に昇る日を見ること——それがいま可能だとして——その興奮から出発して、天体の運行について子供たちに「きわめて明快に」理解させ、はては今日的に、たとえば太陽内で起こっている核融合について理解させる過程には、はっきりいって飛躍がある。実際、教える側か教えられる側に立ってそうした経験をしたことのある人ならわかることだが、感覚的な自然を入口として現代物理学の世界にはそううまくは入れない。うまくいったと思っているケースには、たいていどこかに説明上のごまかしがある。

むしろ核融合について理解させようと思えば、まったく別のところから、許されれば数式を使って教えねばなるまい。今日の科学とはそういうふうにできているのである。今日、詩人たちの自然と科学者たちの自然は、完全に二つに引き裂かれてしまっている。

二つの自然

『エミール』のなかにもじつはすでに多くの徴候を私たちは見出すのだが、今日ルソーも想像しなかったであろう、「科学と技術の時代」を迎え、私たちは「二つの自然」のあいだで激しく引き裂かれ、当惑している。歴史の「進歩」とともに、自然が人の手によって社会化され、野性の自然が人のつくりだした社会のなかにしだいに融けこんで一体となってゆく、という人間による自然支配のユートピアを、かつては考えた人たちもいた。しかし、歴史の経過とともに、二つの自然のあいだの距離がいっそう引き離され、両者のあいだはほとんど非和解的にすらなったことは、誰の目にも明らかだ。

しかも、今日においては、一方の自然像がますます優勢になって他を圧し、もう一方はときどきの人びとの慰みの対象といった位置に追いやられている。実際、私たちを取り巻く自然、そして住んでいる地球と宇宙の成り立ちについての理解を、私たちはもっぱら自然科学に負っている。その負い方は、かつて古代において、人びとが神話を信じることで自然のなかに人間の位置を見出したのと同じように、深く全面的である。しかし、そこでは、神話の時代と違って自然は、もっぱら人間の理性による解明の対象であり、さらに人間の目的のための利用の対象である。この自然観に私たちはまた、現実生活の物質的基盤を依拠しているのである。

西洋近代の科学は、さながら魔術師のように、巧みな技術を自然という玉手箱に適用して、次々といろいろな製品を取り出してみせた。これは天体の核反応までも含めて、人間が巧みに自然の仕かけを盗んでコピーしてきたことを意味しよう。そうやって自然界に君臨し、工業製品に取り巻かれ、理性の光を宇宙の涯にまで届かせはしたけれど、気づいてみるとそのことによって人間は少しも満足していないのである。わが身を振り返れば返るほど、心のなかにぽっかり穴があいてしまったような気持を抱かざるをえない。

私たち自身が、どこまでいっても自然な生き物の一員である以上、私たちは自然の全体との断ちがたいきずなで結ばれている。どんなに豊富に、私たちのまわりを人工の自然で置き換えてみても、そのことによって私たちは心から満ち足りた気分にはならず、日に日に自然が失われていくさまを欺く。虹をみればやはり心がおどるが、それはもちろん、虹の七色の原理が科学的に解明されたことによるのではない。

ある意味では、人間はこの引き裂かれた状況のあいだを狡猾にわたり歩き、二つの自然観を巧みに使いわけてきたともいえる。すなわち、一方で私たちは自然の征服者として、鋭いメスで自然を切り刻み、その同じ人間が一方であたかもその補償行為として、さながら自然の美を称えるような文化を発達させてきた。科学者たちは科学者たち、詩人たちは詩人たち、という具合である。

しかし、もはや、しだいに多くの人びとが、このような二元論の使いわけが成り立たなくなりつつあることを感じ始めたのではないだろうか。私たちが直面する深刻な自然と社会の危機は、この二元的に私たちの精神の内部で引き裂かれた自然観を、より新しい観点で統一的に把握しなおすような根源的な作業なしには、克服されないのではないだろうか。いささか大上段に構えすぎたが、少なくとも私自身の内部に二つに引き裂かれて存在する自然像を意識しはじめてからというもの、[☆3]私にとっては自然観の問題を根源に戻って考えなおしてみる作業がどうしても必要となった。それが本書の出発点の問題意識であった。

核テクノロジーの意味するもの

やや話の先を急ぎすぎた。まず現代の危機状況——と私が考えるもの——の性格から考えてゆきたい。一九八四年十一月十五日早朝に、東京の大井埠頭に、二五〇キログラムのプルトニウムが荷揚げされた。そのときの異常な騒ぎのことはまだ多くの人の記憶に新しい。とくに東京の人たちは、米軍や警察機動隊あげての警備と完全な情報管理のもとに、世界じゅうの人びとの致死量にあたり、また原爆三十発分にも相当するプルトニウムが都心を突き抜けていった空恐ろしさを、そう簡単には忘れないことだろう。ほんとうはけっして初めての輸送ではなかったのだが、この可視的な出来事によって、核管理社会の到来という新しい事態を初めて感じ取った人が多かったのは無理のないことであった。

それにしても、通過のルートや仕方について市民が知ったのは、事後になって、もっぱらテレビニュースを通じてであり、そのたぐいまれな毒性や核特性についての警告などは、沿線の人びとにたいしてもまったく行なわれなかった。ただただ、絶対に事故を起こさないという信仰にも等しい前提条件のもとに、大衆をいっさいの情報から遮断してこの輸送は進行した。しかもその当のプルトニウムが、他ならぬ私たちの使う電気の一部をつくりだす日本の原発で生まれたものだとあってみれば、私たちは、いっそうなにやらただならぬ体制のなかにがんじがらめになったことを思い知らされたのであった。そして今回の事態は、今後何十回、場合によっては何百回とつづく輸送のスタートだというのである。

原子力問題は、主要に安全性や経済性の問題として考えられ、実際、私自身も、それらの問題の摘出と提示に多くの努力を費してきた。しかし、明らかにここに新しい次元の問題を考えなくてはならなくなっている。

たとえば、原子力問題のなかでも深刻なものに、放射性廃棄物問題がある。それはよく知られるように、たいへんな致死毒性をもち、しかもなかには寿命が何百万年もするような長寿命の放射能を含む核のゴミである。原子力のあらゆる施設が、そのようなゴミを排出せずにはすまない。もちろん、これは安全上の大きな問題である。しかし、仮にその安全管理がうまくいったところで——そのこと自身信じがたい神技を期待しなくてはならないが——このゴミは絶対に自然の循環に戻しえない性質のものである。したがって、このテクノロジーの発展は、周囲の環境と通じあうことの絶対に許されないような閉鎖系を地上のあちこちに作り出すことによってしか、保障されないのである。それはプルトニウムという核物質がその系路に従って、情報の閉鎖系を次々と作り出さずには存在しえないことと相通じている。その意味では、このテクノロジーは、地球という生きものに取りついてそちこちを蚕食していく異星人にもたとえられよう。

プルトニウムといい放射性廃棄物といい、いずれも人間がその原理を自然から抽出した結果として生み出された「第二の自然」である。しかしこの「第二の自然」は、いまや私たちの社会と自然を蚕食し、もともとの「第一の自然」にとって代わり、しだいに人間の精神を抑圧支配しつつある。もちろん、このテクノロジーをそのようなものとして機能させる権力支配や生産の機構が働いてはいるわけだが、相当な楽観論者であっても、運用のされ方しだいでこの核テクノロジー社会がテクノスの楽園へと転じるなどとは期待しないことだろう。むしろこのテクノロジーが、いよいよ社会を硬直化したものへと追いやることを予測せざるをえない。

第二の自然

核テクノロジーは、人間が自然からより強力な、より巨大な力を取り出そうと努めた、ひとつの極限に生まれた技術である。しかしまさにその強大さが、自然の一員たる人間に抑圧となってはね返ってきつつあるのが、現在の状況だ。比喩的な言い方が許されるならば、「第二の自然」が「第一の自然」を私たち自身の内部で支配しつつあるのである。

問題は核テクノロジーに限らない。バイオテクノロジー（生物工学・生命工学）の発展に伴って、人工的な生殖、したがって生誕が可能となった。それ自身が私たちの本来の生と性の概念を変えつつあるが、今後まだいくらでも技術が進歩しそうだという。生におとらず死の概念も変えられつつある。臓器（心臓）は生きているのに脳死によって死者とされ、臓器移植のために臓器が取り出されるというケースが現実に日本でも出はじめた。

さらにその臓器移植とか人工臓器ということになると、どこまでがひとりの人間のアイデンティティなのか、という問題すら生じる。仮に、まったく仮定的なある将来のケースとして、ひとりの人間の各臓器や四肢などを他人（死者）からの移植や人工の装置で次々に置き換えて、なおその人間が生命を保つとした場合、いったいこの人間は誰なのか。ただただ脳にこそその人間のアイデンティティが帰属する、というのが西洋思想の答えなのかもしれない。しかしそれは、あまりにも脳重視の考え方ではないか。

いずれにしても、文字通り私たちの肉体すらもが第二の自然によって置き換えられるようなことが進行している。問題の深刻さは誰の目にも明らかで、バイオエシックスという言葉がさかんに言われるようになった。つまりエシックス（倫理）の問題として、遺伝子工学などを含めた広い意味での生命工学の社会的問題を問おうというのである。そのこと自体はおおいに結構だと思うが、エシックスを問う前提として、まず何が自然な生で死なのか、私たちはいかなる生と死を望むか、が改めて問われなくてはならないだろう。

孤独な征服者

ここに、核テクノロジーやバイオテクノロジーによって提起された問題は、従来のテクノロジー・アセスメント（技術影響評価）でカバーされる問題とは明らかに次元の異なる問題である。仮に、これらの技術が安全上や経済上、目立った悪影響なしに進行しえたと仮定し、したがってテクノロジー・アセスメントの対象となるような問題を次々とクリアして発展していったとしても、問題の深刻さはいっこうに変わらないのである。いや、そのようにして技術が発展すればするだけ深刻化するであろう。

そしてこの問題は、すでに私たちが問題にしてきた引き裂かれた自然、あるいは第一・第二の自然という問題に深く関わっている。西洋近代に発達した人間中心的な自然観は、それが技術的達成をすればするだけ、ますます人間を自然界のなかの孤独な征服者としていくのである。しかも、人間の内なる「第一の」自然は、征服されるべき自然の側に帰属しているのだから、私たちの内側で、先に述べた「引き裂かれた状況」はますますひどくなる。

いま誰もがそのことに気づきはじめたのである。核戦争や環境破壊の危機が語られ、人びとは人類の生存そのものについて不安を抱きはじめている。この不安は右の問題とまったく基底を一にしているのである。この危機の克服、この問題の克服には、根源に戻って私たちを支配してきた自然観を問い直し、転換を図る以外にはないのではないか、というのが私の考えである。

私はいままで、現代科学技術のはらむ問題に職業科学者としての営みの過程で遭遇し、その問題の解明のために、科学（技術）批判という作業をつづけてきた。しかし、右のように問題をとらえなおしてみるとき、科学技術の批判からもう一歩進めて、基底となる自然観の問題に立ち入ってみなくてはなるまい、と思うようになった。そのことに本書はかかわっている。

自然観の見直し

今日、自然と科学技術にかかわって、私たちがこれまで身につけてきた自然観の狭さを反省し、現代の危機的状況を超えようとする批判的な作業が、さまざまに始められるようになった。

そのような批判的作業をふまえてみれば、私たちが慣らされてきた西洋的な自然観はいくつかの顕著な特徴をもっている。第一にそれは、自然を人間にとっての克服すべき制約だとみようとする。厳しい寒さや風雨、あるいは疫病といったことだけでなく、人間自身の肉体的な自然的条件をも超えるべき限界と考える。その制約を克服し、鳥よりも高く、速く空を飛び、虎よりも速く、遠く駆けるために努力したことが、科学技術の歴史であった。(道具というものが基本的に、人力による人間の営みをより効果的に行なわせるための補助的手段であるとすれば、技術はすでに道具の次元を超えている。)

第二にそれは、自然を人間にとっての有用性と考え、そこから能うかぎり多くの富と利潤を貪欲に引き出そうとする。この指向がついには、原子核の殻を打ち砕いてエネルギーを取り出すという、非地上的な技術にまで発展したことで、がぜん大きな問題を呈することになったのだが……。

第三に、右のような人間の自然利用は、基本的に自然の私有を前提としている。この思想のもとでは、自然は富と利潤の源なのだから、私有はいわば必然のなりゆきなのだが、土地やその上に生きる植物、そして水や海までもが売買の対象となり、商品価値をもつようになった。そのことが、どれほど自然を傷つけ、人間自身をも傷つけたのか。

そして最後に――しかしこれが本書の問題意識にとってはもっとも重要と思われるのだが――人間はそのような自然にたいする人間中心主義的な働きかけを、人間の主体性の発露と自由の拡大とみて、進歩と自由の名において正当化したのである。これはいわば近代の精神そのものであった。人間がより多く自然を制御し、支配・活用することこそが、人間を人間として向上させ、自由を拡大させるという合理主義的な思想が、じつは実利的な自然利用の思想以上に、人間中心主義の自然観をはぐくむ温床だったのではないだろうか。この点では、第三の点のような自然の資本主義的な私有に反対するマルクス主義者も例外ではない。

さすがに最近では、環境破壊の進行によって、そういう西洋思想の枠内でも一定の反省があり、「成長の限界」が言われ、「環境と経済との調和」が叫ばれるようになった。しかし、それはまだ、従来のようには自然利用が効率よく機能しなくなったことへの対応として、自然と折合いをつけようということであって、人間中心主義が棄てられたわけではない。

エコロジー

右のような自然観を超えるひとつの方向として、最近エコロジーということがよく言われるようになった。大枠の方向において、私もエコロジズム（エコロジー主義）に賛成であり、本書の議論もその考えに負うところが大きい。しかし、断っておくが、エコロジズムという、単一で確固とした、よく定義づけられた主義があるわけではなく、むしろ本書の意図は、さまざまな検討を通して、いわば批判的な作業によって、エコロジズムの可能性を突き詰めてみることにある。

右のようなわけで、エコロジーという言葉にはまだ多くのあいまいさがある。だが、やはりこの言葉によって人びとが共通に求めようという、自然と人間との関係についての考え方があることは確かだろう。その考え方をひとくちにまとめると、「地球の生態系は、多様な生物の驚くほど巧みな共存の関係によって成り立っている。私たちの直面する危機の多くは、その共存の関係を、人間が破壊しつつあることによるものである。この危機を克服するには、人間中心の立場を転換して、人間も自然界の一員として、その全体のバランスのなかで生きていこう」ということになる。この立場は「自然との共存」の立場と呼ばれたりするが、その内容は、「環境と経済の調和」といったものからは大きく隔っている。そこで、もっと積極的に「自然との共生」というべきである、という主張もある。

共存を共生と言い換えたところで、言葉の問題にとどまるかぎりは、なお大きなあいまいさを残す。共生にこめられた意味は、人間と他の自然とを対置させたうえでその調和や共存を説く、というのではなく、自然の全体のなかに人間の生や生活を相対化する、むしろそうして自然のなかに生きることこそが人間の主体性である、という思想である。この相対化ということが、重大な転換点である。その意味は次のようなことになろう。

環境との調和、というときには、人間はその知性に信頼をおいている。自然が従う法則性を人間が解明できると考え、アセスメントなどの作業によって、自然と人間のあいだの調和をとることができる、人間の理性にはそのように自然を理解しつくす能力がある、という合理主義が前提とされている。ところが、エコロジズムの共生の思想では、人間の知性そのものも相対化されている。人間は自然の多様な営みを知りつくすような位置にはいない、という自己認識がある。自然の全体は、多様で巧みな生命の営みのなかに、おのずからひとつの調和を保ち法則性をかたちづくるだろうが、それに沿う道は、それを人間の側に引き寄せることでなく、人間がそのなかへと合流していくことだと考える。（このことの具体的な意味は、本書の後章で検討する。）

つまり、この考え方は、それこそが人間にとって最高の原理であった理性よりもさらに上の原理として、自然の営みという大きな枠組に従うという原理をおくのである。そしてそうすることによって、人間がはじめて真に本来の人間らしくなると考えるのである。あえて極端に表現したむきもあるが、共生の思想は突き詰めていけばそういうところにいきあたる。

もちろんこれは、単純に知性や科学を否定したりすることではなく、自然という全体のなかに科学を含めた人間の営みを位置づけ直すことなのだが、それにしてもその意味は並々ならぬことである。自然との共存というかぎりでは、ほとんどの人が賛成するだろう。そのかぎりで漠然と言っている分には無難ではあるが、じつは、それだけでは私たちをどこにも導いてくれない。そうではなくて、右のように、人間の自然界における位置を徹底的に相対化し、それこそが近代の人間を人間たらしめてきたと考えられた人間の知性の絶対的普遍性（ないし他の自然にたいする優位）という考えを放棄しようというのが、エコロジズムの本質なのだ。これは大転換であって、この考え方には抵抗感をもつ人が多いであろう。エロジズムが独自の意味をもつのはこの点であるが、それはまた十分な批判的検討を要する点でもある。

エコロジズムは解放の思想たりうるか

前節の終わりに述べたような意味でのエコロジーの考え方にたいしては、現代文明の状況について同じような批判の立場に立つ人からも、すぐに次のような批判が返ってきそうである。

（1）そのような立場は結局、それに依拠して社会を築くとき、人間の自然利用を制限することによって、人間社会の物質的基盤（経済的な繁栄とか、便利さ、あるいは疫病にたいして守られているかどうかなどということ）を脅かすことにならないか。

（2）人間の自然的規範への従属を要求し、人間の自由と主体性を著しく制限することにならないか。

（1）は、いわばエコロジー型社会の経済的立脚点に関することである。それについては、すでに多くの経済学者や関心ある人たちが、エコロジー型社会の経済的・社会的な可能性について検討を開始していて、少なからぬ仕事もある。もちろん、議論が始まったばかりという感じであるが、やや本書の関心からはずれる問題なので、今後の議論に期待して本書では立ち入らない。

むしろ、本書の関心に直接に触れてくるのは、（2）の方の問題である。すでに示唆したように、近代の精神を、人間の自由と解放に向けた偉大な進歩であったと考える立場からは、エコロジズムの〈自然主義〉が批判されるのは当然のことともいえる。現実をみても、世にあるエコロジズム運動のなかには、自然的規範への恭順を誓うあまり、戒律的とも思えるスローガンに従ったり、また、自然への従順と憧憬が閉鎖的な神秘主義に傾いたりするケースもみられる。

また、エコロジー運動が、生命や健康や自然環境の問題に鋭い関心を集中させる分だけ、より社会的な問題への関心をうすめている傾向も、現実に顕著である。戦争、侵略、差別、性的解放、人権、第三世界といった問題にエコロジズムの運動が応えきれていないという、よく聞かれる批判には、それなりに根拠がある。

冒頭での私たちの問題意識に戻っていえば、「二つの自然」のあいだで私たちの内部が引き裂かれた状態に陥っているのも、人間の自然的存在と社会的存在とが激しく矛盾しあうような場に私たちがおかれているからであった。それを、いわば社会的な側面を切り捨て、人間をさながら自然的存在として純化させるというのでは、しょせん人間は解放されないであろう。この点は、エコロジズムにとって命とりになりかねない。

しかし、大方の批判とは逆に、まさにこの人間の自由と解放という点にこそ、私はエコロジズムに大きな可能性をみたい。つまり、単純に自然の全体のなかに人間を埋没させることとしてでなく、人間の精神を広大なる自然へ向かって解放するかたちで人間を相対化するものとして、エコロジー的な自然と人間の関係を構想したい。この相対化は、二元化された自然像から私たちを解き放ち、根源的な自然と人間の関係を復権させしめるだろうから、それにより私たちは、より解放的で創造的な地平へと到達できるだろうと、期待されるのである。

そもそも、ルネサンスにおける近代精神の興りそのものが、自然（宇宙）における人間の相対化の過程にほかならなかった。そのとき、人は、アリストテレス―プトレマイオス型の自己中心的な天動説モデルから、宇宙の片隅の一存在へと自己を相対化したのである。この転換においては、神と人間を中心に描かれていた中世的な自然観が音をたてて崩れ、地球と人間を広い宇宙のなかに位置づけた宇宙観が、狭小な人間中心主義からの脱却のゆえに、人間精神を広い世界へと解放する力をもった。

ところが、この転換こそが、同時に人間理性の自然にたいする優越の宣言ともなったわけで、そこから始まった新たな人間中心主義がしだいに肥大化し、いま袋小路に入り込んでしまったのである。このような状況だからこそ、いま一度、ここで人間を自然のなかに相対化し、私たちが自然のなかで占めるべき位置を明らかにしないでは、あらゆる変革と解放の試みはおぼつかないというべきだろう。

エコロジズムは解放の思想たりうるかどうか。数学の問題のように、この問いをたて、解こうとすることよりも、二元的に引き裂かれた自然観を統一的にとらえなおす方向で、解放の問題を考えていきたいというのが、本書の立場である。

☆1　小川二郎訳、丸山薫編『世界の名詩』集英社、所収
☆2　ルソー『エミール』今野一雄訳、岩波文庫

☆3　高木仁三郎『わが内なるエコロジー』農文協

感性の危機と自然

（初出『教育と医学』一九八七年十月号　慶應義塾大学出版会）

1

仕事柄、地方に出かけることが多い。東京に帰ってくると、この大都会の無機質のたたずまいに、しばしばやり切れない気持になる。とくに最近は、交通機関が高速化し、それを前提にして仕事が組まれてしまうため、せわしない旅程となった。そのせいか、東京へ帰ってきたときの落ち込みがひどい。

先日も、上越新幹線で新潟から、新緑の上越の山々をあっという間に走りぬけ、東京へ帰ってきた。雨上がりで木々の緑はひときわ映え、ふと見上げると、山の端に虹がかかっていた。久しぶりに何か命が洗われたような気分になって、嬉々として東京に帰ってきたのだが、それがかえってよくなかったのかもしれない。所用のために渋谷の雑踏のなかを歩き始めたとき、思わず吐き気に襲われた。言いようのない不快感がその夜じゅうつづいて翌日にようやくおさまったが、こういう経験がこの頃ときどきあるのである。ほんの一時間ほどのあいだに起こる風景の変化が大きすぎて、体がついていけないのだろう。

昔から自分のなかにある東京嫌いが折に触れて顔を出す現象のひとつとも言えるのだが、それにしても最近の東京はあまりにも異常ではないだろうか。

人びとは活発に活動しているが、それはなにか精巧なロボットのようで、街のなかに生き生きとした命の息吹きといったものが感じられない。すべてがコンクリートに覆われて、土の肌をみることがほとんどできなくなった。緑はたしかに少しはあるが、その緑はエルンスト・ブロッホが、「またいわゆるグリーン・ベルトとか変化に富んだ田園都市とか称して、地球までそうした事態に引き込まれているばあいもあるが、そうした田園的景観では樹まで偽物のような観を呈している。」と述べたようなものである。

東京でも少し前には、トンボとかセミとかチョウとか、いろいろな昆虫の姿をみかけたが、私の活動する範囲の空間では、最近はまったくみられなくなった。季節の変化も、自然の風景によって感じ取るということはほとんどない。大都会はどこでも似たようなものという人があるかもしれないが、ウィーンやミュンヘンやフランクフルトから東京に帰ってきたときにも、東京の風景はひときわ異常だと感じざるをえない。

東京は、自然がその生きた意味をすっかり奪われつつある都市といえそうである。これは、やっぱり異常である。人間も生き物である以上、自然とのあいだのやりとり――ひとつの循環のなかで生きている。この循環が豊かに保障され、そのなかを私たちが自由に活動できるとき、私たちの精神は解放されるであろう。東京（大阪なども含めて、日本の都会構造の象徴的存在として東京という言葉を使うことを許されたい）における人間は、少なくともあるひとつの側面では、檻の中に存在すると同じくらいに不自由になっている。

この状況は、自然と人間の関係だけでなく、人間相互の関係にも悪い影響を与えているように思える。そこでは人びとの関係は機能化し、もっぱら仕事の遂行のために存在している。レジャーすらも、仕事の延長かそうでなくても明日の仕事のための休養（労働力の再生産）としてのみ存在している。このような状況のなかでは、人びとの意識がもっぱら経済合理性の追求（もっと端的に言えば金もうけ）へと向かうのは、当然のことかもしれない。

コンラート・ロレンツは、その著『人間性の解体』のなかで、右のような状況は現代の工業社会全体に一般的にみられることであって、この状況は、感性の衰弱から人間性の解体へと人間を追いやる、と指摘している。日本の都会、とくに東京では、そのような人間性の解体がとりわけ激しく進行しているのではないだろうか。

ところが、いちばん困ったことは、人間はそのような状況に耐え、比較的容易にそれを常態として受け容れるようになってしまうことだ。「東京は住みにくいね」と言いながらもその状態に適応し、私のような反応はアブノーマルなものとされてしまう。いや、私自身がすっかり、この東京の状況に慣れてしまっている。地方から帰ってきたときとか、外国から帰国したときにふと襲われる嘔吐感とかなんともいえぬ自己嫌悪感のなかで、初めて東京という檻の中に囚われた我が身の状況に気がつくばかりである。

2

このように私たちは、自らの置かれた状態を対象化してみる機会をほとんど失っているが、ふとした機会に他の世界との関係のなかでわが身を振り返ると、自分のはまりこんだ深みの大きさに気がつき驚くのである。右に触れたようなちょっとした嘔吐感などとは別に、私たちの感性がいかに衰弱しつつあるかを感じ、深く考えさせられる機会を、私はこの数年いくつかもった。このことを少し紹介してみようと思う。

一九八六年四月にチェルノブイリ原発で大事故が起こった。世界的に大きな反応が起こったなかで、やはり日本人の反応が小さかったのは否めないであろう。この事故は史上例をみない巨大原発の暴走事故で、制御を失った原発は数秒のあいだに暴走を始め、緊急停止装置も作動せず、巨大爆発によって自滅するしかなかった。この事故の最大の衝撃は、制御を失って暴走した原発の姿に、私たちの住む社会そのものの姿が二重写しになってみえたことであった。世界じゅうの人びとの心のなかに、深刻な危機感が巻き起こったのは、まさにこの点においてであろう。日本でもいろいろ反応はあったが、右のようなレベルでの危機感が広く浸透するという状況には達していなかったように思える。

事故後、調査の目的もあってヨーロッパに二度行った。西ドイツでは脱原発論がさかんであった。原発を必要としない社会をどうつくるかという議論であるが、中心の問題は、電力の約二〇パーセントを依存している原発を石炭火発にすべておきかえた場合の社会的影響はどうか、という点であった。

即時脱原発派の主張は、原発を即時にすべてとめると、電力コストは多少高めになるが、エネルギー需給上の問題はなく、石炭を多く用いることになるが環境上の影響は避けられるというものだった。ここに環境上の影響というのは、森にたいする酸性雨の影響のことで、この点が大きな論争のポイントであった。つまり、石炭の消費が増すと酸性雨が増加することが予想される。それでは原発をやめることに賛成できない、という意見が一方で有力で、これにたいして即時脱原発派は、多少金をかけても硫黄分の少ない褐炭を使い、また脱硫装置を工夫すれば、酸性雨が増大することはないと主張した。この点でどちらの主張に説得力があるかが、議論のひとつのポイントだった。

日本に帰ってきて、この議論を日本のメディアで紹介しようとしたときに大きな困難を生じた。マスメディアに属するジャーナリストたちの意見は、ほとんどそろって「〝そのほうが電気料金が高くなっても〟という議論は日本では通用しない、日本で脱原発を言うのなら、そのほうが安いということを主張しないとね。……」

もちろん、西ドイツでも保守層は、コストのことを重視し、社民党は雇用のことを重視している。しかし、エネルギー論争の大きな要素が環境、とくに森の問題にあることは誰も否定できまい。それだけ酸性雨による森の死が深刻だとも言えるのだが、私が強く感じたのは、この種の議論を人びとがするとき、いつもたとえばあの病める森シュヴァルツヴァルトの姿を心に浮かべているのであろうということだった。それだけ議論が有機質の議論となりうるのだが、日本ではエネルギー論というような議論は、すぐにまったく無機質の議論となってしまい、金の問題に還元されてしまう。その差を感じざるをえなかった。

このことに関連して、私にちょっとおもしろいエピソードがあった。ウィーンで日本人とオーストリア人の議論になったとき、やっぱり日本人の経済中心主義が話題になった。それにたいして日本人のある科学者は、「東京のことを悪く言うけれど、亜硫酸ガスや窒素酸化物など、日本の大気汚染の規制は世界一厳しいのです。ここオーストリアより一ケタも汚染は少ない。東京のほうがよっぽどきれいです。」

この主張は正しいのである。たしかに、ppmの数字から言えば、東京は他のヨーロッパの都市よりすばらしい(!?)。ウィーンの人たちもみなその点に同意したのだが、そのひとりから次のような反応がかえってきて、それにもまたみな同感してしまったのだった。

「でも、あの緑のまったく失われた東京のせわしなさのなかに住むよりは、ppmの値は悪いらしいけど、ウィーンのほうが環境上ましだと思うけど。」

環境問題をppmに還元してしまうだけ、日本の人間は無機質化してしまっているといえようか。

こういうこともある。漠然とではあるが子どもたちの表情にも、なにかしらの違いを感じるのだ。子どもらしさ、ということのなかには、以前にはむこうみずな試行とかむき出しの感情表現といったことを含んでいたように思うが、日本の都会の子どもたちにはそういう感じがほとんどなくなった。久しぶりにヨーロッパに行ってみて、右のような意味での子どもらしさをもった子どもに会って、妙になつかしく思った。

貿易摩擦の問題を中心に、外国からの日本批判が強い。その周辺領域に、捕鯨の問題とか絶滅の危機に瀕する動物の密輸問題など、環境面での日本批判が多く起こっている。これらはみな私が述べてきたことと共通の基盤をもつことではないだろうか。そしてそのことは、やはり私たちの感性の衰弱を示唆していないだろうか。

私はこれまで、日本対外国というような対比のなかで書きすぎたかもしれない。わかりやすい事例をあげたかったからだが、同じことは日本でも、東京と地方の違いとして痛感することである。これ以上具体的な事例を述べるまでもないと考えるので、一般論としてのみ指摘するが、地方の人のほうがはるかに生き生きと活発に活動し生活している。子どもたちもそうだ。ところが、日本の教育制度と社会制度のなかでは、東京のような大都会で育った人が大量にエリート大学に入り、政治・経済の指導権をにぎる。そしてこれらの人びとは日本を無機質化してしまう。この状況はほんとうに危機的だと思う。

3

この状況にいったいどこから手をつけるか。ローレンツは言う。

科学技術に由来する習慣的思考は、不可侵特権によって庇護されている技術主義的システムの教義として固定してしまった。（中略）文化的領域においても、あらゆる創造的発達の前提である多種多様な相互作用が欠けている。とくに危険な状況に陥っているのが、こんにちの若者たちである。さし迫った黙示録を避けるために、まさに若い人びとのなかに、科学主義と擬技術的な思考によって抑圧されている、美や善への価値感情が、新たに呼び起こされねばならない。（中略）この目的を達成するためのひとつの有望な方法は、できるかぎり幼い時期、生きた自然とできるだけ親密に接触する機会を与えることである。（谷口茂訳『人間性の解体』思索社）

ローレンツの言い方をまとめれば、生きた自然との接触による人間的感性の蘇生ということになるだろう。私も、今日の人間の危機は、自然との関係が、もっぱら利用—被利用、支配—被支配の関係に一面化し、根源的な結びつきを失ったことに多くを負っていると考える。ローレンツの述べるように、この傾向は全世界的なものであるが、もっとも典型的なのが東京の状況といえよう。この危機の克服は、自然との関係の回復以外にない。

人間的感性を私たちが取り戻し、また若い人たちのあいだにはぐくむために、自然とともに生き、感じ、考えることがなによりも必要だと思う。私がそのように考えるのは、とくに次のような点においてである。

第一に、自然とともに生き、感じることは、私たちに、私たちがいまもっとも欠落している命の感性というものを復活させてくれる。今日ほど人間が自分やその子どもたちの命への脅威に鈍感になったことはない。これは、私たちの生活が無機質化し、日々の生活のなかで命を感じることがなくなったからだ。マオリやチャモロなど、太平洋の民がいまもっとも熱心な非核の運動の担い手なのは、政治的意識の鋭さというより自然との共生という彼らの伝統的な生き方からくる、生への敏感さのゆえであろう。生きた自然に接し、その日々の息づかい、四季のリズムを感じて生活する人びとは、自然のわずかな変化のなかに生命を脅やかすものを感じ取る。日本でチェルノブイリの事故にたいして敏感に反応したのは女性たちであったが、生殖や子どもたちへのつながり方などを通して、やはり命を感じ取ることに近いところに女性のほうがいるのだろう。

第二の点は、ローレンツの言う多様性ということである。私がみてきた三〇年のあいだにも、東京の街並みは顕著に単調化し、画一化した。このことが人びとの想像力と創造的精神の減退に寄与したことは、ほとんど疑いをいれない。また、このような社会では、若い人たちのあいだに知らず知らずに、規格からはずれたものへの差別意識が助長されると考えられる。

生き物たちの多様な色、形、営みと接することで、私たちの感性はおおいに回復するだろう。また、多様な自然の存在のすばらしさを発見することを通じて、物事の価値の多様性に、より敏感になろう。これは創造力に寄与するとともに、差別意識の克服にもつながる。

このことと関連して、花崎皋平の言う「風景」というカテゴリーにも注目しておきたい。私たちの精神の形成にとって、日々の風景の果たす役割は、おそらく通常考えられる以上のものがあるであろう。

第三に、自然のなかで感じることを通じて、私たちは全身で感じ、考えることができるようになる。全身の感覚をいっぱいに働かせて物を感知し、発見し、考え、反応するということが、トータルな感性の発揮だとするならば、私たちの日常はそのようなトータリティーからずいぶん遠いところにきてしまった。

私がとくに重要だと思うのは、私たちがみな多かれ少なかれ山野をかけめぐり、川や沼で水浴びをし、ときにはわが身を多少の危険にさらしながら出会った、幼き日々の数々の〝発見〟の体験である。私自身もいくつものそのような体験をもっている。たとえば、いまこの原稿を書いている夏の陽ざしのなかで強烈に想い出すのは、幼い日に初めて海に潜って〝発見〟した海中の生き物たちの世界である。あるとき潜るということに急に熱中し、耳がつーんと痛くなるのをこらえ、呼吸が苦しくなるのに耐えながら見つけた、ぞくぞくするような海中の世界、じつはそれは海面下ほんの三メートルほどのことにすぎなかったのだが、自分自身で切り拓いた世界がなにものにも替えがたかったのだ。

このように生きた自然との出会いは、私たちに、自力でしかも全身を用いての発見の機会と喜びを与えてくれる。これは、書物とかテレビなどによってたぶんに受動的に与えられる発見とは次元の違うものだろう。いまの都会の幼い人たちも、同じような世界をもっているであろうか。夏・冬の休みなどに観光や田舎へ行ってさまざまな経験をすることもあるが、それらの経験すら現在では、たぶんに他から与えられたものとなっているのではないだろうか。

4

最後にひとつだけつけ加えておきたいことがある。右に述べてきたようなことは、自らの外なる自然との出会いということに関係していた。だが、いちばん大切なことは、むしろ、右のような自然との交歓を通じて、自らの内側に自然を回復することだろう。いま、私たちにもっとも欠落しているのは、自然な生き物として自然に感じ、反応することだろう。このことは、未開へと回帰しようということでも、人間としての主体性を放棄しようということでもない。むしろ、人間の精神と身体が、知らずにとらわれている拘束や強制から解放されて、檻から出た、可能なかぎり自由な人間として振る舞うことへの志向にほかならない。

砂漠のように乾いた今日の東京からスタートして、右のような地平をめざすことは、相当に大胆で集中的な努力がなされたとしてもなお容易なことではありえないだろう。しかし、この地平にまで踏み込まないかぎり、いま、人間の感性が置かれている危機的な状況を克服することはできないのではないだろうか。

自然を保つ人間の責任とは

（初出『教師の友』一九九一年七月号　日本基督教団出版局）

地球生態系の危機が叫ばれている。オゾン層の破壊、酸性雨、気象異常、海洋汚染、原発事故や核廃棄物、森林の破壊など。毎日の報道が環境問題について取り上げない日はないといってよいほどだ。それに、湾岸戦争による生態系破壊が加わった。あの油まみれになったペルシャウの写真を見ていると、「被造物すべてのうめき」（ローマ八・二二）が聞こえてくるようだ。

マスメディアが地球生態系の危機を取り上げ、出版界ではこの問題が一種のブームにさえなっている。今日の危機的状況を考えるとき、そのこと自体はけっして悪いことではなく、もっともっと取り上げられてもしかるべきだろう。しかし、私はいまだ多くの論者たちの議論があまりに楽観的であり、自分たち自身の責任を他所において、自分の生存環境の悪化を言い立てているように思えてならない。

今日一般化した言葉なので、私自身も「環境問題」とか「環境危機」といった言い方をしてしまうが、「環境」（英Environment、独Umwelt）という言葉には、人間中心主義の思想がひそんでいる。「人間を取り巻く自然条件が悪化し、人間の生存が脅かされている。だから新しい技術（〃地球にやさしい技術〃）によって、生存の危機を救おう」という方向に議論が傾斜しがちである（オゾン層破壊の元凶といわれるフロン12に代わって、破壊性の少ないとされるＨＦＣ134ａが〃地球にやさしい技術〃とされ、あげくの果ては、地球温暖化防止のために、原発が環境上の観点から推奨されたりする）。

もろちん、ほんとうの問題は、人間の「環境」の側にあるのでなく、人間そのものの側にあるのであり、とりわけ、右のようにつねに科学技術主義的に自然に働きかけて問題解決を図ろうとしてきた人間の営みに問題があるのである。そのように、私たち自身に内在する問題として問題をとらえないと、事柄の本質を見失うことになろう。そして自然にたいする人間の態度に問題の本質を見ようとするとき、その核心に西洋キリスト教世界がある。そしてその問題は、つねに創世記一章にまでさかのぼる。

「我々にかたどり、我々に似せて、人を造ろう。そして海の魚、空の鳥、家畜、地の獣、地を這うものすべてを支配させよう。」

神は御自分にかたどって人を創造された。

……………

神は彼らを祝福して言われた。

「産めよ、増えよ、地に満ちて地を従わせよ。海の魚、空の鳥、地の上を這う生き物をすべて支配せよ。」（創世記一・二六―二八、新共同訳、以下同）

これらの言葉、とくに「地を従わせよ」ということが、人間の自然への荒々しく傲慢な態度に根拠を与え、「創造の秩序を破壊する行為を正当化することに誤って用いられて来」（一九九〇年JPIC会議メッセージ）たことは事実である。もっとも、この点については、なにも私がここでことさらに言及するまでもなく、リン・ホワイトを初めとして多くの指摘がある。問題はその先である。ドイツのG・リートケは『生態学的破局とキリスト教』（安田治夫訳、新教出版社）において、右のような「地の支配者としての人間」という、創世記一―二章の言葉の皮相な受け止め方を批判するとともに、創世記における自然と人間の関係に新たな光を与え、いわばエコロジーの立場からキリスト教の再生と復権を図ろうとした。

神学にはまったく素人の私が、リートケの行なった緻密な神学的検討をここに再現しようもないが、彼の作業のなかで私なりにもっとも重要と受け止めている点は、彼が創世記のなかでも、六—九章、すなわち洪水説話に新しい光をあてている点である。

ノアたちが洪水に生き残ったあとで、神は彼らに祝福を与え、生きとし生けるものにたいして契約を立てる。リートケによれば、これによって人間は「地の支配者」ではなく、いわば被造世界全体の管理者であることを委ねられ、その代わりに、「二度と洪水によって肉なるものがことごとく滅ぼされることはない」ことが保証されたことになる。

聖書の釈義上の問題は私のよく評価するところではないが、現在の全地球的危機を前にして、私たちがいかにあるべきかを真剣に考えていこうとすれば、創世記をリートケのように前向きに、人間まで含めたすべての被造者の共生とそのために依託された管理者としての人間の責任というかたちで受け止めるのは、ごく自然なことに思える。また、そうすることによってのみ、明日の生への希望を見出すことができる。

だから、私は基本的にリートケの立場に共感するのだが、科学技術の現場の問題にこだわり、とくに核(原子力)の問題に深くかかわってきた人間としては、自然と人間の問題に私はもう少し別の観点から光をあてる必要があると思うし、そうしてみたいと思う。

キリスト教であれ、仏教であれ、他の宗教であれ、普遍性をもって多くの人びとに受け継がれてきた宗教の中心には、その自然観、宇宙観に違いはあっても、宇宙(自然界)に創造とそのなかにおける人間の位置についての洞察がある。その場合には、どのような立場にせよ、自然界における人間の特殊な位置について意識せざるをえない。ともかくにも、知能のひとつの側面を異常に発達させ、地球全体を一瞬に滅ぼしうるほどの技術さえ手にしてしまった人間は、その存在において、けっしてライオンやシマウマのようではありえないのである。

ライオンとシマウマは、互いに殺し殺される関係にあっても、平和的に共存していくことができる。両者のあいだには、自らなる自然のルールが成立しているからである。しかし、高性能のライフル銃や核兵器をもってしまった人間は、そのことにたいするよほどの自覚なしに、自然との共存とか、自然にたいする管理責任ということすら語りえないのである。他の生物からみれば、人間ほど罪深い生物はいない（あのペルシャウの恨むような眼を見よ！）。

このような人間の特殊性をもっとも強く意識したのがキリスト教であったことは明らかだし、そのこと自体はけっして誤りではなかった。それが「地の支配」や「神の似姿」というかたちで表現されているのだと思う。したがってその背景には、人間がその知性の方向を誤った場合の罪の大きさへの警告が含まれていると考えるべきだろう（ノアの洪水の章もその文脈で読み取るべきであろう）。

そして人間の歴史は実際に誤りの繰り返しであり、とくに自然界にたいしても誤りを繰り返して今日の「生態学的破局」寸前の状態にまでなったのである。

人間の知性はたしかに自然界において突出しているが、それはまたきわめて愚かである。これは自然科学者として私の痛感するところだ。空から酸が降ってくるまで、成層圏にポッカリとオゾン・ホールが空いてしまうまで、おのれの営みのもたらすものを予測することもできず、何十、何百万年という長期にわたって毒性を発揮しつづける核物質を作ることはできても、消し去ることはできず、何百年いや何十年先の子孫と地球全体にどんな影響を与えるかについてすら、満足に答えるすべをもたない。私たちの知恵の及ぶところなどその程度である。

私はとくに、青森県六ケ所村に建てられつつある核燃料サイクル施設（六ヶ所村を核のゴミ捨て場にしようという計画）のことなどを考えるとき、人間が生きとし生けるものの将来にわたってもたらすであろうことの罪深さと傲慢さを、つくづく思わずにはいられない。それは、宇宙の理のほんの一部を知っただけにすぎないのに、全知のように思い込み、天の火（核＝星は核エネルギーで光る）を盗んで地にもたらし、持て余してしまっていることに典型的に現われている。

天の法則を知り
その支配を地上に及ぼす者はお前か。（ヨブ記三八章）

私たちは、リートケのいうように地の管理者でなければならないが、それは驕《おご》れる管理者でなく、自らの無知さを自覚した、それゆえあくまであらゆる被造物にたいして謙虚に仕えるものでなくてはなるまい。その謙虚さのもとで、私たちが、自然の保全のためにいますぐなすべきことは多い。明日では遅すぎるのである。

原子力——地球環境とどう関わるか

（初出『仏教別冊6　いのちの環境』一九九一年　法蔵館）

チェルノブイリ

地球環境との関わりという面からとくに原子力問題を見ようとするとき、まず頭に浮かぶのは二つのことである。そのひとつは、もちろんあの一九八六年四月二十六日に起こったチェルノブイリ原子力発電所の事故のことだ。それまでほとんど誰もが名前さえ聞いたことのなかったようなウクライナの一プラントで起こった事故が、世界じゅうの人びとをふるえあがらせた。このようなことが、他のテクノロジーのプラントでかつてあったろうか。

事故で放出された放射能は千キロ、二千キロと離れたヨーロッパ一帯を強く汚染し、生きとし生けるものに深い傷跡を残した。空気が、水が、大地が汚れ、大地に育つ植物も農産物も放射能にまみれた。そしてそれらによって生きる動物たちはみな汚れ被曝した。地球被曝という言葉さえ生まれたほどである。

食物連鎖を放射能が直撃し、その影響を人間もまた強く受けたといわれる。しかし、食物連鎖とは、とりもなおさず生き物たちのつながり、命の連鎖である。その命の連鎖が直撃を受けたのである。

この汚染・被曝は、事故後五年半を経たのちも過去形で語ることを許さない。いまなお、ソ連政府〝公認〟の汚染レベルである一平方キロメートルあたり一キュリー以上の汚染された土地が、ソ連国内だけで十万平方キロメートル（日本の面積の約四分の一）は下らないと考えられ、チェルノブイリから二、四百キロメートルも離れたところで多くの人びと、とくに子どもたちが、白血病や甲状腺障害、免疫力の低下や貧血、がんなどで苦しんでいる。がんが増えてくるのは、いよいよこれからのことだろうと考えられる。

事故炉を応急措置的に封じ込めた〝石棺〟の今後も危ぶまれている。ひと口に言えば、強い放射線の影響で構造物の崩壊が進行し、いまにもふたたび放射能放出が始まるかもしれないのだ。そのとき、とくに心配なのは地下水の汚染で、地下水を通じて、ふたたび大規模な水の汚染が生じるかもしれない、いや、その可能性はきわめて高いといえよう。

ごく表面を撫でるように触れたにすぎないが、この一事をもってしても、一原子力発電所の内蔵する放射能が地球全体の生命にとっていかに大きなものであり、また、長い期間の影響力をもつものであるかがわかるであろう。原子力と地球環境という場合、まずこのことを頭にいれておかないといけない。

地球温暖化

ところが、現在、環境問題と原子力というとき、まったく違った観点からの主張が新聞紙上をにぎわしているのである。それは、主に日本政府や原子力産業界によって主張されていることなのだが、地球環境危機だから、そのひとつの大きな要素、炭酸ガスによる温暖化防止対策としてクリーンな原発をより強力に推進する、というのである。以前からほんとうに環境のことを考えてきた人ならけっして、クリーンな原発、環境のために原発を、といった発想は生まれるはずはないのだが、現在の地球環境の危機を理由に、原発を推進しようという動きが活発化しているということも、否定できない現実なのであり、これが原子力の「地球環境との関わり」のもうひとつの面である。たとえば、先頃のロンドン・サミットで各国は環境対策に力を入れることで合意し、日本政府もそのための「環境予算」

を立てることにしたが、なんとその大きな部分を原子力の開発推進にあてるという、信じられないようなことが起こっている。

それほどでなくても、現在、環境問題が多く語られるとき、原子力の問題がすっぽり抜け落ちてしまって、温暖化やオゾンホールや酸性雨の問題などのみが語られる場合が多い。しかし、原子力問題こそ最大の環境問題であり、しかも、私に言わせれば、右にあげたような他の地球環境の問題とじつは根っこのところで深く関係しているのである。本稿では、その根っこのところの問題とすべく焦点をあてて、原子力と地球環境の問題を考えてみたい。

生きる場

原子力の問題に入る前に、一言ことわっておきたいことがある。それは環境という言葉のとらえ方である。環境破壊とか環境保護とかいうときの環境というのは、英語の environment、ドイツ語の Umwelt あたりからきているのだろうが、いずれも我々を取り囲む世界という意味であり、いわば人間の生活を取り巻く外的自然条件というニュアンスで、言葉自体のなかに人間中心主義を否定しがたくもっている。

これはほんとうはあまり好ましいことではない。私たちがいまほんとうに大切にしなくてはならないのは、あらゆるものの生きる場としての地球の自然条件全体であり、人間が生きるためのまわりの場、ということではない。人間が生きるためにまわりの環境も整備しなくては、という発想に潜む人間優位主義を払拭しないと、私たちの命をほんとうに育て未来につないでいくことはできないと思う（キリスト教を中心とした西洋文明には、人間中心主義が色濃かったが、最近では反省が生まれている、仏教思想のもとでは、本来すべての命は平等のはずである）。

なぜ、あえてこんなことを書くかというと、地上のすべての生命を尊重し、守るということを我々人類が自覚することが、いまほど求められているときはないからである。地上の生命はそのすべてがともに生き、互いに補い合うことで、ひとつの完全な生態系＝生きる場を磨き上げるようにつくりあげてきた。その生物種が多様であればあるほど、この助け合いは豊かになり、成熟した生きる場が保障される。短期的にはある生物種が異常にはびこって他を圧したりすることもあるが、そのときには必ずあとから修復機構が働いていずれは安定にいたる。

科学の言葉ではこういう状態を平衡という。平衡というのは、澱みに水がとどまっているようなことではなくて、複数のもののあいだにいつも活発なやりとりが行なわれながら、そのどれか一方のみが膨張してしまわないということである。ライオンとシマウマの関係は一方が他方を餌にする一方的な関係のように思えるが、じつはライオンはシマウマを殺しすぎるようなことはけっして行なわず、きわめて平衡的な共存が成立しているのである。

そうやって生物はお互いの関係を深めながら、成熟した〝生きる場〟をつくってきた。しかし、人間はその生物のなかでは特殊な存在で、技術的知性と欲望の体系を異常に発達させたために、たえず自己を膨張させようとし、平衡関係を崩してしまう。いま、地球環境の危機が叫ばれるのは、まさにそのことが原因である。そしてそれは、じつはけっして、環境＝人間のまわりの問題ではなく、人間自身の生き方、科学技術や生活態度の問題なのである。そのように問題をとらえておかないと、いくら「環境」問題を議論しても、真の解決は見出せないだろう。

だから、ほんとうは「環境」という言葉はあまり適切ではないのだが、すでにすっかり定着してしまった言葉だから、本稿でもあえて右のような注釈をつけたうえで、これ以後は、地上の「生きる場」として、環境という言葉を使うことにしよう。

原子（核）の安定性

さて、それではその生物が共生し合う場としての地球にとって不可欠な条件は何かというと、いくつかあるが、原子力問題との関連で言えば、原子（核）の安定性ということだ。

昔、西洋に錬金術師という人たちがいた。この人たちは、元素を変え、あわよくば鉄や銅から金をつくりだして一山あてようと長い努力をつづけたが、空しかった。錬金術師も手を替え品を替え大変な努力をしたようであるが、結局うまくいかず、元素は不変であった。それほどに元素（原子）は安定であり、それだから私たちの生きる場の安定、すなわち平和も保たれていたのである。物質はさまざまに姿と場所を変え、一刻としてとどまっていない（無常）のだが、それでいて全体がある循環のなかでバランスを保っているのは、基本となる原子が安定で、その結びつきだけが変わっているからである。

ところが二十世紀に入ると、物理学者たちは人工的に原子（核）を作ったりこわしたりし始め、そこからエネルギーを取り出すことを考えついた。これが核エネルギー、すなわち原子力である。これは、もとはといえば、天の星が光るあの原理である。二十世紀の科学技術は、天の火を地上で燃やすことに成功したわけだが、そのためには原子核の安定を破壊する必要があった。ここにおいて、基本的に地の上の安定、すなわち生きる場の平和とは相反する異物がもちこまれることになった（核エネルギーがいかに生命と相容れないかは、生物の住む恒星〈光る星〉など存在しえないことからしても明らかだろう）。

このように、原子力という技術は、核というパンドラの箱を開いて巨大なエネルギーを取り出したかわりに、放射能という異物を地上に多量にもたらすことになった。原子力が「ファウストの取引」などと言われたのは、結局このことにつきよう。

消せない火

生きものたちの場(つまり地球環境)にとって放射能がどのように異物であるのか、もう少しくわしくみてみよう。そんなにむずかしく考える必要はない。

まず放射線というのは、生体を構成する物質に損傷を与える有害物であるが、どんな動物も放射線があたって痛いとか熱いとか感じる能力をもっていない。また放射能(放射性物質)を口にして、苦いとかなんだか変だと感じるような能力ももっていない。それだけ私たちは放射線や放射能にたいして無防備であったわけであり、そのことは、これらがいかにいままでに生活を脅かすことのなかった存在であるかを示していよう(天然にも微量の放射能が存在するが、生物の進化を大きく邪魔するものではなかった)。

もうひとつ知っておきたいことは、放射能の寿命である。いったん生み出された放射能は不変ではなく、ある寿命に従って変化をし、一定時間のうちには安定な、放射線を出さない通常の物質に変わっていく。この変わり方(放射能の減り方)は、一定時間に半分に、さらにまた同じ時間がたつと半分にというかたちをとるので、私たちはこの放射能の寿命を半減期(放射能が半分に減る時間の長さ)という言葉で表わしている。

原子力発電や核実験によってウランが燃えると、二百種類ほどの放射能が生み出されるが、その大半は寿命(半減期)が数分以内という短いもので、比較的始末がよい。ところが困ったことに、放射能のなかにはとびきり寿命の長いものがある。みながよく知っているセシウムは半減期が三十年、つまり四分の一に減るのに六十年、十分の一になるのに百年もかかる。同じく原子炉のなかに多量に生成するプルトニウムとなると、半減期が二万四千年、さらにこれ以上に半減期が長いものもいくつもある。

これはもう、ふつうの生きものの命をはるかに超えた長さであり、始末が悪い。それなら、放射能を人工的に作り出したように、逆にこの放射能を人工的に消してしまって、放射能のない、ふつうの安定元素にしてしまえばよいではないか、という考えをおもちになる人もいるだろう。たしかに、そういう試みはいろいろあったのだが、どうもうまくいかないのである。

もともと存在していた元素の安定性を考えると、現在の世界に存在する状態がもっとも安定した状態であり、これに人工的に乱れを与えてしまうと、そのあとからいかに操作をしても元のようには戻ってくれない。まさに「覆水盆に返らず」で、このことわざにはちゃんと物理学の裏づけがあるのである。

これは環境問題のほとんどに言えることで、科学の言葉では非可逆性という。放射能が生まれてしまうのも非可逆変化で、自然の変化で（ということは寿命に従って変化し落ち着いて）放射能がなくなるまで待つしかないのである。その待つのに何万年もかかってしまうようでは、人間の手に負えるものではない。

そんなわけで、私はいつも原子力を〝消せない火〟と呼んでいる。人間は巨大な原子炉によって自由に原子の火を点火することができるようになった。しかし、消せない放射能が残ってしまう以上、人類はこの火を消す技術をもっていないのである。火をつけるばかりで消せないのでは、人間はこの原子の火をコントロールしたとは言いえない。大事故の可能性、労働者の被曝、経済性の問題など、原子力の問題はいろいろあるが、私にとっては、原子力が〝消せない火〟であることがもっとも根本的な問題であり、地球環境の保全ということともっとも相容れないことだと考える。

放射性廃棄物

右の問題をいちばん具体的に表わしているのが、放射性廃棄物の問題である。出力百万キロワットの原発が一年間稼働すると、約二垓《がい》ベクレル（一垓は一兆の一億倍）の放射能が生まれる。垓といっても天文学的数字すぎてピンとこないだろうが、この量は広島原爆の死の灰の約千倍にもあたり、人間がそれを食べたり吸い込んだりすることを考えると、世界じゅうの人びとが何回でもがんにかかって死ぬほどの量である。

そんな原発がいま世界で四百三十基も稼働し、毎年毎年それだけの放射能をつくりだしている。しかも、すでに述べたように、その放射能のなかで大きな比重を占めるプルトニウムのような物質は、いったん生まれたら半永久的に残りつづけるのである。もちろん、その原子炉のどこか一カ所で事故が起こっても世界的なパニックになることは、チェルノブイリ事故が証明ずみだ。

しかし、ある意味では事故よりもっと深刻な問題は、生み出された放射能がどんどん残り、核のゴミ＝放射性廃棄物としてたまってしまうことだ。その量は年々の原発の稼働とともにだんだんたまっていき、各原発施設ははちきれそうな状況になってきている。そのかなりの部分を、青森県の六ケ所村にもっていって処理したり処分したりしようという計画が進行し、またそれにたいし現在大きな反対運動が起こっていることを知っている人も少なくないだろう。六ケ所村の計画には、計画のずさんさや、地盤の弱さなど立地条件の不適さ、その他多くの問題があるが、それらは別にしても、何十万年いやそれ以上の長期にわたって毒性を発揮しつづける物質をどうやったら安全に管理できるのか、なかなか解決策は見出せない状況である。

政府の方針は、地下の安定な地層に埋設処分するというが、地層の何十万年以上もの安定性を保証できる科学など存在しない。ましてや火山列島の日本でそんな場所が見つかるとは、とうてい信じがたい。

結局、放射性廃棄物の問題は、問題を将来の世代に先送りにするというかたちにしかならない。これこそ地球の未来につきつけられた最大の環境問題であろう。原発の廃棄物とは、いわば私たちが日常的に使っている電気のゴミである。何気なく使っている電気が出すゴミが、何世代、何十世代、いやそれより先の子孫たちに影響を与え、重い負担を強いることになるということを、いったいどれだけの人が日常生活のなかで考えているだろうか。そのことに思いを馳せたら、私たちの日常もだいぶ違ったものになると思うのだが……。

エネルギーと環境

このように原子力について否定的に書くと、それでは将来のエネルギーはどうするのか、エネルギーがなくなっては人類はもっと大きな困難に直面するのではないか、そして石油や石炭に依存するならやはり炭酸ガスによる温暖化が深刻化するのではないか、という疑問を投げかけてくる人が多いかもしれない。これらは、必ずしも原子力を肯定する理由にはならないのだが、いちおうもっともな疑問なので答えておきたい。

その前に地球環境とエネルギーというもっと広い視点から問題をみておくと、私たちはこれまでエネルギー成長ということに価値を置きすぎてきた。エネルギー危機とはエネルギーが足りないことの同義語であり、とくに戦後の私たちは、もっと多くのエネルギーを、さらにもっと多くを、とつねにエネルギーの大量生産・大量消費を追い求めてきた。しかし、気づいたときに、私たちの目の前にある危機というのは、酸性雨であったり、異常気象であったり、はちきれんばかりにたまって環境を汚染し始めた各種の廃棄物であったりだ。つまりこれらは、エネルギーの使いすぎによってもたらされた危機であった。

だから、私たちが少しでも健全な環境＝生きる場を次の世代へとつないでいくためには、思い切った発想の転換、価値観の転換が必要なのだ。これまでのような、少しでも多くのエネルギーを貪ろうとする文化に頼っていては、結局、生きる場を失って自滅するしかない。そうではなくて、環境の健全性を重視し、消費を抑え、廃棄物を抑えながら、豊かな文化的価値を創造していけるような生活のありかたを追求し、価値観の比重を移動させていかなくてはならないのである。

これはけっして理想論ではなくて、環境危機に直面した世界各国がすでに現実の政策面でも取り入れていることだ。まず徹底したエネルギー使用の効率向上により消費の抑制を心がけ、そのうえで必要なエネルギーは、環境にとってより健全な、ソーラー、風力、バイオマスなどを積極的に取り入れていく。各種の研究は、政治の側の積極的な助成と国民の側の生活面での意識変革が伴えば、そのような環境重視型のソーラー社会が十分に可能であることを示している。

ところが嘆かわしいことに、日本政府の最近のエネルギー予算をみると、いまだに九〇パーセントまでが原子力に投入されており、自然エネルギー開発とか省エネルギー技術とかへの予算はそれぞれ数パーセントにすぎない。いわば原子力と心中するような予算で、その他の予算枠でも、環境予算のかなりの部分が、温暖化防止対策と称して、なんと原子力関係に割り当てられているありさまだ。

これは世界の流れに逆行するもので、これでは未来は暗い。みんなの意識的努力でぜひこの流れを変えていくことを訴えたい。

さて、そのような前提でいえば、私たちはもう石油か原子力かという不毛な、どちらも未来のない選択をやめなければならないときにきているのである。原子力発電の結果として生じる放射能も火力発電の結果として生じる炭酸ガスも、ともにこれらの産業の廃棄物であり、どの廃棄物にせよ、私たちはもう廃棄物まみれのような生活をするのはごめんである。とくに子どもたちにそんな社会を残したくない。原子力開発を目一杯進めたところで、あまり温暖化防止対策に役立たないことは最近の研究が明らかにしているが、それはそれとして、私たちの目標は脱石油、脱原発でいくべきだろう。そのことで、大きな欠乏などは生じないだろうが、これまで慣れ親しんできた浪費型社会は成立しなくなる。健全な地球の未来のためには、その覚悟が必要だと思う。

エコロジーからコスモロジーへ

(『宮沢賢治イーハトーブセンター会報』一九九七年九月号)

ひとつの生物の固体や一種の生物だけが孤立して生きるなどということはありえない以上、生きるということは多くの生物が共に生きるということにほかならない。生物学では、多種の生物が相互作用して生きるような関係を総称して共働という。共生(二種の生物の双方ないし一方が直接の利益を受ける関係)というのは共働の一形態であるが、最近では、人間と環境との関係ないし人間相互の関係について、「共に生きる」という特別な思いを込めて共生という言葉が使われるようになった。それだけ、地上の命をつなげていくことがむずかしい時代になったということかもしれない。

これに関連して、もうひとつ最近よく使われる言葉に食物連鎖というのがある。AがBにBがCにCがDに捕食されるという連鎖で、これももとは生物学の言葉で、共働の一形態であろう。この言葉は、環境汚染が「食物連鎖にともなって上位の生物に濃縮される」というような言い方でよく使われるが、その場合にはたいてい連鎖の最上位に人間が想定されていて、その文脈ではかなり人間中心的である。ちなみに最近すっかりはやり言葉のようになった環境問題という言葉のニュアンスも人間中心的である。

数年前に四〇代で急逝してしまった友人Tは、食物連鎖というべきではなく、「生命の連鎖」(ないし「命のつながり」)というべきだといつも言っていた。これはたんに語感の問題ではなく、視点をどこに置くかという問題で、おそらく賢治さんもTの意見に賛成するだろう。実際に賢治の世界の中心には、命の連鎖ということがあることはここにあらためて言うまでもないだろう。

いや、賢治の生命観は連鎖という概念より循環という概念で考えたほうがよくわかるだろう。ここで、循環というときには、二つの意味が含まれている。ひとつは、文字どおりの物の循環のことだ。ものが動き、めぐることによって生命が成り立ち、物の流れが止まったところには死あるのみだというのは自明のことだが、循環しようもないような各種の廃棄物を平気で作り出すのが昨今の人間だから、循環の意味をあらためて考えなくてはならないのである。もうひとつは、ひとつの生が終わりそれが次の生につながるという時間的な循環のことで、これは輪廻ということもできよう。

こう書いてくると少し理屈っぽくなるのだが、循環などという言葉を使わずに、賢治は作品のなかで、命をつなぐものとしての時空の循環ということについてじつにみごとに説得力をもって書いていると思う。話がこのことに及ぶと、私は以前にも別のところに書いたことなのだが、やはり「やまなし」の世界に触れないではすまなくなる。「やまなし」の谷川の水のなかの世界で、クラムボン―魚―カワセミという食物連鎖＝生命の連鎖が二ひきの蟹の子どもたちの前で展開されるわけだが、その情景全体が川上から川下へと水がゆったりと流れていく大きな循環のなかに描き出されていてみごとである。さらに、二枚の幻燈で季節が五月から十二月へと移ることで季節の循環も描いているが、やまなしが川下に流れていき、「私の幻燈はこれでおしまひであります」と終わったあとで、もう一度上流に戻って五月の頭のところから読み直してもよいように、話そのものが循環的にできている。一度そう読んでしまうと、それ以外にはもう命の連鎖とか自然界の循環については書きようもないと思えてしまう、そういう作品だと思う。

「やまなし」では水がとくにキーであるが、賢治の世界でいつも重要な意味をもつ水、風、光は、前述の時空の循環を媒介するものであり、それゆえに重要なのだと思う。

「じつにわたくしは水や風やそれらの核の一部分で／それをわたくしが感じることは／水や光や風ぜんたいがわたく

しなのだ」（「種山ヶ原」先駆形Ａ「種山と種山ヶ原」パート三）という有名な三行のことばも、このような循環という概念でとらえたときにはじめて、たんなる修辞の世界を超えて、きわめて大きな実体的な意味をもつのではないだろうか。「水や光や風ぜんたいがわたくしなのだ」というとき、そこでは、「わたくし」ないしその生命がたんに固体の次元を超えて、水や光や風を媒介として宇宙全体に連なっている。言葉を換えれば、賢治にとってはおそらく命とは宇宙全体を貫くひとつの大きなものであって、個々の命は、その全体と循環によってつながる部分ということになろう。そういうふうに宇宙全体のなかに自分をとらえ、また自分のなかに宇宙全体を感じるという賢治の考え方は、たんに直観的なものではなく、ものすごく考え抜かれた末に到達したものではないだろうか。それは今日、我々が人間中心的に環境との共生とか生態系の保全とかいうのよりはるかに深いものである。

最近では、人間中心的な環境という言葉に代わって、人間を一部とする生態系の全体ないしそれを大切にする考え方をエコロジーというようになったが、賢治は七十年以上も前にそれよりはるかに先に進んで考えていた。残念ながら、我々がまだ十分にそのメッセージを汲み尽くしえていないのである。賢治は、明らかに銀河（さらに四次元）という言葉と概念を使って、エコロジーよりはもっと大きなものを提起していた。「新たな時代は世界が一の意識になり生物となる方向にある／正しく強く生きるとは銀河系を自らの中に意識してこれに応じていくことである」「われらに要るものは銀河を包む透明な意志」（農民芸術概論綱要）。

この「銀河系」は、われわれの住む銀河系に特定化されず、宇宙全体（cosmos）と言ってよい。しかし、この考え方の全体をコスモロジー（cosmology）と言ってよいかどうかはわからない。通常コスモロジーというといわゆる宇宙論のことだが、cosmology にはもともと宇宙の哲学という意味があるから、エコロジーを広げたものとして右のような意味でコスモロジーと言ってもあながち間違いとは言えないだろう。もちろん、必ずしも最適な言葉とは言えないし、このへんは思想的にももっと深めなくてはならないと思うが、賢治さんがいまいたらなんというかぜひ聞いてみたいことのひとつではある。

賢治の循環の考え方に私がこだわっているのは、優れて現代的な意味をもつと思うからである。すでに少し述べたが、自然の循環に戻せないようなゴミを蓄積しつづける私たちは、これからの世代にたいしていったいどういう責任をとったらいいのだろうか。いやこれは、地上に生まれてくる次の世代にたいする責任というだけでなく、仮に地球というひとつの天体(銀河系の一部分)を取り返しのつかないような汚染とか核爆発で破壊してしまうような事態が予期されるとすると、われわれはいったい宇宙的な責任をどう果たせるというのか。

これを妄想とか杞憂とかで片づけることはできないと思う。われわれ自身、次の世代にたいする責任がとれそうもなくなってきて、世代間不公平というようなことをいまさらのように議論しなくてはならなくなってきた。科学者・技術者のなかにはいずれは地球を捨てて宇宙の他の場所に生きるしかないと本気で考えている人も少なくない。そんなことは、ひと昔前には、愚かな妄想と笑いとばされたようなことだ。とすると、いま、世代倫理ということが問題になると同じような次元で、宇宙に生きる倫理、いわば宇宙倫理について真剣に議論すべきときにきていると思うのだが、賢治さんが生きていたらどう言うだろうか、ぜひ聞いてみたい。自分で答えを出していかねばならないということは、わかってはいるのだが。

紙数の都合で触れられなかったが、韓国の詩人金芝河が最近はほとんど同じ方向で宇宙と生命について考えていることをつけ加えておきたい(『金芝河　生(いのち)を語る』高正子訳　協同図書サービス)。

環境報道を考える——原子力は環境問題ではないのか

（初出　『新聞研究』一九九八年八月号　日本新聞協会）

——新聞でも環境問題というのは大変多く報道されるようになりました。しかし、読者としては、原子力の問題と地球規模の環境問題との関連がなかなか見えてこない、という声も聞きます。社説等でも、けっしてこの二つを関連させていないわけではないのに、です。こういう読者の声は「一部の声」として片づけて良いか。もし新聞と読者に認識のズレがあるとすれば、それはなぜか、考えてみたいと思いました。

専門家として原子力の問題にかかわってこられた高木さんは、環境問題と原子力問題のかかわり方について、紙面で私がいま提起したようなことをお感じになるかどうか、まずはお伺いしたいと思います。

高木　正直にいうと、新聞紙面以前というか、日本の行政のなかで、環境と原子力は完全に分けてるんですね。だから、法規も全然別ですし、原発も環境規制というかたちではいっさい制約を受けない。所轄も、環境庁の所轄と、科学技術庁、通産省の所轄と分けていて、環境庁は原子力問題にはいっさい口を出せないということになっている。だから、原子力問題は環境問題じゃないというのが、政府の昔からのポリシーとしてあるんです。そのポリシーが新聞に反映してるんだろうな、と私はずっととらえてきましたから、新聞だけが意図的にやったと思いません。ただ、いまの状態は、原子力問題を環境という視点から見るのを妨げている、という気がします。

原子力をエネルギーとしてだけみると

――ヨーロッパなどの、環境問題に大変やかましい国ではどうなのでしょうか。

高木　一般には、環境という観点からの規制を原子力にも入れるのが普通です。アメリカでも環境庁が独自の基準で関係してますし、ドイツでも、フランスでもそうですね。だいたい海外では、環境庁が、環境という観点から、原子力問題にかかわります。たとえば、環境への放射能の放出の規制とか、安全審査などですね。環境という観点から、原子力に規制を入れるということはどこの国もやっていて、同じ原発にたいしても、通産省とか科学技術庁がやるのとは違う答えを確実に出すんです。たしかに、通産省とか科学技術庁などによる監督、所轄と、環境庁による規制とは、どこの国でも接点でぎくしゃくするんです。つまり、省庁間で多少対立的になることが多い。環境という観点と、原子力を進めるという観点――違った見方を政府がともにもつということは、非常に大切なことなんです。それが日本にはまったくない。原子力問題に限らないんですけれども、日本では、異質なものの考え方、多様なものの考え方を嫌うというか。

原子力問題を環境問題という観点から切り離して、エネルギー問題という観点だけから見ていく。そうすると、エネルギーの必要論というところからまず議論されて、ただ派生的に、安全の問題も必要だ、というレベルの話しか見えてこない。新聞を含めて、そういう状況じゃないですか。

――地球温暖化問題の論者のなかには、化石燃料を多く使うことによって温暖化が起きるのだから、この問題を解決するひとつの方策として、原子力発電を推進していくことはけっして悪いことではない、という主張もあるわけですが、どう考えますか。

「環境」という言葉への疑問

高木　発電の直接の過程で二酸化炭素を出さないという意味では、たしかに火力発電よりも二酸化炭素は出さないですけど、広く、地球環境の問題ですとか、いまわりと基本的な概念になっている「持続可能な社会」ということを考えていった場合は、原子力は原子力で、固有の問題がおおいにあるわけです。二酸化炭素のかわりに放射能が関係してくるわけですから。それを全然無視してというか、不問に付して、二酸化炭素だけを問題にするというのは、とてもおかしいと思いますね。

環境問題として、地球温暖化の問題を考えなくちゃいけないというのは確かだと思うんですよ。それは、我々がいままでやってきたような開発至上主義とか、発展至上主義とか、経済至上主義みたいなことを、根本的に見直さなければならないんじゃないか、という基本的な問題提起ですから。ところが、そこを不問に付して、二酸化炭素の量の勘定書きだけを合わせるために、二酸化炭素が出ないことになっている原子力発電所をいっぱいつくることによって、数字だけは、京都会議の決議を守るというようなのは、まったく本末転倒だと思います。原子力発電所を多くつくるということが環境問題の正しい解決だなんて、だれが考えても思えないですよね。

実際に政府がやっていることも、いまだに膨張的なエネルギー政策なんです。そんなことをやってるかぎりは、二酸化炭素の問題だけじゃなくて、地球環境全体の破壊をもたらし、将来に必ずマイナスの遺産を残します。

——最近はメディアのほうでも「環境」という言葉を冠した記事が多く出るようになってきたとは思いますが……

高木　私は「環境」という言葉に、そもそもちょっと疑問があるんです。字義どおりにいうと、環境とは、人間のまわりの世界、という意味ですね。どこの国の言葉でもそうですけど、それはたぶんに、人間が地球上でかなり勝手なことをやってきて、気づいてみたら人間のまわりがいろいろ汚れて、人間自身も住みにくくなった、というところからきているので、環境という言葉自体のなかに、人間中心主義があるような気がするんです。人間というのは、地球という全体の生態系のなかのひとつの部分であって、その全体がどう共生するかという問題が、いま一番問題になっていることだと思うんですね。環境というニュアンスは、自分の身のまわりが危なくなってきたのでなんとかする、という発想なんですけど、もっと根本的な見直しが必要なんじゃないかなと僕は思ってます。

そういうことを前提にしていえば、新聞の報道というのは、あえて辛口でいうと、事件のみを追うというか、状況に追随していくというか、そういう主義だと思うんですよ。原子力の場合に一番顕著なんですが、事件が起こらないとあんまり報道にならない。事件が起こった時だけ、動燃をたたいてみたり、安全性がどうのこうのというんです。だいたい、最近、動燃の問題が報道されたのは、事故の重大性を認識してというよりも、情報隠しがあって、それが刑事告発されるような事件になったからでしょう。そういう事件にならないと書かれない。地球の全体の未来が怪しくなってきたというような全体状況を、大きなスペースを取って追っていくことがない。こういうところが、非常に弱い気がするんですよ。

たとえば、どこそこの焼却炉でダイオキシンが多いとか、そういう報道も最近非常に多いですよね。それ自体は私は事件の報道だと思うんです。

そういう報道だけでは、我々の地球が持続可能な状態になりうるか、みんなが本当に考えるような、そういう材料を提供することにはなっていかないんじゃないかと思いますね。たんに、ダイオキシンにたいする恐怖とかは、いまどこでもいわれていて、関心は高いのでしょうが……。原子力を追っていると、つくづくそういう感じがしますね。私のところにいろいろ記者が来るのも、事故が起こったときだけですもの。

新聞社の意向より自分の問題意識

——ジャーナリズムの本性としては、日々の出来事を書く。ところが、環境問題など、少しロングレンジで構えないと変化がわからない問題、たとえば二〇五〇年ごろにはこうなる、といった話の場合、なかなか書きづらい面はありそうです。ただ、それは欧米の新聞も同じ事情だとは思いますが、違いがあるのでしょうか。

高木　新聞社のシステムは私はよく知りません。しかし、記者とつきあっているかぎり、ずいぶん問題意識が違うような気がしてしょうがないんです。日本にもたまにはいますけれども、やっぱりかなり系統的な問題意識をもって、新聞社そのものの意向よりも自分の問題意識として、原子力問題とか環境問題とかを系統的に追っているジャーナリストが海外ではたくさんいます。所属メディアをいろいろ変わったりもするけども、同じ問題をずっと追っているというようなね。しかも、フリーランスのジャーナリストというのではなくて、大きなメディアのなかで働いているんですよ。たぶん、大学教育のときあたりからそういう意識があって、また向こうではそういう教育も学校側でもありますから。そのへんから違ってきてるんだと思うんですね。

——先ほど、環境という言葉自体、環境問題というくくり自体に少し抵抗があるというようなお話でしたけど、いまや、企業の側までが「環境重視」をうたっています。そうした風潮をどう見ますか。

高木　ひとつには、日本で環境問題というのがいわれたのは、六〇年代あたりに公害問題というかたちで突きつけられたものがあるんでしょう。それを環境破壊といいはじめたのが、七〇年代。そして八〇年代、リオのサミットにのぼりつめていった過程のなかでは、環境とか、むしろ地球環境なんていう言葉でとらえられて、広い環境の汚染というなかで、個々の人たちの担う役割とか責任とかが強調されて、言い換えると、個々の企業とかの責任が明らかでなくなって、人類全体、みんなが悪い、みたいな話になってきた。したがって、先ほどのような私の言い方はともかくとしても、環境問題といわれる問題が、どうもうさんくさいというか、そういう側面はあったと思うんです。

ただ、いままではそんなことに見向きもしなかったような人も含めて、環境問題というのが、人間にとって考えなければならない、一番大切な問題だというような意識が広がったと思いますので、いちがいに斜に構えて見なくてもいいかなとは思ってるんですけどね。とはいえ、「地球にやさしい」とかいうような怪しげな言葉が出てきたころから、ある種ムードで、環境、環境というだけで、大事なところに全然つながってないというか、そういうものの見方をしているという事態も生まれてきたと思います。そういうような風潮が非常に増えてきて、新聞もそれに乗ってしまう。僕なんかはそう感じるんです。

つきつめれば、新聞そのものも、環境という観点からありかたを見直さないでいいのか、というようなことが当然出てくるはずなのに、そういうことは棚に上げておいて、きれいごとをいろいろ書いたりするわけですね。新聞社もどういう方向に進むべきか、というような議論をちゃんとやらないで、「ライフスタイルの転換を」とかいわれても、ちょっとピンとこないんじゃないかなと思うんですけどね。

――といいますと?

高木　日本の新聞社は、中央集権型で、都市集中型で、そこから情報が発信されている感じが強いんですけど、そういうのは、我々の観点から見ると、多消費型の社会を変えていくことにはつながっていかないじゃないかと思うんですね。これは民主主義ということも関係しますけど、地方分散型というんですか、そういう社会をちゃんとつくっていくようなことが望ましいので、そういう意味では、いまの新聞社も、もうちょっと自分自身を見直してほしいということです。

でないと、記事がどうしても一般論になって、審議会とか政府がどうしたこうしたということに偏るんですね。いまは、環境自治体なんかもけっこう出てきて、地方で、環境指向型の都市をつくっていこうとか町をつくっていこうとか、なるべく省エネルギーで、風力を取り入れていこうとか、ソーラーを取り入れていこうとか、そういう動きもずいぶん出てきてるんです。そういう地方からの発信が、大新聞を見ていると非常に弱い気がします。

もっと地方からの発信を

高木　原子力問題でも、地方新聞社の、たとえば柏崎とか福島とか福井とか、実際に集中地を抱えているようなところの記事というのは、やっぱり相当いろんなことが出てますよね。ところが、同じニュースでも、全国版にはほとんど載らない。だから私たちはいくつか地方紙をとったり、朝日でも読売でも、地方版を地元の人から送ってもらったりしています。そうすると、見えてくる世界はずいぶん違います。いまの社会を変えていきたいと思うなら、環境問題をいろいろ考えたいというなら、地方からの発信みたいなもの、地域の人たち、そこで生きる人たちの目からの発信ということがもっとないといけないし、それは新聞社はできるはずなんですね。

——一般の読者からして「これだけ原発をつくっちゃったら、もう社会なんて変わらないんじゃないか」というような言い方、感じ方もあると思うんですが、そういうなかで新聞が議題設定をしていくとすると、どういうやりかたがあるんでしょうか。

高木　たとえば、いままで原子力を推進してきたけど、いまは転換しつつあるといったような、日本よりもうちょっと先にいっている状況は、海外ではいっぱいあるわけです。そういうことをフォローすることによって、転換は可能であるということを問題提起することはできると思いますよ、新聞社も。

それから、原発を受け入れた地域でどんなことが起こっているか。結局、その地域にとってのプラスマイナスの勘定は、はっきりマイナスだったという地域は多いでしょう。そういうことをちゃんと報道する、ということはできると思います。

先ほど、新聞は毎日の事件を追うんだという話がありましたけど、私はむしろ、このごろの新聞というのはそれほど事件を追ってるわけでもないんじゃないかなと思います。僕らにとって全然緊急性もない、つまらない記事がけっこう多い。なぜか、昔よりは新聞の情報量が減ったような気がするんです。原子力資料情報室だけでなくてほかのNGOでも、しょっちゅうプレスリリースを出したり記者会見を開いたりしてるんですけど、ほとんど載らないですからね、このごろは。みんなやる気をなくしちゃいますよ。

——ちょっと不思議な気もしますよね。環境問題ということがこれほどいわれて、新聞社でもその重要性を認識しだしているように感じるのに、NGOや市民運動側から見ると、かえって情報量が少なくなっているという印象をもたれてしまうというのは。

高木　たとえば、環境ホルモンやダイオキシンは毎日のように報道されますね。だけど、それに関連してNGOが何かやったとかということはほとんど報道されてないでしょう。しかも、はやりすたりがあって、はやりでないと取り上げられない。また、海外から情報が入ってくると大きく取り上げる。日本でNGOが何かやったというと、まったく取り上げない。同じぐらいのレベルか、日本のほうがレベルがいいような運動とかNGOの活動なんかでも、日本でやったら、記者会見をやってもほとんど取り上げられないけど、ワシントンでやったらワッと大きなニュースになって日本に入ってくる。新聞は、本当のところ、日本のNGOを育てようというふうにはあまり思ってないんじゃないですかね。

（聞き手＝編集部）

附論

臓器移植と原子力技術——責任ある科学技術のありかたを問い直す

高木仁三郎×佐々木力（対談）

（初出『図書新聞』一九九五年一月二十一日）

科学に潜む毒

佐々木　このたびノーベル文学賞を受賞した大江健三郎氏は、よく戦後民主主義の旗頭とか言われますね。戦後民主主義期の科学思想の代表選手というと、やはり湯川秀樹氏があげられます。それにもっと思想的に深い朝永振一郎氏もそうです。武谷三男氏の『弁証法の諸問題』は敗戦直後に出版され、大きな思想的影響力をもちました。議論の余地はあるかもしれませんが、その本が戦後民主主義期の科学のイデオロギー的ヴァージョンであると言っても過言ではないかもしれません。私はいぜんとして彼らの思想をおおいに評価しつづけるものですが、しかし、彼らの思想に悪乗りするかたちで、科学技術の現場を離れた、悪い啓蒙主義がはびこったのも事実でした。科学技術至上主義とでも規定すべきイデオロギーです。それは高度経済成長のかけ声とともに一九六〇年代半ば過ぎまで世にはびこりました。

私は一九六五年に東北大学理学部に入学したのですが、そのころは科学技術ブーム、理工系ブームで、理工系に進学しない者は人にあらずといった雰囲気すら高校にはあったのでした。大学入学したてのころ青葉山にある東北大学工学部の原子力工学科の前を通りかかったときに、なにか時代の先端をかいま見たような気がしたのをいまでも鮮やかに思い起こすことができます。

ところがどうもそうではないのではないか、といった気分が醸成されてゆきました。一九六〇年代後半になってのことですが、公害問題がクローズアップされ、私たち当時の若者が急進化した時期にあたります。そのころ数学科の学生であった私は、教養部時代までに学部での数学の勉強をすでに終えてしまっているような「数学少年」だったのですが、現代数学にたいする反省をぜひやらなければならないという深刻な気持ちをもたされるようになったのです。そのころは私も本当に悩みました。数学研究をつづけるべきかどうかです。そういった気分が醸成された科学技術批判の時代が一九六〇年代後半から一九九〇年ころまでつづいたと思います。

しかし、一九九〇年ころから、そういった科学技術批判の思想運動のなかにどうも思想的分岐が出てきたように私には映るのです。科学技術批判勢力において抽象的・一般的な批判を展開していた人びとのなかに、西洋合理主義一般にたいする反発のためか、東洋思想一般をことのほか無批判的に評価する論者が出てきたり、宗教的なパッションから科学を断罪したり、それからともかく言動のマナーがどうしようもなく悪い人も登場してきました。印象的な言葉で申し訳ないのですが、ともかく科学技術批判をやる人びとのなかに人間的にいかがわしい人びとが少なからず出てきた(笑)。

こういう感情を私がもつようになった理由は主要に二つあります。ひとつは、改革期にある大学で自然科学者たちと話し合い、現実的に自然科学を今後どうすべきかを問題にしなければならなくなった。科学者自身、地球環境問題や原子力問題に真剣に悩んでいることを私は学びました。それからもうひとつは、医学者であり医学史家の川喜田愛郎氏——いまご病気中ですが——と中央公論社の企画で対談をした折り、彼の考えから大きなインパクトを与えられたということもあります。そのとき思い浮かべていたのが、高木さんの思想的姿勢でした。どこか川喜田先生と似ていると。現在、科学技術批判をしている人びとのなかでもっともいかがわしいと私が思うのは、保守的イデオロギーに依拠して科学技術批判をしている論者なのですが、川喜田先生も高木さんもそうではないし、また科学に一定の信頼を置きながら、具体的なテクノロジーに標的をあわせて先鋭な異論を提起して闘っていますから。

高木　こちらは「現場的」なところから全体を見ていますので、突き合わせてみないと同じことになるのかどうかわかりませんけれど、大きな流れとして戦後の科学技術思想があって、科学の民主化・学問の民主化・研究の自由が戦前に対置してモットーとなりえた時期があったと思います。その時代というのは僕らよりもちょっと前の時代で、先輩がよく使う言葉でいうと「敵は外にいて科学者は団結して、それを撃たなければならない」という考えだと思う。われわれの時代は科学のうちに毒が潜んでいるということを考え出した時代です。

佐々木　六〇年代半ばまでに支配的だった科学思想は「科学性善説」とでもいうべきものでしたよね。

高木　われわれは性悪説というのではないんですけれど、みずからのなかにひたすら問題を見ていったということですね。自分を解剖することによって自分の科学という営みをやっていったところで、六〇年代のある時期ぐらいから違った思想的な流れができてきた。それで二十数年経って、もう一回新しい展開を迫られているという感じが僕はするんです。これを科学思想的にどう評価するかということはあるんですけれど、現場的にいってみれば八〇年代ぐらいまでの時代というのはよきにつけ悪しきにつけ冷戦構造があった時代で、その冷戦構造を前提にして科学技術が進んできたので「敵」と「味方」の対立もはっきりしていた時代だったと思う。したがって、その「敵」に向かって戦うこともはっきりしていた時代だったけれども、九〇年代になってくるとそういう構造は崩れ、思想的にもグジャグジャしてきて一種の流動化が起こった。何が保守で革新かわからなくなってしまい、むしろ科学批判という名のもとで退化してきているものもあると思います。したがって大きな流れとしては、いまは転換期にきていて、いまわれわれがやるべきことは何なのかということをもう一回とらえ直してみなくてはならないということはたしかだと思います。

戦前・戦後の科学体制

佐々木　「戦後五十年」というからには、日本の科学技術の戦前と戦後ということが問題になると思うのですけれども、科学啓蒙主義の時代に、たとえば「日本が戦争に負けたのはアメリカの科学技術力のせいであって、それをなんとかすれば、ひょっとすると日本が勝てたのでは――」といったようなことがごく当然のことのように言われていたと思います。ある科学史のプロジェクト――「科学と帝国主義」というプロジェクトが国際的にありまして、その一環として最近調べてみたのですが、戦前・戦中に近代科学や技術と「天皇制神秘主義」が必ずしも不調和というわけではなかったらしい。たとえば一九四〇年はちょうど「紀元二千六百年」に当たる年なのですが、その前後に大変な科学技術ブームが日本にはあった。科学雑誌もいろいろと出ておりました。その時代にはかなり民族主義な色彩の強い「日本科学」などという思想がはやっていたようですが、一方、日本科学史研究はいまよりも盛んなようにも見えるのです。私の印象だと戦前から科学技術力を十分とはいえないものの、かなりの程度までは準備してから戦争に打って出ている。考えてみれば、それはそうであって、日本はアジアのなかで唯一近代化――近代科学技術を取り入れて成功した国であって、「そこが日本民族のえらさなんだ」ということが民族統合の中心としての近代天皇制の共通了解になっているのです。

それでインドネシアに侵攻していって、そこでオランダの科学政策に非常に感心して、「日本も科学技術に関してはそれ以上の政策をやらないとだめだ」と言う人が出たりしている。旧満州・朝鮮・台湾においても、武断政治がうまくいかないことがわかったら、後藤新平などを中心に、日本の神社をつくると同時に植民地支配のために日本の科学技術を見せつけることがいちばん従順に現地の人間を支配できるということを主張する――とくに台湾では風土病を実際に日本の医学人が治したりもしている。そうしたことを見てくると、戦前と戦後の科学思想・科学体制にはかなり連続性があるという印象を私はもっているのですが、その点については高木さんから見てどうなんでしょうか。

高木　よくわからないことを半分断りでいえば、やはり日本の近代化――富国強兵政策にもとづいて明治以来日本を近代化してきたものには、西欧科学技術をうまく取り入れてきたというのがあった。ただ僕が感じるかぎりでは、戦前は天皇制イデオロギーみたいな別のイデオロギーがあったけれど、戦後のイデオロギーが喪失した時代にあっては科学技術が一種のイデオロギーとか信仰とか――〃科学技術信仰〃という信仰の対象になったような気がするんです。そういう意味ではむかしからの「科学技術立国」という継続性はあるんだけれども、戦後のほうが科学技術が思想的に演じた役割、イデオロギッシュに演じた役割ははるかに大きいという気がしますね。

佐々木　日本では近代科学の一環としてマルクス主義も受け入れられる。一九三〇年代のスターリン主義化されたソヴェト思想の影響を受けた唯物論研究会――戦後になってかなりクローズアップされた研究会がありましたが、そこではマルクス主義は近代科学とたいへん連続性のある科学的な世界観ということで解釈されていたようです。いまも丸山眞男氏が「科学的社会主義」の名によって批判されたりしている思想史的起源はそのへんにありそうです。

高木　科学の必然として歴史が動くということを強調されてきましたからね。

佐々木　廣重徹氏は名著『科学の社会史』のなかで、戦争前につくられた科学体制が戦後それほど批判的にとらえられることもなくかなり連続的に保たれた――人事の点でもそうであった、と言っています。戦後はある意味では民主主義以上に科学技術が神通力をもっていた。「科学的社会主義」という言葉もその一環である印象を私はもっております。

高木　それはある時期には魅力はあったし説得力があったんですよ。たとえば戦争直前に生まれて、戦争中に少年時代を過ごし、戦前―戦後の変わりようを見てきた私のような人間にとっては、やっぱり天皇制イデオロギーよりは、科学的な法則性にもとづいてものごとが進展していくというものの言い方というのがすごく魅力があった。だからそこにみんなが引き込まれていった部分があることはたしかですよね。

佐々木　高木さんが科学技術批判に向かう転機はいかなるものでしたか？

高木　僕は個人的にいえば、まさに科学技術がこれからは非常に支配力をもつであろうし、イデオロギッシュによりもファクティッシュにものごとが動いていく世界というのがより強いだろうと思って科学技術の世界を選んだわけです。というのは、戦争体験によって、戦前と戦後で大人たちがいうことがコロッと変わった――天皇の評価にしてもアメリカの評価にしても。一九四五年八月は小学校一年生でした。小学校一年生の夏休み前とあとで世の中がすっかり変わったということを実感として思ってましたから。そういう意味では科学技術のほうが本当は強いんだという、戦後的イデオロギーというのに私などもやっぱり染まったほうなんです。

だいたい僕は戦後の五十年というときに、大きく分けると前半の二十五年と後半の二十五年に分けることができると思うんです。

佐々木　そうすると転換期は七〇年ごろになりますね。

科学と倫理的責任

高木　七〇年はもうはっきりと変わってましたけれど――六五年くらいからいろいろなことが、自分のまわりで変わりだしたという感じがある。僕は六五年まで原子力の会社にいたわけです。それまでは戦後科学技術思想のもとで新しい科学技術の旗手のひとつとして――〝フロンティア〟として原子力があったわけです。原子力を初めとするような科学技術が、これからの世界の諸困難を救ってくれるという感じがあって原子力をやったわけだけれど。

やってみるとなかなかそうではない。人間としての自分の営みと科学者としての営みというものに、ものすごく隔たりがあったんです。われわれの科学へのあこがれというのは、佐々木さんの話ではないけれど湯川さんとか朝永さんという存在があるんです。これはいまの人がどう評価するかは別として、非常に全人格的で一定の思想的なものももっていて、いかにも科学者という感じがするわけです。ところがわれわれが現場で科学をやるときには、そういう科学者像とはまったく無縁の一個の機械の歯車でしかないわけなんです。そんな天下を議論するような話にはとてもならない。われわれはアインシュタインを読み、湯川さんを読み、とくに朝永さんはいろいろな啓蒙書を書いていて、それを読んであこがれて科学の世界に入った。しかし、それとは全然違う世界が目の前にあった。原子力の世界なんて本当に放射能と毎日格闘して、細かい部分でものをいって、機械の歯車のようになっていて、ほとんど全体なんて見えない。自分が何をやっているんだかわからなくなるというようななかで、機械の部品のように細分化されて働いている自分を発見したということがあるわけです。

そういう自分を発見したときに、またそこから原子力の世界の全体の矛盾がよく見えてきた——この世界では科学者として誰も責任をもっていない（笑）というのがあったわけです。みんなひとりひとりがコマであって、どこかで誰かえらい人が操っているのかもしれない。われわれ個人個人は、これがいいとか悪いとかという倫理的な責任は、原子力の世界ではなにももっていないわけです。そこから「これでいいのか」というのが出てきて、どうもそういう自分たちの科学技術に接する専門家としての接し方自身のなかに問題があるのではないか。これを切開しないではすまない。

そこに問題があるということで、科学技術者としての自分の存在がア・プリオリなものにならないという感じが六〇年代の前半から半ばくらいにかけて、僕の感じではワーッと強くなるわけです。それは具体的には会社のなかで放射能の仕事をやっていて、会社の思うようなデータが僕はなかなか出なくて、会社の方では「そんなデータでは使いものにならない」という。僕が出してくるデータというのは、あまり直接会社にとって都合のよいようなことにはならないことがあったわけです。そういう具体的な対立のなかで、自分のやっていることは何なんだということをずいぶん突き詰められてくる。

そうすると、どうも武谷さんの技術論では自分のよりどころにはならないという思いが、当時の自分としてはあった。もちろん僕らも『弁証法の諸問題』にかぎらず武谷さんの技術論はいろいろと読んだわけですけれど。しかし科学技術の現場の世界で生きているとなかなかそういうふうにはならない。そのへんからずいぶんいろいろと考えるようになった。それとちょうど世間で公害問題が起こってきたのが同じころです。公害問題のなかでインチキな役割を担う科学者が出てきて――水俣病でも〝ヴィルス説〟とか（笑）、風土病説とかいろいろあったわけです。そんなことをいう科学者が出てきた。

そういうことを見てきたので、相当いかがわしいなと思っているところに学園闘争というのがあった。僕らは職業的科学者でしたからぶつけられたという感じでしたけれど。そのときはずいぶん乱暴な問題提起だなと思いました。「学問とは何か」「科学とは何か」という問題提起は、ちょっと答えようがないわけです。だけど乱暴なだけに、心にグサッと突き刺さるところがあった。そのへんから自分がやっていることを批判することを通じてしか、自分の行く道はないんじゃないかなと思うようになった。それが六八、九年から七〇年ぐらいなんですね。そういう意味では戦後二十五年ぐらいのところで、自分としては「戦後的な自分」がある程度ふっ切れて新しい出発が始まったという感じでした。

佐々木　科学のなかでもどうして原子力に関運した専門分野を選ばれたのですか？

高木　僕はそんなに「ヒロシマ・ナガサキ」という意識はないんです。原子力を専攻した人のなかの一部には、「ヒロシマ・ナガサキ」のあの力を平和に利用したいという人もいました。僕はそういうことなかったんですけれど、ただ一種の発展形態のなかでいうと、原子の世界からそのなかの世界――原子を壊す世界に次の時代があるだろうというような――。

佐々木　科学のフロンティアを究めたい――最前線にいたいということですね。資源の中心としてそのころ原子力の重要性が叫ばれていましたね。そういう技術者としての意識はなかったのですか。

高木　あまりなかったですね。私自身はどちらかというと基礎科学志向でしたので――武谷さんの本はもちろん読みましたけれど、武谷さんよりはどちらかというと朝永さんにずいぶん影響を受けたところがあったと思います。湯川さんのノーベル賞受賞に出来事としてはすごい影響は受けたけれど、実際に僕らが読むことができるような本を書いていたのは朝永さんでした。

原子力批判の契機

佐々木　科学論に関する朝永さんの本にはずいぶん深いものがありますね。あの方のお父さんは朝永三十郎さんといって、デカルトの研究をやっていた哲学者だったのですね。

原子力関係の会社をお辞めになった直接的な動機はなんだったのでしょうか？

高木　自分のやっている仕事が会社がやっていることとあまり合わなくなってきたということです。僕がやっていたのは放射能のビヘイビアとか、燃料棒のなかの放射能の振舞いを調べる仕事をやっていたんです。どうもそれからいうと、燃料棒のなかでの放射能の振舞いというのはムチャクチャで、とても安全性が保証されるようなものではない、放射能が外に漏れてくる可能性が非常に強いという方向へ方向へと自分の仕事が行くわけです。それは会社にとっては都合の悪い方向で、僕がやりたい方向と会社がやらせたい方向にギャップができてきて、ほとんど非和解的になってしまう。それで首を切られたというのではないんですけれど、自分から辞めざるをえなくなったわけです。

会社の現場は「科学」などでは全然なくて、ある方向に都合のいいデータを出していくというプラクティスでしたから。それははっきりしてきたので、そういうふうに気づいたときに自分はこれはやれないなと思った。会社を辞めたのは、原子力そのものが悪いというよりも、正直いって現場にいると原子力というのがいいのか悪いのかわからないという感じが強いんです、だけれども、こういうシステムのなかで道具にされるのはいやだっていう感じだったんです。

だから会社にいたときは、原子力批判といってもそんなにこだわるつもりはなかった。そのあと東大原子核研究所に移りました。六五年の夏なんですれど、このときは宇宙化学といって隕石の放射能を測ったりする仕事なのですが、地球の岩石の放射能を測っているうちに地球上の放射能汚染がかなり進行している——これはもう核実験の影響が確実に大きいんですけれど、そのことに自分の測定から気がついた。それは自分にとってかなりショッキングなことでした。歴史的な古い資料から新しい資料を測っていくと、五〇年代を境にして放射能汚染が急に増えるわけです。それ以前は核実験というのはあまりなかったから放射能汚染はないわけですけれども、その以後のものというのは何を測っても急に放射能汚染が増えるわけです。

そういう測定を始めてびっくりしてしまった。本当に地球がすっかり変わっていくようなことを、われわれはいまやっている。だけれども、その自分たちの営みについてなにも反省も省察もしていないということに驚いた——そういう科学者になっていたということです（笑）。これは「いかんな」というところから、自分の批判の営みというのが始まるわけなんです。

佐々木　数学者はよく数学は「学問の女王」であるというようなことをいうのですが、私も東北大学の教養部時代に熱心に数学を勉強しまして、学生運動をかなり冷淡に見ているような、文字通り数学という学問の信奉者でした。ところが六七年の秋ごろになりますとヴェトナム戦争に反対する運動が盛り上がりました。そのときにかなりの数の数学者が——とくにフランスの数学者が「戦争加担」ということを問題にし始めたのです。原爆の設計にも最終段階で数学者がかかわっていたわけですから。そこで疑問をもつようになった。そういう意味でいうと私は戦後民主主義の「申し子」のひとりとして科学性善説をかなり信じていながらも、それにたいする批判もまた同時に率直に受け入れたところもあって、当然反戦運動にコミットしていったのでした。かなり抽象的な「科学とは何ぞや」という問題意識をもろにもたざるをえない、いわゆる団塊の世代＝全共闘世代の頂点に位置してもいたわけです。

数学史総体を問い直さなくてはだめだというので私は、科学批判的なイメージをもつよりも自分がやっている学問にたいする責任をもとうということで数学史家をめざしました。数学と数学史は学問的にも連続していましたので、移行はわりと自然でした。それで本格的にラテン語を勉強したりしていた時期もある。じつは、数学史の専門家を志すひとつのきっかけに、宇井純に会ったということもあるのです。新泉社という出版社で、ある本の企画にかかわったときに、そことのつながりでぜひ会ってみたらというので彼に会ったのです。彼のおもしろさは人を印象的に方向づけるところにある。とにかく「お前は数学史の最前線にいるのか」とか「お前はいま日本で数学史のトップにいるのか」とか問われ――われわれの抽象的な、「自己否定」的な甘えたイメージとは違うイメージを与えてくれたのでした。それで数学史に本格的に志したということがありました。一言で言うと、責任倫理に裏づけられた学問をやれということだったと思います。二十二、三歳のときでした。

批判からコミットへ

佐々木　高木さんは原子力テクノロジーの現場から離れるだけではなしに、科学研究者の道からも離れていきましたね。それは当然、原子力エネルギーをどうとらえるかという問題とも関係したことでしょうけれども。

高木　それはちょうど戦後二十五年経った七〇年くらいから、そういうことをいろいろ考え出すわけです。大学闘争や全共闘にシンパシーをもつというようなレヴェルではなくて、自分がこれからどうするかということを本気で考え出すのが七〇年くらいからです。僕のように、全共闘よりひとまわり上の世代の職業的科学者たち――ものを考えていて全共闘運動の影響を受けた科学者ですけれど、彼らの取った道というのは、三つあったと思うんです。ひとつは単純にドロップ・アウトすることで――「科学技術者であることそのものが特権的である」という自己否定論から、ほかの道にいってしまう。いちばん多かったのは実際に残って体制内で闘うんだという人たちです。それから数は少なかったんだけれども、飛び出て自分たちの科学にこだわって、「オルターナティヴな科学」――〝科学批判〟という形態を取るかもしれないけれども、そういうのをやっていきたいという部分があった。僕はその第三者だったんです。

それぞれにみんな弱点があって、ドロップ・アウトというのはそれをやってしまったら、一点すっきりするところはあるんだけれど、科学技術にこだわるとか批判するとか、そういうことは関係がなくなってしまう。一種のその場での闘いを放棄したというところがある。それからなかで闘うっていうんだけれど、残ってなかで「何を闘うか」という問題がわりと見えなくなってしまう。結局なかで闘っていると、改良主義的に〝大学改革〟なんていう、いままで批判していたところに入ってしまうんじゃないか。僕のやっていた分野では、このときにすでに反原発の住民運動が起こっていましたから、その運動のなかに飛び込んでいって、運動の利害をもろに自分のものにすることによって、住民運動のなかに〝住民の科学〟――当時の堅苦しい言葉でいえば「人民の手による科学」が可能じゃないかというかたちで、僕は飛び出たんです。

それで二十数年やってきたわけなんですけれど、それで〝オルターナティヴな科学〟をやれてきたかというと、政治的には勝ってはいないけれど(笑)、問題は出つくしていて、こちらはやるべきことはやった――負けていないという感じはあるんです。しかし、いまになってもう一度もとに戻って考えてみると、たんに批判するだけではないクリエイティヴなことをやってみたいというところはあるんです。

佐々木　たとえばどういうことでしょうか?

高木　そんなに新しい生産技術をどうこうという話ではないんです。たとえばいま放射性廃棄物やプルトニウムがごっそり残っています。これはわれわれが反対していてもなんとかしなくてはならないわけです。その存在そのものに反対していてもしょうがない。世代責任の問題としては、これをなんとか――なかなかベストの解はないんだけれど、現状で考えられるもっとも望ましいかたちで、少なくとも次の世代になるべく迷惑のかからないかたちで残したい。この問題に一定の答えを見出したい——この戦後五十年なりを生きてきた〝核の五十年〟といってもいい時代を生きてきた核科学者としては、この時代に後始末をつけて次の世代になるべくまともなものを残したいという心境になってくるわけです。そういう意味でゴミの始末はあまりクリエイティヴな仕事ではないけれど（笑）、ただ批判だけしているのではなくて、自分なりにコミットしたいというところが、あるといえばあるんです。

いま学生に〝理工系離れ〟というのがあるでしょ。佐々木先生なんかはどうとらえられているか知らないけれど、僕はこの〝理工系離れ〟というのは、よくいろいろな科学者が「理科をおもしろく教えないから悪い」とか「実験のさせ方が悪い」とか、そういう方法の問題でうまくやれていないというふうなことをいっています。だけど僕はそういうことではなくて、科学そのものが本当に魅力あるものではなくなっているからだと思います。

佐々木　私もそれに関してはまったく同じ意見です。小手先の「教える人の技術が悪い」だとか「学生が無気力だ」ということではなくて、本当に人生をかけるにあたいする学問だったら、それほど数は多くなくてもよい人は出てくると思うのです。そういうことをまったく不問に付して、それで若者たちの尻を叩こうといったって——馬車馬じゃあるまいし（笑）。

高木　そうなんです。それで、しかもやっぱり科学からみんなが離れたというだけではすまないと僕は思うんです。問題は山積しているわけです。そういう意味ではもう一回科学をエンカレッジするような——あるいは少なくとも「これでいいのか」と問いかけるようなことが、もうひと回りしたところからわれわれの側からできないだろうか。そういう意味でなにかクリエイティヴなことができないかという、非常に抽象的ではあるけれども、もやもやとしたものがいま自分のなかに出てきているわけです。それがちょうど「戦後五十年」ということなのかなという気はしているのですが。

佐々木　日本はとんでもない危険な核政策をやっているわけですから。この問題なりあるいはエコロジー運動に関してですが、一九九三年の夏にスペインで学会があったときに、ひとりのエコロジー活動家に出会いました——ご承知の通りスペインはいま社会党が政権を取っていて、彼はそこの資源問題担当の官僚なんです。官僚といっても彼はフランコ政権の時代には国外で過ごさなければならなかったような人です。具体的に核をなくすという場合にはエネルギー問題が大変深刻になります。彼はそれを現実的な問題として非常にまじめに考えていたので、私は非常にうたれたのでした。たんに反対運動という次元でではなしに、本当に自分たちが政権を取った場合にどうするのかということを考えていた。そういう意味でいうと、科学や技術のいままでの遺産がそちらの方でいかされる可能性は十分ありますね。

医療全体の荒廃

佐々木　もうひとつ、私が現代の科学技術のなかで非常にむずかしい問題をかかえており、総合的判断が必要だと考えているのは医学なのです。脳死問題というふうにいまは言われていますが、実際はこれは臓器移植の問題ですね。いま高木さんのやっていらっしゃる原子力問題については、日本の技術が欧米のよりすぐれている——これはまったくのウソではないわけですけれども——とかの自負でプルトニウムを使用しつづけ非常に危ない橋を渡っている。しかも再処理施設をつくろうとしている下北半島の六ケ所村は東北の非常に貧しい地域です。都会の「快適な」生活を保証するためには、そうした犠牲になる地域が必要とされるらしい。東北出身の私としては複雑な気持ちをもたされるところです。ところで、臓器移植問題の場合、いま日本の厚生省の役人が法制化を急いでいるのは、なんとしても先進国のアメリカやヨーロッパ諸国に追いつくためという意識にもとづいてのことであるらしい。

ところがいま先進資本主義国で臓器移植にゴーサインを出していないのは、日本とイスラエルだけなんです。イスラエルがどうしてゴーサインを出さないかというと、医学が戦時中に人種的な反ユダヤ主義に利用されたことを経験的に非常によく知っているためなのだそうです。ナチズムという思想は、反科学技術的だったように思われていますが、さにあらずで、たとえばアウトバーンというすごい高速道路をつくったのはヒトラーです。それから優生学を利用して医学を「進歩」させようとしたこともあります。その人種的被害をまるごと民族としてこうむっている。だからゴーサインは容易に出せないらしい。

川喜田先生は、臓器移植にゴーサインが出ることによって、医療全体の荒廃が相当進むと思っておられるようです。もともと医学のできることは非常にかぎられたことだと思うのです。このへんの事情には現代の能力もあり心もある物理学者も気づいているし、数学者も気づいていると思うのですが、とりわけ医学者はつねに死を目の前にして技術をふるわなければならない立場にあるわけです。治療の持続が求められているときに、突然治療を打ち切り、臓器を摘出する対象として患者を扱うのが「脳死」にもとづく医療です。「脳死」状況が出てきたのは、先端技術のおかげで人工的な呼吸が機械でできるようになったからなのですね。そうした医療機器の出現によって、もともとの「癒しの術」としての医学が忘れられて、臓器までも人のものをもらって生きようとする――そうした医療全体の荒廃のほうが重要だという観点には一理以上のものがあります。人の死、生をまっとうするという風景がまるで変わってしまいかねないのです。そういう点では非常に原子力技術と似ているようなところがあるのですね。

高木　僕は全然違った文脈でものをいいますが、原子力というのは要するに核の内部に手をつけているわけです。これは太陽にはあった現象ですが、地球上の自然の営みのなかにはなかった現象なんです。いままでの科学技術というのはだいたい自然界の模倣で、自然界にあったものを人間が技術で模倣したものが、たとえば飛行機まで含めてあったわけです。原子力はそうではなくて、人工的につくられた加速器や原子炉を使って核を破壊するという、自然界をぶち壊すところから始まっています。人間の体ができているような「化学物質の世界」――これは核そのものには手をつけない、原子核の安定性のうえに成り立っている世界てす。これにたいし、原子力はその原子核をぶち壊すことによってエネルギーを生み出す、別の原理を持ち込んだという意味ですごく大きな問題を抱えたことになるだろうと思います。そのことにみんな気づいていない。これは人間そのものが変わってしまうのと似ているんです。

それで臓器移植もかなりそれに近くて、人間そのものを成り立たせていた原理をある部分で否定することによって成り立っているものだと思います。そういうことがいくつか出てきた、そういう新しいというか恐るべき技術の体系――そういう意味で原子力とものすごく似ている。たまたまですけれど僕が科学技術論みたいなものを考え出してものを書くようになった、いちばん最初の動機は、もちろん原子力のこともあるんですが、六八年に札幌医大で和田という医師が心臓移植をしたのが、あれがショックだったんです――「ついにこういうところにきたか」という。そのときに彼がいろいろいっていることは、かなり典型的な〝科学者的な抗弁〟という気がしたんです。それで「これに対抗しなくちゃいけない」というのがずいぶん自分のなかにあった。それは偶然のことで、僕は物理や化学をやっていたから医学のことなんか関係なかったんですけど、それにすごく刺激を受けたということがあったから、直感的にだけど本質的にすごく似ているものがあるという感じがありました。

そのとき僕が書いたことは、それによって救われる人間がいるのかもしれないけれども、それを進めたときに絶対に荒廃する――一方を救うためにもう一方を殺すということにいかざるをえない。本当は医字者はどっちの生命を助けるかで引き裂かれるはずだと思うんです。医学のことはよくわからないけれど、いまの科学者のことを考えたら、これは絶対に何か目新しいことを選ぶ。

佐々木　そうですね。

高木　倫理の問題なんて措いて、なにか目新しいほうを選ぶという――こっちに絶対にいくと直感的に思った。これが怖いと思ったんです。

科学技術と政治の癒着

佐々木　二十世紀の科学が十九世紀以前の科学と違うところに、いろいろな分野においてもそうですが、賞のシステムが出てきたということがあります。たとえば現代数学の理論など、たいていの人はほとんど理解できないわけです。それを「あの人はえらい」といわせるのは、賞の効用によるところ大です。あの人はフィールズ賞をもらった人だから、中身はまったく理解できないのに、「えらい」と思わせてしまう。

和田寿郎氏の場合には、移植がもたらす社会的効果とか、人の生命を救うはずの医学にとって心臓移植はどういうことなのかというむずかしい問題をまったく問題にせずに、自分の名声を確立するために、まだ死んではいない人の心臓を実際取って、それを移植する必要がなかったかもしれない人に移植することによって、結果的に両者を殺してしまったということは、かなりはっきりとした事実だったと思います。

高木　そうですね。彼の場合ははっきりしてましたね。

佐々木　高木さんの最近の科学論で「専門的批判の組織化について」（培風館『社会から読む科学史』所収）は大変秀逸な論文で、非常に感心して読ませていただきました。一方で最近の科学技術思潮は、核技術や医療の問題が典型ですが、政治との関係をきわめて密にしてきました。これは二十世紀科学の特色です。科学技術の方向は全体として政治によって決まるところがおおいにあると思う。いまどうやら最先端科学技術を楽天的に謳歌している人びとは、私の目から見ると政治的に非常にいかがわしい人たちであることが多い。全体としてわれわれの生き方や社会のシステムを考えながら科学技術のありかたを考えようとするのと違って、科学技術を楽天的にとらえる人の根底はごく単純な政治的動機に支えられている——たとえば日本のナショナリズムのためであったり、あるいはアジア地域の経済支配のためであったり、アメリカとの経済戦争のためであったりすることが多い。科学技術論がひとつの転換期にさしかかっているいま、重要なことは、責任ある科学技術のありかた——社会や人間との連関を全体として問い直す姿勢だと信じます。他方で西洋の科学技術思想はだめだと思っている人たちのなかには、日本的なものがいいというので、そこから日本の先端科学技術を謳歌している人もいる。あるいは最近まで科学技術批判を展開していた人が日本の先端科学技術の「露払い」をするような役割を演じている。それから学会に属している人とは思えないような退廃した文章を書く人もいる（笑）。

六〇年代から始まった科学論の代表的な論者として廣重徹氏がいる。その弟子に西尾成子さんという物理学史家がいて、彼女が私のところのコロキウム（先日、高木さんにもおいでいただいたコロキウムです）で話されたときに、そこの参加者のほとんどが一致したことなんですが、廣重さんの科学論には自分へのかなりの要求事項や責任を自ら問う姿勢が強固にあったと思う。それがいまや消え去ってしまって、時流に便乗するばかりだったり、まじめにものを考えている科学技術者が聞いたら嫌気がさすような科学技術論の論者も登場している。

高木　そういう批判をやっていたのではだめで、専門性をふまえた批判に入っていかないといけないというところから、私は「専門的批判の組織化」などと考えたんです。そういう言葉を体系的に使うようになったのは、ずいぶんあとなんですけれど——直感してそこにいった。廣重さんに関していえば共感と反発という両方の面があって、そこにいってます。廣重さんは一般論としての原子力批判をやっていると思うんですけれど、その先まで食い込んでないと思うんです。その先まで食い込む作業は僕らがやってきた作業——といっているほどのことができたかはまあ措くとして、そう思っています。

科学技術としての原子力はそこそこ終りにきているんだけれど、政治とかそういうものの力で残っているという感じが強い。それでさっきの話につながりますけれど、そういう時代に、僕らは専門性にもとづいた批判はワン・ラウンド終わって、専門性にもとづいた批判でありながら、なおかつクリエイティヴなものをめざしたいというところにいまきているんです——それが何なのかはちょっとここでは措いておきます。そういう時代に佐々木さんのいわれるように、僕にはよくわからないけれど、ポストモダンとかいろいろな人が出てきて科学をすごく古い時代に戻すことによって否定する――名前をあげればきりがないほど、いま若い世代でいます。東大あたりにいる人でもそういう人が多い。これはかなりいかがわしいと思うんです。

いまエコロジーとか環境問題が風潮としてはやっている――その風潮に半分乗っているところがある。僕は自分がエコロジストだと思っているからエコロジーということはいいますけれど、それはちょっと違うと思うんです。これもかなりあやしい話で、人によってはここに〝アニミズム〟なんていうのがくっついてくる(笑)。こういうふうにいったんでは、また「大東亜共栄圏」の再来みたいなことが生まれてくるんじゃないかという――アジアにたいする日本の支配みたいなことが。

佐々木　実際、日本浪曼派的な思想の持ち主も一角には出てきておりますけれども。

高木　僕の今度書いた本は、そのへんもちょっと視野に入れて書きました。そういう部分がひとつと、それから最近東大の若手教授で目立つのは、僕らがあれほど否定的にとらえたはずの〝技術としての知識〟〝技術としての学問〟を非常に肯定的にとらえているところがあるように思えるのです。

佐々木　啓蒙主義の否定というのが六〇年代の後半以降の科学論のひとつのライトモチーフだったと思います。それがどうも川喜田先生や高木さんの話をうかがっていると、近代科学技術の根底にあった徹底した啓蒙主義を一度貫徹してみたらと思わせられてしまいます。現にある科学技術中心の社会システムを考えると非常に危険なところがあって、本当にまじめに誰もが納得しうるような別の社会のシステムを考えなくてはいけないような地点に私たちはすでにいると思います。私は技術万能主義を理性的だと思わない。徹底して理性的に考える必要がある――電力会社の技術政策には相当理論的なごまかしがあるのですから。

高木さんがいままで論陣を張ってこられたような方向で、「これで勝てる」という戦略を徹底して突き詰めて考えることが、これから重要なんじゃないかと私は思っています。それはいわゆる業績主義に乗った仕事とは違うかもしれませんが、真に生涯をかけうる仕事であることは間違いありません。

それから私の専門の科学史や科学哲学が本当にめざさなくてはだめな議論とはどういうものなのかについても考えさせられます——高木さんもおっしゃったように、それはたんに議論だけではすまないはずです。おそらく今後の労働者の運動ともつながってくるはずなんで、そういう観点からも私はこれからの高木さんのやられることを応援し、また逆に応援を受けながら新しい科学技術論の段階を展開していきたいと希望しています。

高木仁三郎へのいやがらせ

高木久仁子

（初出　海渡雄一編『反原発へのいやがらせ全記録』二〇一四年　明石書店）

フォンヒッペル教授の話から

高木仁三郎没後五年、二〇〇五年九月三日に東京で、原子力資料情報室・高木学校・高木仁三郎市民科学基金の共催で、「高木仁三郎メモリアル『市民科学のこれから』」を開催しました。仁三郎の旧友で、核物理学者、プリンストン大学公共・国際問題教授、そして非政府団体「国際核分裂性物質パネル」共同議長、著書Citizen Scientistもあるフランク・フォンヒッペルさんに『高木仁三郎と市民科学』と題する記念講演をお願いしましたが、仁三郎への原子力業界からのいやがらせ話から始まりました。

私が最初に高木さんにお目にかかったのは、一九七八年のことで、このときは、核兵器に反対する活動家代表団のメンバーとして広島・長崎の記念行事のために来たときでした。次は一九八九年でした。このときに高木さんのお話を聞いてショックを受けました。というのは、高木さんがいやがらせを受けていることでした。明らかに原子力業界の関係者からのいやがらせだということでした。一番ひどい例は東京で道を歩いているときに車に轢かれそうになったことでした。あるいは高木さんの名前を騙って宝石など高価な品を注文してみたり、また、非常に下品な手紙を高木さんの名前で出したりということがあったようです。

その後、国に帰り、私は日本原子力産業会議宛てに手紙を書きました。このいやがらせを日本原子力産業会議がやらせているわけではないと思うけれども、あなた方ならこのいやがらせを誰がやっているかを突き止めてやめさせることができるのではないですか、ということを書きました。そしてやめさせることが日本原子力産業会議にとっても利益があることですよ、というふうに書きました。

というのは、アメリカでのカレン・シルクウッドのように、高木さんがヒーローのようになってしまっては逆効果ですので。カレン・シルクウッドについては皆さんご存知かと思います。この人はプルトニウム工場で働いていて異常を見つけたことを新聞記者に話にいく途中で、車の事故で亡くなっています。私が出した手紙に返事は来なかったのですが、そのいやがらせはやんだと聞いています。次に高木さんにお目にかかったのは九三年の三月で、このときは東京の東海大学倶楽部でワークショップがあったのですが、プルトニウム処理に関するワークショップで、私はそのときのアメリカ側の共同主催者でした。高木さんもお招きしようと私はもちかけたのですが、東海大学側の教授方にとってはそれはとても受け入れられないということでした。私がそのような提案をしたものですから東海大学の方では非常に警戒して、もし高木さんが会場に現われたら追い返すための警備に人まで用意したということがありました。こういうエピソードがあって、この物静かな人が非常に恐れられているということにびっくりしました。

フォンヒッペルさんは、原子力産業会議へ手紙を書いたのちにいやがらせはやんだようだと話されましたが、じつは一九八九年以降、いやがらせは広がっていました。いやがらせが激しくなったのは一九九〇年ごろからなので、注文もしない宝石や、下品な手紙の件は、一九九一年に仁三郎が、プリンストン大学へフォンヒッペルさんを訪ねたときの話だったのかもしれません。

『市民科学者として生きる』では

仁三郎は死ぬ前に岩波新書『市民科学者として生きる』という自伝的本を書きましたが、さまざまないやがらせを挙げています。その一部を紹介しましょう。

私自身がしばしば経験したことだが、反対派には、TCIA（Tは東京電力なり東北電力なり）などと呼ばれる監視体制が存在して、たとえば私の講演会に誰々が出席したか、街頭で演説すれば、家の前に出てそれを聞いたのは誰々か、すべてチェックされてしまう。反対派の講演会には公民館も貸さないし、ときには旅館から宿泊を拒絶されたこともある。

これらの背景には、すべて「国益のため」という大義（と称するもの）がある。電力の安定供給は国家経済の要である。これに反対するものは非国民だ、という居丈高な主張がある。非国民という言葉も実際に使われたが、頻繁に使われたのが地域エゴという言葉だ。……（二〇二頁）

また、

反原発の活動によって自分が鍛えられたことの中に、長年にわたって国家官僚や電力会社によって、ほとんど人格的に抹殺ないし無視されてきたという事実がある。……最近ではずい分変わったが、少なくともチェルノブイリ前までは、原発反対派はそんな風に扱われた。虫けら同然の扱い、ないしは、原発反対でメシを食っている政治ゴロ的な扱いは、人格をトータルに否定されたような感じで、ずい分プライドを傷つけられた。原発裁判の場でもいつも同じようだった。原発差し止めを訴える住民訴訟の原告側の証人として、少なからぬ証言を行った。

うまく証言できなかったこともあるが、自分ではよく準備してそれなりに中味のある証言が出来たと思うことも何回かあった。どの裁判でも何回かの公判の原告側の主尋問の後で、被告側（国）代理人の反対尋問が一日行われ、私の証言に対する追及があるのだが、ほとんどの場合、内容論に及ぶことはなかった。「原子力資料情報室とはどういうところか」「たった数人で、ビルの一フロアの小さな空間に存在するだけではないか」「実験装置はあるのか」「原発問題の他に、成田の反対派にも関わっているのではないか」等々が主たる質問でこれに私の基礎知識をテストするような馬鹿げた質問がいくつかあって、それで終わりである。……肩書がいかに重視され、権威につながるような肩書きの無い私は、それだけで証人として欠格であることを、国側は主張、立証しようとしたわけで、裁判所側もかなりそのように私を扱った。……その一方で少なからぬ誘惑もあった。……スリーマイル島の原発事故があり、原子力資料情報室の活動が多少世間的に注目され始めた頃のことだろうか。ある原子力の産業誌の編集長兼発行人にあたる人がひょっこり訪ねて来た。産業界寄りとはいえ、一応ジャーナリストだから取材だろうと思って気軽に会った。……彼は単刀直入に切り出した。「将来の日本のエネルギー政策を検討する政策研究会をやりたい。今の原子力べったりのエネルギー政策では駄目だ。電力会社や通産省の内部の若手にもそう思っている人がいる。そういう人を集めるから、あなたが研究会を主宰してくれないか。私はX社のY会長と親しいから、とりあえず3億円をすぐにでも使える金として用意してもらった。これは、あなたが自由に使える金だ。どうだろう、Y氏に会ってくれないか」……これは、彼らの側の私をとりこむための誘惑に違いなかった。それにしても「一時金」が3億円とは！　しばらく考えさせてくれといって別れ、それ以上はもう会わずに、電話で断った。……他にも、思いもかけず、私たちの身の上に降りかかり、今なお続いていることがある。嫌がらせ、いわゆるハラスメントである。最初の徴候は、一九九一年の冬に私の連れ合いの名が、妙な所で勝手に使われたことがあったのだが、そのときはまだ問題の本質がよく分からなかった。はっきりしたのは次の年だった。三重の芦浜原発の計画（中部電力）をめぐる長い反対闘争の中では、地域の中心的活動家に長い間個人的な中傷、嫌がらせが続いており、電力会社系の金が流れた暴力団がからんでいるのではないかという噂は前からあった。その現地のひとつの講演会に私が招かれたのは一九九二年の五月である。講演会場に着くと、珍しく演壇一杯に花束、花籠が並べられていて、とても反原発講演会とは思えない雰囲気だった。地元の人たちの好意とか流儀なのかしらと一瞬思ったが、花キューピットとかいうシステムで送られた花の送り主をみて驚いた。北海道から九州まで、女性の名がずらっと並んでいて、あろうことか、私の連れ合いもひとつ花束を私に送っていた。あり得ない事なので直ちに家に電話して確かめ、誰かが私の連れ合いになりすまして注文したことが判明した。それにしても、何のために誰がこんなことをやったのだろうか。花籠の中に一際大きく共産党の議員の名が、共産党の肩書付きであったから、おそらく直接的な目的は、講演会の背景には共産党＝アカがいることを会場の人に憶測させることにあったのだろう（実際には共産党は全く関係なかった）。いまだに、ある種の地域では「アカ」のレッテルを貼られると身動きできなくなるという事情がある。その意図は読めたが、そんな肩書きもつかない北海道や新潟や九州の人からも花束が届いたことは、謎であった（いずれも本人が関与していないことは後から確認した）。ひとつはっきりしたことは、背景にある組織（マフィア？）は全国規模のものだ、ということだった。少し重い気分で東京に帰って来ると、すぐに第二弾が待っていた。「資料室の分室が火事に遭い、もう資料室がつぶれる程困っている。どうか資料室にカンパを！」というビラが、全国の多くの活動家の連名で出され、全国に出まわったのである。これら呼びかけ人の誰も、もちろん当の私たち資料室もいっさいあずかり知らぬことで、打ち消すのに大変な手間を取られ、運動内に若干の混乱もあった。ただし、資料室が当時の元浅草の事務所の地上げで立ち退きを要求され、東中野の小さな事務所に移って来て、その狭さをカバーするために分室を近くに借りた。その分室から出火して、当時そこで一人で資料整理を行っていた大熊富夫君が死亡したことは事実である。偽文書ではその事実を踏まえつつ、「資料室存亡の危機」とかが極度に強調されていた。その夏には、私の名を勝手に使った偽暑中見舞いが全国に配られ、運動がどうも盛り上がらず私がもう運動に疲れてやめようかとおもっている、というようなことが書かれていた。手紙の投函地が全国にまたがっていること、全国の反原発運動ないしその周辺の人々の住所録がおさえられていることなど、きわめて組織的な犯罪の様相を呈した。さらに、依頼もしない品物がいきなり自宅や事務所に送られてくる、無言電話が深夜にかかる。ポルノ写真や自宅の裏側をとった写真を送ってくる、各種の誹謗中傷やおちょくりの長々しい手紙が届くなど、資料室だけではなく、全国の反原発の活動家が、嫌がらせの対象となった。彼らの行為には、郵便受けからの手紙類の窃盗、偽の印鑑などを使った有印私文書偽造など、明白な犯罪も含まれている。……現在もわたしたちはこういう嫌がらせの対象下にあり、嫌がらせ文書は、ダンボール箱何個にもたまっている。最近では私のがんのことに触れた私名義の偽年賀状（一九九九年元旦）も出された。このことに不気味さを感じて、資料室の賛助会員や運動の支援を離れた人も多くはないが存在する。こんなことで、私も資料室も少しもひるみはしないが、それにしても日常的にこんなことが起こる日本の社会とはいったい何なのか、と考えざるを得ない。この虚しいとしか思われない行為に、ある大きさの組織がとりくみ、そこに何らかの形で相当額の原発推進側の金が流れている（としかおもえない）のである。

こんな風なことは、私たちに一層自分のおこなっていることの正当性に自信をつけさせるだけのことだが、このようなことが恒常的に続く社会は、放っておけない気がしてならない。（二〇八―二一六頁）

＊

『市民科学者として生きる』にも講演先での事件が書かれていますが、仁三郎は月に何度も地方講演へ出かけ、早朝暗いうちに家を出ることも多々ありました。そんなとき二人組の男が我が家の前の駐車場で車の中から見張っていたのです。また、ここでは触れられていませんが、一九九二年秋には「アンケート調査事件」がありました。大学の研究費で行なったと思わせるB5判四〇数ページにわたる原子力についてのアンケート調査で、設問には原発反対運動を揶揄、誹謗中傷する内容を含む設問が連ねてありました。アンケート調査の実施者は私の名前で、回収先は私の勤務先とされていました。当時私は東京都立大学経済学部に勤務していましたが、偏向したアンケートになぜ公費を使うのか等の抗議が学部へ次々と寄せられました。

アンケート調査は全国の原子力に反対する人びとや団体あてに発送されたようです。私が高木仁三郎の連れ合いだとわかり、原発反対派の人びとにも偽アンケート調査の目的とその手口が明らかになりました。

原発反対の運動にたいしては、表からと裏からの両方からさまざまなやりかたでいやがらせがつづき、原発反対運動が大きくなると、危機感が募るのか、いやがらせもひどくなる歴史があるようです。

高木仁三郎という生き方

高木久仁子

はじめに

高木仁三郎が二〇〇〇年十月に亡くなったあと、TBSの筑紫哲也NEWS23という番組で金平茂紀記者取材による特集「高木仁三郎という生き方」が放送されました。一九九八年八月末にガンのため原子力資料情報室代表を辞任した仁三郎を、辞任前後からNHK教育テレビ「未来潮流」で七澤潔ディレクターが半年にわたって取材、制作した「科学を人間の手に――高木仁三郎・闘病からのメッセージ」という番組が一九九九年二月に放映され仁さんと二人でテレビを見たのですが、「高木仁三郎という生き方」をひとりで見るのはつらいものでした。没後一八年たち少しは距離をおいて思い返せるようになったいま、彼の人生は、ほかでもない「高木仁三郎という生き方」だったなあ、と改めて思えます。時代の影響をうけ考え方もそれなりに変わってきましたが、彼の原点は生涯あまり変わらなかったように思います。とりわけ福島原発事故以降、「市民科学」という用語が世の中に普及しつつあるいま、日常の生活に即して、市民科学者として生きた高木仁三郎を振り返ってみようと思います。

一九八一年に招かれた大学のゼミで「いま、普段着の科学者として考えること――専門に進む皆さんへのメッセージ」と題して「……自分が折れてしまうのか、主体性を貫くのかでぼくは一生が決まってくると思うんです。……どうかそこで背広と普段着と実験着を使い分けることにならないように、というのが僕の唯一のメッセージになってくると思います」と話しましたが、自分を使い分けながら生きるのではなく、トータルな個として生きる、それが「高木仁三郎という生き方」ではなかったかと私は思います。著書『市民科学者として生きる』（岩波新書）で、「放射能の問題は、放射性廃棄物問題という大きな問題にもつながるが、これも原子力だけでなく、現代技術全体に通じるもっとも深刻な廃棄物問題を象徴するものだ。……現在、そういう物質を大量発生させ、蓄積させてしまう大量消費―大量廃棄社会が、全面的に問われ、循環型の社会とかゼロエミッション産業とかが志向されている。その観点からすれば、原子力は、過ぎ去ろうとする世紀を象徴する遺物的テクノロジーといえるが、脱原発をはかろうとすれば、当然にも、ライフスタイルの総点検まで含めた現在の右肩上がりのエネルギー・産業政策の根本的問い直しが必要となる。その意味で、原子力問題にかかわったことでライフスタイルの見直しという問題も、実践面で考え、模索するようになったことも、自分にとっては幸運なことだった」と書いています。彼のオールターナティヴな生活をめざしたくらしがどのようなものだったか、時代を追って思い返してみようと思います。

1　一九六九年夏から一九七五年原子力資料情報室設立までのころ

私が仁三郎と初めて出会ったのは、東京都立大学理学部助教授の辞令がでた一九六九年七月の翌月、世田谷区深沢にあった理学部玄関前で、ちょっと顔を合わせただけでした。都立大学のキャンパスは、目黒区の柿の木坂と徒歩一〇分ほど離れた深沢。目黒には人文学部・法学部・経済学部と大学事務局、深沢には理学部・工学部があったのですが、本部の入った目黒校舎を直前六月三十日に学生が封鎖し機能停止状態、目黒校舎から締め出された教職員たちは深沢などに避難していました。一九六〇年代末、大学に異議を唱える学生にたいし機動隊を導入、封鎖を解除し「正常化」が進んでいた時代のことです。都立大学赴任前から、「造反」教官が理学部へ来るという噂は耳にはいりました。時代状況もあり大学の執行部のありかたに批判的な私たち教職員グループに合流するのに時間はかかりませんでした。大学闘争は下火になりつつありましたが、新左翼、全共闘学生や反戦労働者、ベ平連等の市民による集会、街頭デモが連日行なわれる日々で、私たちは都立大職員反戦という小グループをつくり、街頭に繰り出しました。成田新空港建設に反対する三里塚闘争の現場へは、地元出身の学生がいた縁もあり訪ねてみることにしました。バスを降りるなり「どこへ行くのか？　荷物の中身を見せろ」と公道を塞ぎ威圧的な態度で検問する機動隊に取り囲まれる状況に直面しました。

一九七〇年四月『朝日ジャーナル』に「現代科学の超克をめざして——新しく科学を学ぶ諸君へ」を書いたのが、仁三郎にとっては専門の論文以外では初めてのことでした。それが縁で梅林宏道・山口幸夫の同人誌『ぷろじぇ』にさそわれ十一月発行の第三号に「自然—人間—科学　試論　その1」を投稿。

一九七一年は年明け早々三里塚第一次強制収用に備えるため駒井野にテント村を準備し全国から結集する無党派の学生・労働者を集めて三里塚闘争労学連絡会議（労学連）を結成、三月には空港反対の農家の隠居家を借りて「しだれ梅団結小屋」を開設し、私たちの三里塚通いがはじまりました。二月に始まる第一次強制代執行、九月からの第二次強制代執行は、農民や支援者を暴力的に排除し、多くの負傷者が出るなかで強行されました。第二次代執行では九月十六日にデモ隊と機動隊が激突し警官三名が死亡する東峰十字路事件が、二十日には庭で稲の脱穀をしていた小泉よねさんを力づくで排除し民家を強制収用する事態が起きました。大学のありかたへの批判から市民運動へ、三里塚芝山連合空港反対同盟の農民、空港建設反対闘争を支援する人びと、全国各地の住民闘争、公害反対運動をくり広げるさまざまな人びととの成田での出会いは新しい世界への入口となりました。

都立大の仁さんの研究室へ訪ねてきた大阪大学の久米三四郎さんに会ったのもこのころのことです。都立大学を辞めたあとも久米さんは熱心にプルトニウム問題へ取り組むようオルグに来ました。そのころは反原発運動について無知だった私は、救援連絡センターの事務局長としての原子核研究所の助教授だった水戸巌を知るばかりでした。

一九七二年には成田空港の四千メートル滑走路の南側の進入面、岩山部落に鉄塔を立て開港を物理的に阻もうという岩山大鉄塔建設計画に一枚かみ、一方でこれまでの専門科学者としての自己への決着をつけたいと、仁さんはハイデルベルクのマックス・プランク核物理研究所へ客員研究員として一年間の予定で四月に旅立ちました。日本にもどったら辞表を出すつもりだったのですが、思いがけず慰留され、退職は一九七三年八月末となりました。大学のありかたに批判的な人からも辞職に反対の声が強かったと聞き、私としても意外でした。収入のアテがあり辞めたわけではないので、とりあえず彼は翻訳会社の下請けで、輸出機器の取扱解説書の英文翻訳をしました。同時に知人の紹介で岩波の雑誌『科学』の科学時事欄を担当することになりました。科学時事は科学界の動向や最新ニュースを紹介する欄で、辞職と同時に大学の図書館利用も断られるなかで、毎月編集部から届くNature, Science, New Scientist等々の多岐にわたる記事を読み紹介する仕事は、『科学』一九七三年三月号から一九八八年十二月号まで六〇〇本以上、無署名記事とはいえ、視野を広げるのに自身におおいに役立ったようです。

一九七七年には開港へ向け岩山大鉄塔の撤去を政府・空港公団・県が一体となり準備を進めていましたが、私たちはそれにたいし「鉄塔共有者の大運動」を展開していました。岩山大鉄塔の足元に運び込まれたバスへ反対同盟老人行動隊の年寄りが弁当持ちでやってきて支援者たちと語り合いながら空港の監視をつづけました。大鉄塔が撤去され開港したのちも田んぼつくりを中心に成田通いはつづきました。「しだれ梅無農薬野菜の会」を作り三里塚の米や野菜を東京周辺の市民に届け空港反対運動を支える活動を、無農薬の田んぼが圃場基盤整備で使えなくなる一九八〇年ごろまでつづけました。その後も我が家では市販の米は買いません。

一九七四年ごろから渋谷の山手教会裏の山手マンションの一室に住民運動や市民運動に取り組む人びとへ開かれた「しぶや住民広場」ができ、「鉄塔共有者の会」の週一回の会を開きました。電気代大幅値上げをきっかけに原発を建てるためのお金は払いたくないという首都圏の市民が立ち上げた「旧料金で電気代を払う会」の中心メンバーで、住民広場の責任者だった、のちの日本消費者連盟の代表運営委員の富山洋子さんと知り合ったのもここでした。

さて一九七五年には岩波『科学』五月号へ「プルトニウム毒性の考察」を投稿し、前年二月には「ホット・パーティクル論争」の紹介、『科学』八月号には「ホット・パーティクル論争」と題しA・タンプリン、T・コクランの「ホット・パーティクルの放射線基準」論文を紹介し自らの見解を述べ、また「原爆体験を伝える会」連続セミナー、むつ市での「プルトニウムの毒性について」講演、五月には「WASH-1320批判」、六月には水戸で行なわれた原水禁討論集会で「再処理施設とプルトニウム問題」を講演、アメリカからタンプリンを招き講演会を開くなどプルトニウム問題を喚起するなか、京都で、女川、柏崎、熊野、浜坂(兵庫)、伊方、川内から反対運動の住民たちが集い日本初の反原発全国集会が開催されました。

この流れを受け、原子力資料情報室は発足するのですが、すでに原発立地の住民が原告となり一九七三年には伊方一号炉の設置許可取消裁判が松山地裁へ、東海第二原発設置許可取消裁判が水戸地裁へ、七五年には福島第二1号炉の設置許可取消裁判が福島地裁へ提訴されました。反対運動に科学者・技術者の専門家が協力するかたちで、武谷三男主宰の原子力安全問題研究会はじめ、水戸巌、久米三四郎、一九六九年に結成された大学の若手研究者からなる全原連(全国原子力科学技術者連合)などが、専門的見地から原発批判、住民支援の活動を始めていました。

2　一九七五年原子力資料情報室発足のころ

一九七五年九月、東京神田司町のビルの原水禁の上の階の一室に、原子力資料情報室が発足しました。代表に武谷三男、小野周、藤本陽一、水戸巖、井上啓らが加わり、原発反対運動に遅れてやってきた高木仁三郎が世話人となりました。翌一九七六年には武谷三男が代表を辞任、原子力資料情報室は運営委員会制に移行しました。一九七五年九月には大場英樹らとプルトニウム研究会を結成、のちに西尾漠が合流、当時はプルトニウム研究会として著述を発表することが多かったようです。

アメリカ原子力委員会が一九七四年に発表したWASH-1400報告は「原子力発電所の大事故は一〇〇万年に一回」程度しか起こらず「隕石が頭上に落ちてくるより安全」とされ、ラスムッセン報告といわれ有名になりました。雑誌『技術と人間』一九七五年九月号に特集：原子力技術の危険性で「原子炉の事故解析・原発の信頼性——ラスムッセン報告批判」と題したタンプリン、ジルベルグ、コメイの論文を翻訳し紹介しました。一九七六年一月には原子力資料情報室の前身ともいえる原発・再処理情報連絡センターより『原発斗争情報』の発行を第一八号から引き継ぎ、月刊で刊行を開始し、編集にあたりました。

一九七六年には『技術と人間』一月号に「安全性解析の欺瞞　ブライアン博士の証言」でW・ブライアンのカリフォルニア州議会での証言録をプルトニウム研究会名で訳し、『科学』二月号と三月号には「原子力の危険性——アメリカ物理学会〝軽水炉の安全性研究〟にたいするUCSの見解」という憂慮する科学者同盟（UCS）のH. W. Kendallの論文を翻訳紹介し、雑誌『現代科学』二月号に「プルトニウム問題と化学者」を高木仁三郎名で「その大量利用が現実の問題となった今日、すべての人が考えるべき」と問題提起しています。同年二月ゼネラル・エレクトリック（GE）社のマークⅠプロジェクト（沸騰水型原子炉格納容器の安全性評価計画）の責任者、安全・制御装置・計装関係の設計の専門家、原子炉関係の品質管理の責任者である三人の技師が原発の危険性を内部告発し辞職した直後に雑誌『技術と人間』は「GE社三人の原子力技術者の告発」と題し六月号、七月号、八月号、九月号にブライデンボー、ハバート、マイナーの「発電用原子炉における事故の実例　原発現場からのGE元技術者の証言」を四回にわたり掲載、これを翻訳紹介しました。この記事については、二〇一一年に福島原発事故が起こったのち、国会事故調（東京電力福島原子力発電所事故調査委員会）の委員だった田中三彦からコピーをほしいと要請がきました。福島第一原発の1号機から5号機はマークⅠ型原発だったのです。

一九七六年七月には社会思想社より仁三郎初の単行本『プルートーンの火』（現代教養文庫）が発行されました。プルトニウムという元素名はギリシャ神話の冥界の王プルートーンに由来します。この文庫は「現代の博物誌」と銘打ち日月火水木金土の全七巻シリーズ企画で、月は『見る月見られる月』で有馬次郎（あるまじろ）のペンネームで、火は『プルートーンの火』、水は『水はめぐる』大場英樹、金は『金属格子のなかの文明』山口幸夫と、社会思想社の編集者だった田村研平たちともうひとつのサイエンス子ども版をねらったものでした。そのころ私たちは川崎市馬絹で貸間暮らしで、田園都市線の開発が進むこのあたりはまだ畑や林が残り、物干し台から望遠鏡で月を眺めたり、コジュケイやアオバズクに出くわしたり、それなりにのんびりした毎日を過ごしていました。

一九七七年にはアメリカ、ヨーロッパで数万人を超える原発反対デモが起き、日本でも政府の十月二十六日「原子力の日」に対抗して各地で集会を、東京では日本消費者連盟、主婦連、自主講座、公害研、原水禁、原子力資料情報室などが実行委員会を作り反原子力週間キャンペーンを展開し、原発の地元から連帯の挨拶や、海外からもメッセージが届きました。

一九七八年にオーストリアは国民投票で原発廃止を決定、原発禁止法が制定されました。この年三月に反原発運動全国連絡会が結成され、五月に機関紙『反原発新聞』を刊行、仁三郎は一九八八年まで初代反原発新聞編集長を務めました。一九七八年には、千葉県鴨川市郊外に「もう一つのくらし」をめざす仲間とともに夏休みに「かいつぶり荘」の建設にとりかかりました。名前の由来は、前の池にかいつぶりの一家が住んでいたからです。建設といっても「かいつぶり荘」は二階建て六坪の飯場のプレハブで、休日を使い自力で小屋を建てました。

一九七九年三月二十八日に米スリーマイル島原発事故が起こるとメディアからの取材が増え、そのときちょうど『科学は変わる　巨大科学への批判』（東洋経済新報社、東経選書）が発刊になったところでした。アメリカの原発事故の現実は、「原子力安全神話」を権威づけたアメリカ原子力規制委員会ラスムッセン報告を吹き飛ばし、その衝撃は言いようもないものでした。

3　一九八〇年代前半

一九八〇年一月に高浜3、4号炉増設、そして十二月に柏崎2、5号炉増設のための公開ヒアリングはスリーマイル原発事故もどこ吹く風、認可手続きのための儀式として強行され抗議が巻き起こりました。

その当時エイモリー・ロビンスの『ソフト・エネルギーパス』が注目をあび、ロビンスのハードからソフトへの転換はGNPの水準を維持したまま、ライフスタイルの変更なしで可能とする主張は新鮮でしたが、どれだけのエネルギーが必要か、どれだけの資源があるかという上流からのエネルギー問題へのアプローチへの疑問から、これとは逆にいわば下流から、ひとりひとりの生活にとってどんなエネルギーがどれだけ必要かというアプローチが、市民がエネルギー問題を考えるうえで重要ではないかと仁三郎は考えました。家計簿をつける習慣はなかった私たちでしたが、電気、ガス、水道、電話等のユーティリティーの使用料、料金については記録していました。『わが内なるエコロジー』（農文協、人間選書）に記載があるのですが、一九八〇年から数年間、電力を抑えた生活実験を行ないました。我が家の電力消費の大きな部分だった、ただでもらった大型冷蔵庫を手放し、冷蔵庫なしの生活をしてみたのです。近所に小さなスーパーマーケットがあったことも幸いでした。電気使用量の減少に伴い、アンペア数も一〇アンペアに切り下げ電力料金は月額千円を下回りました。転居で一〇アンペア生活は困難になりましたが、暮らし方によって電気、ガス、水道の使用量がおおきく変わるのを実験するのはおもしろい経験でした。

一九八一年六月には、まえがきでも触れましたが、東京大学教養学部の小出昭一郎ゼミ「エネルギーとエントロピー」の枠で「いま、普段着の科学者として考えること――専門に進む皆さんへのメッセージ」と題し講演を行ないました。この経緯は企画した「オールターナティヴの会」の河野直践が次のように紹介しています。「いかにも雑居ビルの一室といった感じの原子力資料情報室で会った高木さんは、予想していた以上に「こわいオジサン」だった。「学生なんか相手にできるか」みたいな気分がありありで、しかも、一回八千円か一万円程度の国立大講師の謝金では、とてもダメだという。こういわれては仕方ないから、ともかくその場は引き上げた。だが、あきらめたくなかった私たちは、次の手を考えた。……ゲストとして2回話してもらう。謝金は一回二万円に倍増（！）し、高木さんはOKした。ところで、私たちとしては『科学は変わる』あたりの内容を基本に、反原発と科学技術批判の話をしてくれと頼んだのだが、直前になって高木さんが「自分史を語りたい」などと妙なことを言い出した。……やはり笑顔など忘れたかのような、硬派のイメージをひたすら振りまいて、高木さんの自分史は語られた。一〇〇人ほどの学生がこれを聞いたと思うが、財布をはたいた私たちとしては、これで終わりにしては勿体ない。テープを起こして、小冊子にした。「二〇部ほど謹呈するから、原稿料なしで」なんて言ったらまた怒られるかなと思いつつ、恐る恐るもっていったら、今度はなぜか高木さんの機嫌が良かった。『普段着の……』という題は私たちが勝手につけたのだが、それが気に入ったようだった。三〇〇部程刷って二五〇円で売ったらなくなったので、また三〇〇部ほど増刷して売り切った。私たちは十分、元をとった計算になる」『市民科学通信』（七つ森書館）と当時の仁三郎の雰囲気がにじみでた文章です。

一方、原発問題を離れて、八月に私たちは岩手県花巻、盛岡へ旅行しました。これも『わが内なるエコロジー』にあるのですが、宮沢賢治の羅須地人協会跡を訪問、バス停に無造作におかれた羅須地人協会の「集会案内」、あの「我々はどんな方法で我々に必要な科学を　われわれのものにできるか」のガリ版刷りの二〇〇円のコピーに出会ったのはここでした。このコピーはいまも安房鴨川の「かまねこ庵」の壁に掲げてあります。「かまねこ庵」とは、賢治の「猫の事務所」の第四書記のかま猫に由来し、「かいつぶり荘」建替え後の名称です。花巻を歩き回り、盛岡では観光客よろしく、わんこそばに挑戦し、賢治ゆかりの光原社に行き、そこにあった松本民芸具のベンチ、折り畳み式丸テーブルと椅子を気に入り衝動買いし、イギリス海岸を見に行ったりした旅でした。

一九八一年十一月に日本平和学会研究大会で「生活から反核の思想を問う」と題して講演し、おなじ十一月に『危機の科学』（朝日選書）と『プルトニウムの恐怖』（岩波新書）が刊行されました。

一九八二年三月に「かいつぶり荘」のなかまが都会から一家で「かいつぶり荘」近くへ移住し農的生活を始めたのもこの頃でした。この年五月には反核と反原発を結ぶ住民運動の集い、平和のための東京行動、六月にはニューヨークで一二〇万人の反核集会、と反核運動が盛り上がるなか七月には「もんじゅ」第二次公開ヒアリング阻止闘争、八月には「下北半島祭」が、十月には原子力資料情報室の『原発斗争情報』第一〇〇号記念パーティーが、また首都圏市民の「核と戦争のない世の中をめざす行動」が開かれました。十二月には『わが内なるエコロジー』が出版されました。

一九八三年初めに『原発黒書』が原子力資料情報室より刊行され、七月に『核時代を生きる』（講談社現代新書）が刊行されましたが、この表紙には「本書は、核の支配による社会の管理強化を警告し、抽象的な『核廃絶』ではなく、『平和』と『繁栄』の意味や生活のあり方を問い直す中から反核の思想を訴える」とあり、ここには、一九八一年夏、神田の書店前に展示された西ドイツ製の核シェルターを見に行った話から始まり、核と核戦争、マンハッタン計画と科学者、中性子爆弾の思想、原発と核兵器、生活思想としての反核が最終章となっています。あとがきには「原発批判や巨大科学批判をつづけてきた私にとって、核兵器と核戦争の問題を正面から扱ったのは、本書が初めてです。……本書で繰り返し述べたように、私は〈核〉を、その使用の可能性からくる核戦争の恐怖としてよりも、むしろ核がその存在そのものによってもたらす抑圧や社会的歪みという側面からとらえようとしました」とあり、核廃絶を政治スローガンからではなく、くらしのなかから核廃絶への道を模索しました。

これにつづき世に出した本が、一九八三年八月、福音館『かがくのとも』一七三号絵本『ぼくからみると』です。片山健の絵は夏の草いきれに包まれたひょうたん池を舞台に、釣りの男の子と犬、猫、池の中の魚、水辺を泳ぐかいつぶりの親子、空から見おろすトンビ、茂みの巣のカヤネズミ一家、カエル、ハチとさまざまな生き物が登場します。それぞれの視線からみると？　という企画で、「かいつぶり荘」の目前に広がる小さな池がモデルです。この『ぼくからみると』一九九三年に“QUI VOIT QUOI ?”と題してフランスのARCHIMEDEから出版され、一九九五年にかがくのとも傑作集として出版され、二〇一六年には台湾のAlfa International Publishersから中国語版が出ました。

子どもの本としては、一九七五年に『私たちにとって原子力は……』（朝人社）という、むつ市の小学生たちが彫った「むつの海を守る人びと」の版画集のあとがきの「私たちの生活に原子力はいらない——原子力は人類と共存できない」という文章が最初といえるのかもしれません。子どもへの本は、『元素の小事典』（岩波ジュニア新書、一九八二年）、『単位の小事典』（同、一九八五年）、『エネルギーをかんがえる——浪費社会をこえて』（岩崎書店、一九八六年）、福音館『かがくのとも』シリーズの絵本『もし……どっちのみちへいこうかな』（一九八八年）、『マリー・キュリーが考えたこと』（岩波ジュニア新書、一九九二年）があります。

一九七〇年代末から一九八〇年代はじめにかけて、米ソの軍縮交渉が難航し、軍拡競争の時代へと突入しソ連は中距離核ミサイルSS20を配備、対抗してアメリカはパーシングII、巡航核ミサイルの配備を進めていました。それに抗する大規模集会が各国で開かれ、西ドイツでは緑の党議長へペトラ・ケリーが躍り出、イギリスではグリーナムコモン米軍基地への核ミサイル配備に反対して非暴力直接行動を行なう女性の平和キャンプがつくられるなど、世界で反核運動が盛り上がりを見せました。

日本では、一九八三年夏に京都で第二回目の反原発全国集会が開かれ、その年十一月には「核と戦争のない世の中をめざす行動——レーガンもトマホークも来るな」集会を首都圏で開催。仁さんと私は手内職（？）で『許すなトマホーク』と題したスライド・解説テープの箱入セットを制作しましたが、注文殺到でした。この年アメリカでは十月にクリンチリバー高速増殖炉（アメリカの高速増殖炉原型炉）の予算案が否決され建設断念、十二月にはバーンウェル再処理工場も経済的要因から建設断念するにいたっています。

一九八四年一月にアメリカ映画『ザ・デイ・アフター』が封切られ、六月には核巡航ミサイル・トマホークが太平洋艦隊へ実戦配備されようとするなか、三月に「許すなトマホーク民衆ひろば」を開催。十月には高レベル放射性廃棄物ガラス固化体・低レベル放射性廃棄物アスファルト固化体を貯蔵管理する動燃の「貯蔵工学センター」計画が発表され、北海道の幌延町を訪問、予定地を見て回り、スライド『核燃料サイクルは死のサイクル』をつくり各所でスライド上映会を催しました。十二月には高木仁三郎・前田哲男対談『核に滅ぶか？』(径書房)が発行されました。

4　一九八〇年代後半

一九八五年五月に原子力資料情報室が『放射性廃棄物　下北・幌延を核のゴミ捨て場にするな』を刊行、七月には青森での「反核燃料サイクル国際交流の集い」に全面協力。九月にはもんじゅ訴訟提訴に力を入れ、また、九月十五日に東京で東峰裁判完全勝利をめざす九・一五集会が開催されました。東峰十字路事件とは、一九七一年九月十六日、成田空港の第二次強制収用阻止闘争のなかで起きた東峰十字路で三警官が死んだ事件で、被告五五名の多くは三里塚反対同盟の農業青年たちで、彼らは凶器準備集合や公務執行妨害の容疑で繰り返し別件逮捕され自白を強要され、被告の四名に一〇年の求刑がでるなど、近々千葉地裁から判決が出される状況を迎えていたのです。会場の日比谷公会堂は二階まで満席で、裏方の私たちは安堵したものです。判決は、一〇年の求刑にたいし執行猶予がつきました。十月には仁三郎が主著と自認する白水社刊『いま自然をどうみるか』を出版。この本は一二年後、一九九八年に増補新版としてチェルノブイリ事故の経緯を経て、『そして今、自然をどうみるか』が加えられました。

一九八六年三月には核のゴミ野放し法案をつぶそう！　三・二八集会、そして「かいつぶり荘」の仲間と子どもたちも大勢集まり田植えの真っ最中の四月二十六日にチェルノブイリ原発事故のニュースが飛び込んできて、仁さんは子供たちはじめみんなに急いでシャワーを浴びるように、ヤギやウサギの餌の青草をできるだけたくさん刈っておくように言い残して急遽、東京へ戻りました。それまでは、忙しいながらも農作業にかかわっていたのですが、チェルノブイリ原発事故を境にくらしの中身も変わらざるをえない状況になってきました。九月には仁三郎はウィーンでの

IAEA特別総会に対抗する反原発国際会議（AAI）に参加するためチェルノブイリ事故後のヨーロッパ各地を訪問、成田から出発しました。空港建設に反対していたので、成田空港は使わないことにしていたのですが、やむをえず飛び立つことになりました。寄せられたカンパで可能になった旅行だったので、パンフレット『ヨーロッパ反原発の旅』（原子力資料情報室刊、一九八六年）を作り報告としました。この旅のなかで仁三郎は、手紙で親交のあった、オーストリア唯一の原発、ツベンテンドルフ原発を凍結に追いやった立役者のひとり、P・ワイシュ、核暴走事故の可能性を世界で唯一指摘していたアメリカのR・ウェブ、のちの原子力安全委員長になる西ドイツのM・ザイラーなどと出会い、記者会見に同席することになりました。翌日IAEAの改組と原発の全面停止を求めた集会決議を持ってIAEAの会議場へ行き、ウィーンでのデモに参加。集会でのロベルト・ユンクのスピーチ「支配者たちは支配のためにこそ原発を推進し、バッカースドルフは西ドイツの独自核武装のためだ。もはやそれ以外の理由を、経済的にはとても割に合わないこの再処理計画に見出しようがないではないか。ヒトラーのファシズムから原子力ファシズムまで一直線に結びついているのだ。生きようではないか。民主主義とともに生きようではないか。生きるためにこそ闘おうではないか」に参加者は大喝采で、ユンクは仁三郎に「ナカソネはどうなんだ。日本も西ドイツを同じで危ないのではないか」と質問を畳みかけてきたといいます。ミュンヘンで予定のバッカースドルフ再処理工場反対の集会デモは、バイエルン政府が禁止する事態になりました。バッカースドルフ再処理工場予定地近くのバイデンでの緑の党集会ではペトラ・ケリーの話につづいて日本の東海村、下北の六ケ所再処理工場の説明をして、翌日にはフェンスに囲まれた再処理工場現地を反対派の女性たちに案内され、次の日にはダルムシュタットのエコ研究所やハノーバーのグルッペ・エコロギーを訪問。チェルノブイリ原発事故直後のヨーロッパの状況を、自分で撮ってきた写真を示しながら興奮気味に話してくれました。十二月には岩波ブックレット『原発事故――日本では』（岩波ブックレット）と、『チェルノブイリ――最後の警告』（七つ森書館）の二冊が刊行されました。

ところで仁さんと私は、童話や昔話が好きで、彼はイギリスの昔話「ゴタム話」を引用するなど、山室静編『世界昔ばなし集』（社会思想社、教養文庫）は愛読書でした。ルイス・キャロルの『不思議の国のアリス』、『鏡の国のアリス』も好きな作品です。キャロルは数学者で『記号論理学』の著者でもあるのですが、『不思議の国のアリス』のコーカスレースの場面のテニエルによるドードーの挿画は逸品です。ドードーはマダガスカル島に住む飛べない大型の鳥で、大航海時代、入植者たちの捕獲により絶滅したといわれます。仁さんはニューヨークへ行った折り、アメリカ自然史博物館へ復元されたドードー像の写真を撮りに行ったほどです。『ドリームチャイルド』は一九八五年ミラー監督のイギリス映画ですが、大不況時代にコロンビア大学の名誉博士号授与式のため渡米した八〇歳の老アリスが少女期のキャロルとの交流を振り返るストーリーで、登場するマッド・ティーパーティの帽子屋、三月兎、チェシャ猫、モックタートルなど、ジム・ヘンソン制作のマペットたちが上出来で、ディズニーのアリス映画とはまったく趣を異にした傑作でした。昔話や童話は、新たな視点から読んだり、思考の転換にヒントを与えてくれたものではなかったかと思います。

一九八六年の年末、あるいは正月早々だったか鴨川で「かいつぶり荘」のなかまと見ていたテレビに突然、水戸巌さんと双子の息子さんが剣岳で遭難のニュースが飛び込んできました。急遽、水戸さん救援会ができ、その捜索の最中一九八七年四月に水戸・高木・反原発記者会共著の『われらチェルノブイリの虜囚』が発行されたのです。夏にようやく遺体が次々に発見されたのですが、仁三郎は九月の反原発新聞一一四号の風車欄に「ポケットのなかにはビスケットがひとつ　ポケットをたたくと　ビスケットがふたつ…」ののどかな唄声が聞こえてきた。ふりむくと、物理学者の父親とその幼い子供たちだった。もう二十年も前のことが、童話のひとコマのようによみがえってくる。唄っていたのは、誰あろう、水戸巌さんと二人の息子さんだった。原子核研究所の裏庭から東大演習林へとつづくあたりで、小春日和の秋の日の、静かな日曜日の昼下がりであった。水戸さんも私も、原子核研究所に移って間もない頃で、水戸さんは三十代前半で気鋭の行動派物理学者としてすでに評判だった。僕はまだ二十代で何事にも自信がなく、〝噂の水戸さん〟が目の前にいるのに、なかなか声もかけられなかった。もちろんそのときには、その後二十年、反原発ということを通じて、これほどにも深いつきあいとなろうとは、思いもよらなかった。あのときもそれからも、水戸さんがポケットをたたくと、救援、反原発、死刑廃止……と、次々に課題が飛び出して、そのどれをも水戸さんは誠実にこなしていた。その姿にいつも励まされてきたし、水戸さんは「ふしぎなポケット」をもっていると、いつも感じさせられた。山に倒れたことを嘆くまい。それは水戸さんにふさわしくない。「ふしぎなポケット」は望むべくもないとしても、せめてその志を受け継ぎたい」と水戸さんを送りました。

そんななかでも、一九八七年一月には「反原発出前のお店」と名づけた反原発講師の養成講座をはじめました。これはオランダで学生のあいだに広がっていた「科学のお店」という運動にヒントをえたもので、一九九三年刊『反原発　出前します!!　高木仁三郎講義録』(七つ森書館)に出前の店員を代表して三枝秀晴が述べていますが、殺到する出前注文に応じた受講生たちが、出前先で答えに窮した質問を持ち帰り検討を重ねたり、熱気あふれる運動の輪は北海道まで広がっていきました。三月には原子力資料情報室は神田司町から東上野に事務所を移転し、『原発斗争情報』は『原子力資料情報室通信』へ改題、五月には仁三郎が原子力資料情報室代表に就任しました。チェルノブイリ事故で日本でも放射能が観測され、ヨーロッパなどから輸入される食品にも放射能汚染が見つかり危惧は高まりました。四月に原子力資料情報室から発行された『食卓にあがった死の灰　チェルノブイリ事故による食品汚染』は大きな関心を集めました。このパンフレットは好評で「パート3」までつづき、一九九〇年二月に仁三郎と原子力資料情報室のスタッフ渡辺美紀子の共著で講談社現代新書として出版されました。東上野の新事務所で仁三郎が代表になってからは、男によるエネルギー政策、原子力政策の歪みをなんとか変えたいと、世界の反核・反原発女性パワーの影響も受けて、原子力資料情報室の体制も、おじさん中心から女性スタッフを加えた事務所へと変わっていきました。原子力への関心は、放射能汚染食品を介してくらしのなかへも浸透していきました。十月には日本から海外への情報発信を目的に隔月刊英文ニューズレター Nuke Info Tokyo の発刊を開始しました。一九八八年四月にはＮＨＫスペシャル、シリーズ二十一世紀『いま原子力を問う』の三時間の特別討論に参加、また四月二十三から二十四日には、反原発全国集会の三回目にあたる「原発とめよう二万人行動」が日比谷公園を中心に繰り広げられ、二十三日には各省庁交渉がもたれました。実行委員会が準備した垂れ幕は「原発止めよう一万人行動」だったのですが、蓋をあけると予想をはるかに超えて市民が集まりました。

一九八八年六月、香港で開催された「非核アジア太平洋会議」には腰痛がひどくなってきた仁さんが心配で私も同行。香港の北東に位置する中国の深圳の大亜湾原発へは当時香港の住民団体、環境団体をはじめとする多くの人びとが反対し、若者を中心に運動が盛り上がっていました。

一九八八年から八九年にかけて「朝まで生テレビ」、「いま原子力を問う」などテレビ出演がつづきました。「脱原発法全国ネットワーク」では三三〇万人の署名を集め、九〇年に第一次、九一年に第二次の国会請願行動をしたにもかかわらず不採択で、脱原発法制定にむけた運動が挫折したこともあり精神的にも落胆、腰痛がますます悪化。そんなとき、一九八九年六月にはチェルノブイリ事故から事故論の必要性に迫られ、『巨大事故の時代』(弘文堂)を書き上げて出版。十月には韓国公害追放運動連合の招きでソウルを訪問。韓国の学生が潑溂と活動する姿に驚き、活発でエネルギッシュな女性たちに圧倒されました。抵抗の詩人、金芝河に会う機会を得たのもこのときでした。

5　一九九〇年　脱原発法制定運動の失敗から

一九九〇年脱原発法制定運動の失敗から、精神的にも肉体的にも落ち込んでしまった仁三郎へ、仕事を離れてのんびりしろとの精神科医の長兄からのアドバイスでしばらく静養することにし、三月には気分転換に小笠原父島・母島へ十日間ばかり、ザトウクジラの見物に出かけました。当時、反原発で反捕鯨などというのは少数派のなかの少数派。捕鯨は日本の伝統文化という人がゾロゾロいた時代で、ＩＷＣ(国際捕鯨委員会)により商業捕鯨が禁止されてもなお調査捕鯨と称して、捕獲されたクジラの肉はいまなお市場で販売されています。父島に着きクジラ見物の小さな船で海に出ると、見物客を逆に観察するかのようにクジラが寄ってきたり、傍をアオウミガメが追いこしていったり、それはのどかでゆかいな旅でした。見晴らしの良い小高い所から双眼鏡を構え観察していると、遠くからクジラの噴気が近づき、数頭のクジラが輪になってダンスしたり、親子クジラが遊んでいるかの風景も見られました。クジラの鳴き声のテープを見つけたのもここでした。

ゆっくり休養せよとの忠告に、仁さんは家でゴロゴロしてモーツァルトを聞きながら、とりかかったのが六ヶ所村核燃料サイクル施設批判の仕事でした。一九九〇年夏の作業をまとめ翌年一月に出版されたのが『下北半島六ケ所村核燃料サイクル施設批判』（七つ森書館）で、分厚いものになりました。

一九九〇年十月にウィーンでISEP（International Society for Environmental Protection）のEnvirontech Vienna 1990に基調講演をと招かれた仁三郎は、会議終了後、日本へのプルトニウム輸送に反対する世界的なネットワークをつくりだすためのブレーンストーミングを計画し、グリーンピース・インターナショナルの本拠、アムステルダムへ向かいました。日本の原発の使用済み燃料がフランスのラ・アーグ再処理工場で再処理され、そのプルトニウムが一九九二年から九三年ごろに日本へ船で戻ってくることになっていたからです。日本国内ではプルトニウムという物質の防護上の機密性を理由に情報はいっさい公開されず、大問題にもかかわらず触れられることもありませんでした。ウィーンのISEP会議終了後は、私もいっしょに美術館へ行ったり、ザルツブルクで一泊しモーツァルトの旧家をみたり、通りでの楽団のディベルティメントの演奏を楽しんだり、コンサートへ行ったり、汽車の旅で途中下車したビュルツブルクではX線発見で有名なレントゲンの旧跡を訪ねたりしました。

一九九〇年十一月のアムステルダム訪問は、彼の人生の転機ともいえる出来事となりました。「プルトニウム情報に関する鎖国状態を解くためには、私はどうしても国際的共同戦線が必要だと感じていた。……この計画にからんでいた日本、フランス、イギリス、アメリカのどの国からもいっさい公表されていなかった。いつ、どこの港からどこの港へ、どんな船で、どんな警護をつけて、どんな防護体制をとって……等、いっさいが霧の中であった。プルトニウムの量、輸送の容器、どんなルートを通るのか（パナマ運河経由、南米ホーン岬経由、南アフリカ喜望峰経由の三基本ルートが考えられ、そのうえに太平洋に入ってからもいろいろな航路のヴァリエーションがありえた）といった基本的な事柄すら明らかにされず、予想されるルートの沿岸諸国にたいしてもなんの事前の協議の予定もなかった。これらを全世界の人びとに明らかにして日本の情報鎖国状態を解くこと、また、それによって人びとにプルトニウムという物質やさらに日本のプルトニウム計画について判断する材料を与えることこそ、まさに『市民の科学』ではないかと思えた。」そしてグリーンピース本部での、プルトニウム輸送の国際キャンペーンについて、「これまでとは次元の違う国際行動に私と原子力資料情報室は踏み出すことになり、これが活動の質を決定的に変えたと思う」と『市民科学者として生きる』で振り返っています。

翌一九九一年七月にはニューヨーク、ワシントンDCの天然資源保護協会（Natural Resources Defense Council）、核管理研究所（Nuclear Control Institute）、またプリンストン大学のフランク・フォン・ヒッペルを訪問し、プルトニウム問題へのアプローチを模索しました。そして十一月二日から四日に大宮で原子力資料情報室とグリーンピース・インターナショナルの共催で「国際プルトニウム会議」を開催することになったのでした。開催への案内文には「政府の計画どおりならば、一九九一年には六ケ所再処理工場の建設が始まり、一九九二年には高速増殖炉「もんじゅ」が臨界に達し、ヨーロッパからのプルトニウム返還が始まります。このままだと、日本はフランスとならんで「プルトニウム大国」への道を突き進むことになるでしょう。その一方で世界的には、高速増殖炉や軽水炉でのＭＯＸ燃焼計画、再処理工場の危険性、およびプルトニウム利用の非経済性が明らかになり、そして「プルトニウム経済」を通じての核拡散にたいする懸念がいよいよ深まっているので、多くの国ではプルトニウム利用計画が中止に追い込まれています。この物質の取り扱い方を誤れば、世界は取り返しのつかない破滅の道へ突き進むしかないでしょう。この問題を憂慮する世界の人びと（市民と研究者、政治家たち）が一堂に会し、プルトニウム利用に関する諸計画（ＦＢＲ、再処理、Ｍ

OX、プルトニウム・使用済み燃料の輸送など）の安全性、経済性、核拡散問題などあらゆる側面から徹底し、見直しを行なう必要があると考えます」と参加を呼びかけています。会議には、英、米、独、仏、ソ連、スウェーデン、アイルランド、日本から参加があり、高木仁三郎編『プルトニウムを問う　国際プルトニウム会議・全記録』（社会思想社）は一九九三年四月に出版されました。

一九九一年十一月二十八日からはベルリンでの「原子炉の使用済み燃料と核兵器からの核分裂物質の処分問題に関するワークショップ」へ参加し十二月には『核の世紀末――来るべき世界への想像力』（農文教、人間選書）を出版。

一九九二年二月、原子力資料情報室は東中野へ移転しました。日を追って多忙になり、交代制にしていた夕食の買い物もままならず、また腰痛がひどくなり体の負担を少しでも減らそうと我が家も転居しました。このころから事務所にも、自宅にもいやがらせの手紙や荷物が届いたり、無言電話が多発したりするようになりました。

この年の十月、原子力資料情報室と米核管理研究所の共催で「アジア太平洋プルトニウム輸送フォーラム」を開催したのですが、ここにはナウル共和国大統領も参加し、韓国、フィリピン、インドネシア、オーストラリアなどへも連携が広がっていきました。

フランスのラ・アーグ再処理工場で再処理された日本の使用済み核燃料は、一九九二年十一月にシェルブール港を出港し、プルトニウム輸送容器を積んだあかつき丸は護衛船に守られアフリカの喜望峰をまわり、オーストラリアの南をとおり、太平洋を北上して、通過諸国の反対のなかを無寄港で二か月かけて一九九三年一月五日に茨城県の東海港へ抗議のなかで到着、動燃の東海事業所へ運ばれたのでした。

そんななか、仁三郎はあかつき丸でのプルトニウム輸送に抗議し、一月一日から霞が関の科学技術庁前で座り込み「脱プルトニウム宣言」を発し、日本のプルトニウム政策の転換を求め抗議のハンガーストライキを行ないました。

この年一九九三年四月、プルトニウム利用の是非をテーマにした原子力産業会議年次大会で、「プルトニウムの是非や情報公開について議論するというのに演壇には反対側の人間は誰もいないではないか」と会場から発言したら、それがきっかけで九月に原子力産業会議と原子力資料情報室の共催シンポ「今なぜプルトニウムか」が大阪で開催されることになったのでした。十月になって太平洋のロタ島の、部屋に電話のない小さなホテルをとって休暇に出かけました。せっかく電話がかかってこないところにきたのに、仁さんはフロントから東京へ電話を入れ急用の有無を確かめるなど、つねに「気がかり」から解放されることはないようでした。

翌一九九四年六月には青森市で原子力資料情報室主催の国際シンポジウム「いま再処理を問う」を開催、おなじ六月に『プルトニウムの未来』(岩波新書)が刊行されました。

6　一九九〇年代後半　IMAプロジェクトに専念

一九九五年に入るとトヨタ財団から二年間の研究助成、ウラン・プルトニウム混合酸化物燃料(MOX燃料)の軽水炉利用の社会的影響に関する包括的評価(通称IMAプロジェクト)への助成が決まりました。日本のプルサーマル計画の批判的検討を、イギリス、フランス、ドイツなどの核燃料再処理、MOX利用の先行国のNGOなどの研究者に呼びかけて行なおうというプロジェクトでした。IMAプロジェクトは、トヨタ財団のほかにアメリカのW・オルトン・ジョーンズ、ジョンマーク、プラウシェアや日本のグループ・個人からの支援もあり、国際的な作業が進められました。

話は変わりますが、一九九五年四月に『宮沢賢治をめぐる冒険』(社会思想社)が刊行されました。第一話は一九九二年桐生市での講演「賢治をめぐる水の世界」、第二話は一九八七年花巻市の宮沢賢治記念館で賢治祭に記念講演として行なった「科学者としての賢治」、第三話は「『雨ニモマケズ』と私」で書き下ろしです。そんな活動にたいしてでしょうか、この年の秋に「宮沢賢治の名において顕彰されるにふさわしい実践的な活動を行なった個人」へ送られるイーハトーヴ賞の受賞が決まりました。『「雨ニモマケズ」と私』のなかで、仁三郎は「私の知るかぎり、今の科学者たちはまず人間として涙を流し、オロオロするところから出発しようとしない。その前にすべてをデータとしてクールに受け止めてしまう。そこに今日の科学の原点にある問題がひそんでいるのではないか、と私は感じるのです」と書いていますが、それは「市民の不安を共有する」市民科学者のありかたの原点ではないでしょうか。

一九九六年十月二四日から二十六日にかけて、京都でＩＭＡプロジェクトのワークショップと中間報告会が開催され、翌一九九七年三月には動燃（動力炉・核燃料開発事業団、現日本原子力研究開発機構）東海再処理工場の低レベル廃液アスファルト固化処理施設で火災・爆発、作業員三七人が被ばくするという事故が発生しました。

一九九七年四月には第三〇回原子力産業会議大会記念シンポジウム「改めて原子力開発のありかたを問う」の基調講演「原子力はなぜ『迷惑施設』といわれるのか」で仁三郎は原子力施設が嫌われる理由として、1、危険性の認識の欠落、2、金でその困難を回避しようとする、3、情報を公開しない、4、議論を避ける、議論ができない、5、住民の意思を尊重しない、6、唯原発主義、7、「原子力ファミリー」体質から抜け出せない、を挙げました。

この年十一月、国際ＭＯＸ評価（ＩＭＡ）報告書が完成。ＩＭＡ研究は「プルトニウム分離とＭＯＸの軽水炉利用という路線のデメリットは、核燃料の直接処分の選択肢に比べて圧倒的であり、それは、産業としての面、経済性、安全保障、安全性、廃棄物管理、そして社会的な影響のすべてにわたって言える。換言すれば、プルトニウム分離の継続と軽水炉利用の推進には、今やなんの合理性もなく、社会的な利点も見出すことができない」ことを明らかにしました。ＩＭＡ報告は英語版、ロシア語版、フランス語要約版も出され、日本語版は高木仁三郎、マイケル・シュナイダー、フランク・バーナビー、保木本一郎、細川弘明、上澤千尋、西尾漠、アレキサンダー・ロスナーゲル、ミヒャエル・ザイラー共著『ＭＯＸ総合評価』（七つ森書館、一九九八年）として出版されました。このプロジェクトの代表高木仁三郎と副代表のマイケル・シュナイダーの二人が、ジョン・ゴフマンの推薦もあり一九九七年のライト・ライブリフッド賞の受賞者に、「プルトニウムの危険性を世界の人びとに知らしめ、また情報公開を政府に迫って一定の効果を上げるなど、市民の立場にたった科学者として功績があった」として選ばれたのですが、これにはMOXプロジェクトの成果が大きかったといえます。

一九九七年十二月一日から京都でひらかれた国連気候変動枠組条約第三回締約国会議（COP3京都会議）には「二酸化炭素排出削減は原発増設で」のキャンペーンを広げる国や原子力産業に抗してNGOとして「持続可能で平和なエネルギーの未来」という市民のエネルギー国際会議を地球の友ジャパンと原子力資料情報室で共催しました。その最中、三日には長崎県原爆被爆者手帳友の会からの「友の会平和賞」授賞式に臨むため長崎へ駆けつけ、五日には、スウェーデン議事堂で行なわれるライト・ライブリフッド賞授賞式にストックホルムへ出発というあわただしい日程になりました。帰国後は、それまでIMA報告書の作成に専念していた反動で、講演や会議の予定を詰め込み、それに加え受賞祝いの会でより多忙な毎日となりました。

一九九八年にはいり念願の「次の世代へどうつなぐかの計画を、ライト・ライブリフッド賞受賞を機にオルターナティヴな科学者の養成をめざす活動を「高木学校」と名づけはじめたのです。次世代育成は仁三郎と同世代の同僚に共通するテーマでもあったので、以前から検討を始めてはいたのです。「高木学校立ち上げ」の新聞記事を見て集まってきた人たちと運営を相談しはじめた直後の七月のある日、体調不良で旧友の病院に検査へでかけた出先から突然「僕、ガンだよ」と電話があったのです。ふだんから便秘気味だと言ってはいたのですが、進行したS字結腸ガンで、肝臓に転移もあるとのこと。旧友の医師は、自宅近くの狛江にある慈恵医大第三病院の医師に連絡をとり、明日一番で入院するように手配してくれました。私は驚く間もなく、大急ぎで入院の支度をしました。入院後は検査などがあり手術は七月末と決まりました。手術は無事におわり翌日には集中治療室から元の病室に戻り、痛み止めの点滴を受けながらもシャワーをあびたり、リハビリがはじまりました。制作途中の『市民の科学をめざして』（朝日選書）の原稿入稿や、インド・パキスタンの核実験にさいして発した科学者の声明「科学技術の非武装化を」の準備途中での突然の入院で、周囲にもしわ寄せが行ったようでした。本も読めない状態のときにはモーツァルトの弦楽四重奏曲ハイドンセットのCDなどを聞いていました。八月十二日に執刀医から手術の結果と今後の治療方針の説明があり転移した肝臓への治療について、全身的化学療法、肝動注、経口剤による化学療法、なにもしない、の四つのオプションが説明されました。十四日には外出許可をとり、夕方から東中野のレストランで「高木学校」に集まった人びととの懇親会のあと病院へ戻り、翌日、翌々日は外泊届を出し帰宅、十六日には生活クラブ世田谷センターで開かれた高木学校夏の学校へ出向き、夜に病院へ戻りました。慈恵第三病院を八月二十二日に退院し、八月をもって原子力資料情報室代表を辞任、山口幸夫・西尾漠・伴英幸による共同代表制へ移行することになり、翌年九月には原子力資料情報室は特定非営利活動法人の認証を得ることになりました。

九月に入ると、知人の勧めで大塚の癌研病院へ行き、消化器外科医師の診断で肝臓がん切除の可能性ありとのことで、九月六日から数日、検査入院となりました。検査の結果、肝臓がんを切除するための門脈塞栓施術をうけるため短期入院し、あらためて十月一日に癌研病院に入院、九日に肝臓がん切除手術となりました。入院翌日には午前中に検査、午後から外出許可をえて東中野の原子力資料情報室へいき取材に応じていました。肝臓の腫瘍切除手術はうまくいったのですが、リンパ節に転移があり全身への抗がん剤投与が必要とのことでした。十九日にはリカバリー・ルームから一般病棟へ戻り、十月二十八日退院となりました。十一月からは外来での診察になり、自宅に新聞記者や、NHK未来潮流の番組取材陣が訪れるなど、がん治療専念のイメージからは遠い生活でした。十二月五日は「高木学校」はじめての連続公開市民講座「化学物質と生活」第一回の開講で、仁三郎は「プルトニウムと市民」と題し講演をしました。三〇分ほどの講演に体力がもちこたえられるか不安はあったようです。私は教室の片隅で、途中でダウンしないかハラハラしていたのですが杞憂でした。第一回市民講座は「化学物質と生活」がテーマで、第一回は十二月五日に「プルトニウムと市民」、第二回は十二月十九日に「環境ホルモンと化学物質管理」。

一九九九年に入ると第三回は一月九日に「くらしのなかのダイオキシンと塩素化合物」、第四回は一月十五日に「フロン問題における政策課題」、第五回は一月十六日に「アルツハイマー病とアルミニウム」、第六回として同日に全体討論会がもたれ、参加者全員による活気あふれる討論で幕を閉じました。癌研病院への外来診察は込み合い予約時間はなきがごとしで、待ち時間がもったいない仁さんは原稿書きに熱中するので、順番で呼ばれたらすぐ診察室へ入れるように私はほとんどの回、付き添いました。一月末に『市民の科学をめざして』が刊行されると書評を気にしたり、病室へこれこれの本を届けてほしいといいながら仕事をつづけていました。

二月に入ると大動脈の傍のリンパ節がはれ、腫瘍マーカー値が上昇してきたので、化学療法を始めることになり、三月十九日に癌研病院に入院し、化学療法科の医師から治療計画の説明を受けワンクール（約一か月間）やって様子を見ようということになりました。入院中は一日おきの抗がん剤の点滴で、熱がでたり口内炎や下痢症状がでたりで体調はよくありませんでしたが、編集者と次の著作の打合せをしたりして、原稿書きは着々と進んでいるようでした。五月九日に癌研病院を退院し、外来で経口の抗がん剤を飲むことにしました。家に戻ってからは、早朝から起き出し原稿を書いたり、近くの多摩川堤まで散歩したり、インタビューの来客があったり、仕事で外出したり、なるべくふだんの生活を送るようにしていました。

ところで安房鴨川の「かいつぶり荘」には前にも触れましたが、老朽化のため解体して建て替える計画でした。すでに解体したものの資金難で長らく立替計画は見送りでしたが、パッシブソーラーで建てようと動き始めたところだったのです。そんななかで仁さんのガンがわかり躊躇しましたが、計画はそのまま進めようとガンの治療と並行しての建築となりました。六月には二人で建設現場の下見に出かけ、八月に家具を入れ、九月にはソーラー発電開始で太陽熱の利用もできるようになりました。「高木学校」の夏の学校は八王子セミナーハウスで八月末に三日間にわたり催されましたが一日だけ参加しました。秋には九月二十五日から十一月六日にかけて四回にわたる「高木学校」第二回目の公開連続講座「エネルギーと生活」がはじまり、第一回「暮らしのなかのエネルギー」、第二回「エネルギーと交通」、第三回「原子力発電と放射性廃棄物」、第四回「これからのエネルギー」と次々開催されましたが、九月三十日に突如、東海村でＪＣＯ臨界事故が起き、飛び入りで十月九日と十月二十三日に高木仁三郎による緊急講義が行なわれました。第四回「これからのエネルギー」では、自然エネルギーを利用し、太陽光発電や、床暖房、コンポストトイレを導入した出来立てほやほやの我が家を紹介できました。JCO臨界事故発生直後メディアからの取材に初めは自宅で電話で対応していましたが、電話では埒が明かないと結局スタジオまで出向くことになりました。JCOという会社は住友金属鉱山（株）の核燃料事業部として発足し、もとは日本核燃料コンバージョンという核燃料加工の会社として知られていました。JCOでは事故時、動燃の茨城県大洗にある高速実験炉「常陽」で使う高濃縮ウランの作成を行なっていたのです。十月十二日には「恐怖の臨界事故」の第一次案原稿を書き始め、十二月二十日に原子力資料情報室編『恐怖の臨界事故』（岩波ブックレット）を、致死量の放射線被ばくした作業員が生死の境にあると伝えられるなかで、緊急出版の冊子発行となりました。十二月十六日には英核燃料公社が製造した関西電力高浜原発4号炉用のMOX燃料のデータねつ造が発覚し、関電がこれを認め装荷を断念し、MOX燃料はイギリスへ返送されるという事態が発生しました。

7　二〇〇〇年　晩年

二〇〇〇年一月に入るとNHK人間講座のスタッフや、核燃弁護団、高レベル放射性廃棄物の地層処分問題検討の打合せや、JCO臨界事故の事故調報告書を読み込むなどに集中していました。そして光文社から出す予定の本（『原子力神話からの解放』）のテープ吹き込みをしていました。この本には、冒頭に「……ふたたび原子力問題について本書のような本を書いてみたい、どうしても書かなくてはいけないのではないかと、二〇〇〇年という年の初めになって思うようになりました。それには大きく分けて二つの動機があります。一つは、容易にみなさんも想像がつくように、一九九九年九月三十日に起こった東海村のJCOウラン加工工場における臨界事故の衝撃です。……」とこの本を出す動機を書いています。この『原子力神話からの解放』（光文社カッパブックス、二〇〇〇年八月）が仁三郎生前に出版された最後の単行本となりました。

その後は青森裁判の証言の準備に時間を費やし、NHK人間講座の録画撮り（三月に放映）に「かまねこ庵」へ行ったりしました。抗がん剤の5FUが効かなくなり、カンプトの点滴に変更しましたが、もともとあった腰痛をはじめとする痛みがひどくなり、具合が悪くつらそうでした。

四月二十七日に青森へ飛び、弁護団と公判の打合せをおこない、二十八日に青森地裁での「六ケ所ウラン濃縮工場の核燃料物質加工事業許可処分無効確認・取消請求訴訟」の第四五回口頭弁論へ証言のため出廷したのです。仁三郎の体調不良もあり法廷は反対尋問も含めて一日で終わるよう調整してくれました。青森地裁へ提出した陳述書は、①再処理工場の危険性については、・日常的な放射能放出・再処理技術は技術的に確立されているか・本件再処理工場における臨界安全管理の基本方針の問題点・安全審査における臨界事故の想定及び評価の妥当性・溶媒の発火・火災・爆発／水素爆発にたいする安全設計の問題点・安全審査における有機溶媒火災事故の想定及び評価の妥当性・再処理工場のウラン・プルトニウム精製工程の一段化等の問題点・再処理工場における事故の評価を挙げ、②再処理工場の経済性としては、・建設費の当初予算と現実の建設費・建設費高騰の原因・再処理工場の運転コスト・MOXの燃料コストを挙げ、③プルトニウム利用の生み出す諸問題として、・汚染と被曝・余剰プルトニウム・軍事利用の危険性・解決不可能な余剰プルトニウム問題を挙げ、④の核燃料サイクル施設と青森県の未来では、・核施設に頼る経済・再処理は止められる、と結んでいます。主尋問・反対尋問、陳述書は『証言―核燃料サイクル施設の未来は』（二〇〇〇年、七つ森書館）に収録されています。

二〇一八年七月末、内閣府原子力委員会は「我が国におけるプルトニウム利用の基本的な考え方」を発表しましたが、「プルトニウム保有量を減少させる」、「海外保有分のプルトニウムの着実な削減に取り組む」と初めて明記せざるをえない状況にいたりました。日本の余剰プルトニウムはすでに四七・三トンにも膨れ上がっているからです。一九五五年の原子力基本法制定時より核燃料サイクルの確立を掲げ、「国産」エネルギー源が目標とされたのですが、動力炉・核燃料開発事業団（動燃）が開発した高速増殖炉原型炉もんじゅは一九九五年にナトリウム漏れ事故をおこし、二〇一六年には廃炉となりました。使用済み核燃料の全量再処理・プルトニウム利用を固持する政府の政策は、たとえプルサーマル政策でプルトニウムの消費を狙っても余剰プルトニウムの削減にはいたらず、プルトニウムは途方もなく厄介な負債であることはますます明々白々となり、核利用の後始末をどうつけるかという難題が私たちの目前に迫っています。

一九六二年に神田の古本屋で仁三郎が見つけた、シーボーグの著書"Transuranium Elements"（『超ウラン元素』）には、プルトニウムの増殖によって人類はほとんど無限のエネルギーを手に入れることができるだろうと書かれ、「新たな章が今後書き加えられねばならないだろう」とも書かれています。超ウラン元素の発見でシーボーグは一九五一年ノーベル化学賞を受賞し、「プルトニウムの物語は、科学の歴史のなかでももっともドラマチックなものだ。多くの理由によって、このまれなる元素は、化学元素のなかでも、きわめて特別な位置を占めている。これは人口の元素であり、元素の大量転換という錬金術師の夢を最初に実現した元素である」と自賛しましたが、プルトニウムが世界の歴史でどのような役割を果たすことになるのか、「新たな章」を自分の手で書きたいと気負った高木仁三郎は、プルトニウムの行方を自分で見届けることはできませんでした。彼の死後一八年が経ちますが、彼のかかえた難題はいぜんとして残されたままです。

『市民科学者として生きる』終章の「希望をつなぐ」には、「本書の終わりには、どうしても未来について語りたい」と、「今を語る　I原子力資料情報室、II高木学校」の項がありますが、原子力資料情報室、高木学校、そして没後に設立された高木仁三郎市民科学基金と、彼ゆかりの三組織のその後のあゆみを、次に簡単に紹介します。

8 原子力資料情報室、高木学校、高木仁三郎市民科学基金の活動

原子力資料情報室 www.cnic.jp

高木仁三郎は原子力資料情報室の活動として、一、情報の収集と提供 二、調査研究と評価 三、キャンペーン 四、政府活動のモニター 五、国際的なネットワーキングを挙げましたが、原子力資料情報室ではこれを踏襲し活動をつづけています。

一九九八年高木代表辞任後、山口幸夫・西尾漠・伴英幸が共同代表に就任。一九九九年に特定非営利活動法人の認証を得、NPO法人に移行。二〇〇二年にはGE元技術者の内部告発で東電の原発トラブル隠しが発覚、『検証東電原発トラブル隠し』原子力資料情報室編（岩波ブックレット）を発行。同年スイスIPPNW主催の「九・一一後にエネルギーと民主主義を再考する」国際シンポジウムに参加しJCO事故・原発をめぐる住民投票について報告。二〇〇三年、原発老朽化問題研究会を設置、台北の行政院経済部開催の脱原発国家をめざす「全国非核家園大会」に参加しました。青森での「原子力委員会と再処理をめぐる公開討論会」を原水禁国民会議と開催。この年に珠洲原発凍結、東北電力は巻原発計画撤回へ。二〇〇四年、原子力委員会の新計画策定会議に伴代表が委員に。八月に関電美浜三号で点検中の作業員一一人死傷事故が発生し、公開研究会「美浜原発三号炉配管破断事故」を開催。原子力資料情報室編『臨界事故 隠されてきた深層』（岩波ブックレット）を発行。二〇〇五年、原発老朽化問題研究会編著『老朽化する原発——技術を問う』を発行。二〇〇六年、志賀二号機初の差し止め勝訴判決。原子力政策大綱策定委員の一人、伴英幸が『原子力政策大綱批判——策定会議の現場から』（七つ森書館）を出版。二〇〇七年、新潟県中越沖地震発生。直後に山口代表呼びかけによる「柏崎刈羽原発の閉鎖を訴える科学者・技術者の会」が声明。緊急集会「『想定外』地震が原発を襲った——柏崎刈羽からの現地報告」を開催。二〇〇八年、ジュネーブのNPT再検討会議準備会合に参加、ワークショップで米印原子力協定の問題点を訴え。経済産業省主催の北海道での「プルサーマル・シンポジウ

ム」には伴代表が参加。原発老朽化問題研究会編著『まるで原発などないかのように――地震列島、原発の真実』を現代書館より発行。二〇〇九年、浜岡一、二号炉運転終了。東電柏崎刈羽原発七号炉運転再開へ抗議声明を発表。玄海原発三号炉で、翌年春には伊方三号炉がプルサーマル発電開始。「もんじゅ」再び事故で停止。福島第一原発三号炉、高浜原発三号炉でもプルサーマル発電が開始されました。

二〇一一年三月、東日本大震災、福島原発事故発生。緊急院内集会「福島原発の現状をどうみるか」を柏崎刈羽原発の閉鎖を訴える科学者・技術者の会と共催で開催。Twitter、Ustream等で情報発信。四月、緊急報告会「福島原発震災――いわきからの報告」主催。『原発は地震に耐えられるか』増補版を発行。公開研究会「なぜ政府・東京電力は『地震』を事故原因から除外するのか」を主催、九月、東京明治公園「さようなら原発集会」に六万人参加。二〇一二年、福島第一原発一～四号炉廃炉へ。原子力資料情報室内に放射能測定室「タニムラボ」開設。代々木公園「さようなら原発」集会に一七万人が参加。黒田光太郎・井野博満・山口幸夫編『福島原発で何が起きたか――安全神話の崩壊』を岩波書店より刊行、日本学術会議フォーラム「高レベル廃棄物の処分を巡って」へ山口代表が参加。二〇一三年、韓国、教保教育文化財団から長年の脱原発活動を評価され、国際部門優秀賞を受賞。総合資源エネルギー調査会放射性廃棄物小委員会へ伴代表が委員に。二〇一四年、新エネルギー基本計画閣議決定。福井地裁は大飯三、四号機差し止め判決。二〇一五年、福井地裁、高浜三、四号機運転差し止め仮処分を決定。原子力資料情報室は創立四〇周年を迎えました。原発事故を招いた責任者の刑事責任を追及する福島原発告訴団が告訴・告発。東京地検は二度にわたり不起訴。しかし、東京第五検察審査会が二〇一五年に東京電力元役員勝俣、武黒、武藤の三名を強制起訴し公判開始。二〇一六年、第六回原子力関係閣僚会議で高速増殖炉原型炉「もんじゅ」廃炉決定。

二〇一七年、原子力資料情報室のスタッフ、新旧交代で松久保肇が事務局長へ。翌二〇一八年七月に日米原子力協定が協定期限を迎えることを受け、日本のプルトニウム保有への注意を喚起するため二月「日米原子力協定と日本のプルトニウム政策国際会議」を米憂慮する科学者同盟と共催、九月には超党派の国会議員・有識者を含む訪米団を派遣して米議会への働きかけを行ないました。二〇一八年三月、小岩昌宏・井野博満著『原発はどのように壊れるか――金属の基本から考える』を原子力資料情報室から発行、六月には国会議員とともに再度訪米活動を行なうなど、活動をつづけています。

高木学校 takasas.main.jp

高木仁三郎は、MOX（プルトニウム燃料）総合評価国際プロジェクト最終報告書を仕上げたのち、次世代の市民科学者育成に着手しました。それが彼の最後の活動となったので当初の様子を紹介し、その後の高木学校について記します。

「社会運動支える科学者よ育て、『高木学校』いざ旗揚げ」、「オールターナティブな科学者育てる高木学校開設へ」、「科学者は市民運動の側に――反原発の高木さんが養成講座」などと新聞各紙に紹介記事が出ると、呼びかけに応じた三〇名ほどへ高木学校の趣旨と基本構想について提案しました。それは、

一、現代科学を批判的に検討し、市民が直面する問題に取り組める「オールターナティブな科学」を担うサイエンティストの養成をめざす。従来の個別科学の専門職業科学者とは違う、研究者／活動家をめざす（「科学」も自然科学にはこだわらない）。二、メインテーマ（案）は、地球の未来と市民――科学に何ができるか？　地球の直面するさまざまな問題にたいして私たちは何ができるか？　どうすべきなのか？　を主題にしたい。三、カリキュラム案として、A（Advanced）コース＝（八月の集中講義から開始）①地球というシステム（科学的入門）、②科学論入門、③地球がいま直面する問題は何か、各論――望ましい講師。④プルトニウム問題と原子力資料情報室、⑤討論と各人の取り組みについて。B（Beginners）コース＝一般向けの講座（十一月頃？開講）。四、学校の運営・組織面について――「学校」そのものを固定的に考えず、皆でこれから作り上げたい。

というものでした。夏の学校の準備の最中に、呼び掛けた本人が突然大腸がんで入院、手術となり高木学校は出発から困難にぶつかりましたが、集まったメンバーと趣旨に賛同する講師陣の協力で夏の学校は敢行され、運営会議やメーリングリストを通して意見交換しつつBコース連続講座の準備が進められました。

Bコース第一回連続講座「化学物質と生活」（全六回）は、一九九八年一二月から第一回プルトニウムと市民、第二回環境ホルモンと化学物質、翌年一月第三回くらしの中のダイオキシンと塩素化合物、第四回フロン問題における政策課題、第五回アルツハイマー病とアルミニウム、第六回全体討論会が開催され、続いて一九九九年九月よりBコース第二回連続講座「エネルギーと生活」（全四回）は、第一回暮らしの中のエネルギー、第二回エネルギーと交通、第三回原子力発電と放射性廃棄物、第四回これからのエネルギー、が開催され、十月、第三回目の「原子力発電と放射性廃棄物エネルギー」では高木仁三郎が直前九月三十日に発生したJCO東海村臨界事故について緊急報告を行ないました。この間、米スリーマイル島原発現地調査に行ったメンバーによる『若者たちが見た二〇年目のスリーマイル島原発』の発行、二〇〇〇年七月には地層処分問題研究グループから『「高レベル放射性廃棄物地層処分の技術的信頼性」批判』、ブックレット『リサイクルの責任はだれに』を発行。高木仁三郎没直後にBコース第三回連続講座「リサイクルを超えて」が十一月から第一回リサイクルの現実と課題、第二回建築廃材、コンクリート廃棄物から考える、を二〇〇一年には『公開討論会「高レベル放射性廃棄物の地層処分を考える」全記録』が地層処分問題研究グループから刊行。高木校長亡きあとも、メンバーの意思により活動は継続されました。現在、年一回の市民講座、夏の学校（合宿）、月例勉強会、高木学校カフェの開催を軸に、医療被ばく問題研究グループ（医問研）、省エネ・リサイクル班、化学物質問題研究グループなどが活動しています。医問研は世界で突出して多い日本の医療被ばくを低減する取り組みを開始、二〇〇五年第八回市民講座「医療被ばくをどう考えるか」の開催、小冊子『受ける？受けない？エックス線CT検査』（加筆して二〇一四年にちくま文庫『レントゲン、CT検査　医療被ばくのリスク』として刊行）を出版、「医療被ばく記録手帳」を発行し世に問いました。二〇一一年福島原発事故以降、くらし、環境、健康への放射線の影響を中心に市民講座を組み、甲状腺がんの問題をはじめ低線量放射線の健康影響、環境影響に焦点をあて、市民の要請に応えて各地へ出前講演に出かけるなどの活動を行なっています。二〇一八年春、高木学校は二〇周年を迎えました。十二月には高木学校二〇周年記念「市民科学への道」集会を開催します。

高木仁三郎市民科学基金 www.takagifund.org

二〇〇〇年七月、高木仁三郎は「高木基金の構想と我が意向」を残し、そこには、一、市民の科学をめざす研究者個人の資金面での奨励と育成　二、市民の科学をめざすNPOの資金面での奨励と育成　三、アジアの若手研究者の育成、をあげ、「私の構想は『記念基金的』なものとは違う。私には『生前の偉業』と呼ぶほどのものはないが、死後も世間を騒がす程度に長期的視野に立った事業、特にNPOの発展への具体的、実践的、現実主義的意図に関しては、『えらい先生方』にはない行動力があるつもりで、それが私を私たらしめてきた」と書きました。二〇〇〇年十月、高木仁三郎没後、十二月に日比谷公会堂で開かれた「高木仁三郎さんを偲ぶ会」で高木基金設立を呼びかけ、翌年九月、NPO法人として発足、十月「一〇・八　高木仁三郎メモリアル　市民科学のめざすもの」で高木基金助成プログラムを発表、第一回の助成公募を開始しました。二〇〇三年には、NPO法人　高木仁三郎市民科学基金と名称を変更し、二〇〇六年四月には国税庁から認定NPO法人の承認を得、基金への寄付金控除が可能になりました。国内への助成は毎年十一月に助成募集をはじめ、選考委員による書類選考を経て早春に公開プレゼンテーションを開き助成候補者から応募内容の説明を受け会場との質疑のあと、理事会で助成者を決定します。アジア枠は、事務局担当者が応募者とメール等でやりとりしながら選考委員の書類選考を経て理事会で助成者を決定します。第一回（二〇〇二年度）は一五件一四〇〇万円の助成を、毎年総額約一〇〇〇万円の助成を行ない、設立からの助成件数は三六五件、助成総額は一億九四八四万円となりました。河合弘之代表理事はじめ理事会、選考委員会、顧問、事務局の体制で活動しています。一般公募助成とは別に、基金の側から研究を委託する委託研究助成の枠も設けています。また福島原発事故後は、原発事故に関する調査・研究への緊急助成を行なっています。

助成事業とは別に特別事業として二〇一三年度に「原子力市民委員会」を設立しました。原子力市民委員会 www.ccnejapan.com は、脱原発社会の構築のための情報収集、分析および政策提言を行なうとともに、幅広い意見をもつ人びとによる議論の「場」を提供することを目的とした市民シンクタンクとして二〇一三年から約八〇名のメンバー(研究者、技術者、弁護士、教育者、NGO／NPO職員など)から成り、二〇一四年に『原発ゼロ社会への道——市民がつくる脱原発政策大綱』を、昨年は『原発ゼロ社会への道二〇一七——脱原発政策実現のために』等を発行して広く活動中です。

9 おわりに

二〇〇〇年八月初め、死を覚悟したとき仁三郎は、最後のメッセージ「友へ」を残しましたが、これを高木仁三郎という生き方の結びにかえたいとおもいます。

友へ——高木仁三郎からの最後のメッセージ

皆さん、本当にほんとうに長いことありがとうございました。体制内のごく標準的な一科学者として一生を終わっても何の不思議もない人間を、多くの方たちが暖かい手をさしのべて鍛え直してくれました。それによって、とにかくも「反原発の市民科学者」としての一生を貫徹することが出来ました。

反原発に生きることは、苦しいこともありましたが、全国、全世界に真摯に生きる人々と共にあることと、歴史の大道に沿って歩んでいることの確信から来る喜びは、小さな困難などをはるかに超えるとして、いつも私を前に向かって進めてくれました。幸いにして私は、ライト・ライブリフッド賞を始め、いくつかの賞に恵まれることになりましたが、それらは繰り返し言って来たように、多くの志を共にする人たちと分かち合うべきものとしての受賞でした。

残念ながら、原子力最後の日は見ることができず、私の方が先に逝かねばならなくなりましたが、せめて「プルトニウム最後の日」くらいは目にしたかったです。でも、それはもう時間の問題でしょう。すでにあらゆる事実が、私たちの主張が正しかったことを示しています。なお、楽観できないのは、この末期症状の中で、巨大な事故や不正が原子力の世界を襲う危険でしょう。JCO事故からロシア原潜事故までのこの一年間を考えるとき、原子力時代の末期症状による大事故の危険と結局は放射性廃棄物がたれ流しになっていくのではないかということに対する危惧の念は、今、先に逝ってしまう人間の心を最も悩ますものです。

後に残る人びとが、歴史を見通す透徹した知力と、大胆に現実に立ち向かう活発な行動力を持って、一刻も早く原子力の時代にピリオドをつけ、その賢明な終局に英知を結集されることを願ってやみません。私はどこかで、必ず、その皆様の活動を見守っていることでしょう。

いつまでも皆さんとともに

高木仁三郎

解題・注釈

西尾 漠

第一部　原子力技術に批判的にたいする根拠

*専門的批判の組織化について

伊東俊太郎・村上陽一郎編の『講座科学史2　社会から読む科学史』（培風館、一九八九年）に執筆された。巻末の伊東・村上と佐々木力の座談会で、佐々木は「最後に本書に収められた論文にはすべて目をとおしましたが、中でも高木仁三郎氏の論文は印象的でした」「高木氏の今回の論文は非常にモラルが高くて自らの知識を利用しながら、かつ自分しかもちえない科学についての思いを込め、自信あふれる論理を展開している」と高く評価した。

高木著『市民の科学をめざして』（朝日選書、一九九九年、講談社学術文庫『市民の科学』二〇一五年）に採録されたさいに前書き（省略）と「コラート・ドンデラー事務所」についての記述、補注が、付されたものである。

文中に登場するエコ研究所のM（ミヒャエル）・ザイラーは、一九九九年からドイツの原子力安全委員、二〇〇二年に委員長に就任した。

*現代科学の超克をめざして――新しく科学を学ぶ諸君へ

朝日新聞社刊の週刊誌『朝日ジャーナル』（一九九二年終刊）の一九七〇年四月二十六日号に載った。「混沌のうちに70年新学期」という特集で、編集部の記事のあとに最首悟「一般教養・その二重の幻」と並んでいた。高木は前年の六九年七月に、全共闘の学生が一部封鎖直後の東京都立大学の助教授に就任。十一月には機動隊を導入しての封鎖解除に抗議して正門前に同僚の「造反教官」らと座り込み、排除されている。

いまの読者には注釈の要る言葉もある。「このところタイムリミットなる言葉が盛んに用いられた。この階級的時間概念をうち破り」と出てくるタイムリミットは、大学運営臨時措置法の抜き打ち成立・施行（一九六九年八月）を受けた「入試実施か中止か」のタイムリミットである。「核共闘」は「核物理研究者全国共闘会議」の略称で、素粒子研究所計画の縮小案を学術審議会が決めたことに反発して一九六九年三月十二日に結成された。

＊「人間の顔」をもった技術を求めて

『朝日ジャーナル』一九七八年一月十三日号に掲載された。「科学の危機がいま、なぜ問題か」という特集で、中山茂を司会に、宇井純、野間宏と高木によるシンポジウム「人間の復権をめざす批判的科学運動」も採録されている。

自身の論文を引用している科学技術者グループの機関誌『ぷろじぇ』は、梅林宏道と山口幸夫によって一九六九年九月に創刊された。誌題は、J・P・サルトルの『方法の問題』のなかの言葉からつけられ、第九号、一〇号には「科学、技術、そして人間の解放にこだわる人々の場」と副題が付されていた。高木は、「現代科学の超克をめざして」を読んだ山口らから声をかけられ、一九七〇年七月から参加している。引用文の載った七四年五月の第一〇号で、同誌は中断したままとなった。なお、つづいて引用している『情況』論文は、本書一一九ページ以下にある。

文中に出てくるゴッドフリー・ボイル著『リビング・オン・ザ・サン』を高木は、近藤和子と共に訳出中で、三ヵ月後、『太陽とともに』の邦題で社会思想社の現代教養文庫の一冊として刊行された。

＊くらしからみた巨大科学技術

国民生活センターが刊行していた月刊誌『国民生活』（二〇一二年から「ウェブ版」）の一九七九年七月号、特集「くらしとエネルギーを考える視点」に掲載された。

高木は、文中に登場する「GE社を辞職した三人の技術者」が一九七六年の米議会原子力合同委員会で行なった証言を訳し、『技術と人間』の同年六月号〜九月号に連載している。

＊被害者であり、加害者であること——反核の原点を考える
講談社が発行する月刊PR誌『本』一九八二年八月号に掲載。

＊核神話の時代を超えて
野草社が一九八〇〜九〇年に刊行していた隔月刊誌『80年代』の第二四号（一九八三年十一月）に掲載された。

文中に出てくる「"Countdown Zero"という本」は、春名幹男訳『カウントダウン・ゼロ』として一九八五年、社会思想社より刊行されている。「S・ウォレン大佐の残した記録が発見されて、新たな話題を呼んでい」ることについては、春名幹男著『ヒバクシャ・イン・USA』（岩波新書、一九八五年）に記載がある。

＊科学と軍事技術
『読売新聞』大阪本社版の夕刊に中岡哲郎、室田武ら多くの執筆者により長期連載されていた「光と闇の新世界」の一篇で、一九八五年六月十一日から十四日までの四回にわたって掲載された。

文中、理化学研究所の槌田敦研究員（当時）にたいする処分についての物理学会会員有志調査団の報告書は、一九八五年三月に公表されている。なお、槌田にたいする処分は、その以前からも、また以後も、さまざまなかたちでつづいた。『「物理学者の社会的責任」サーキュラー　科学・社会・人間』各号に詳しい。中央労働委員会に再審査が申し立てられた日本原子力研究所の争議は一九八七年十二月に和解に至った。

＊プルトニウムと市民のはざまで――一九九七年ライト・ライブリフッド賞受賞スピーチ

一九九七年十二月八日の授賞式で英語でスピーチしたものの邦訳である。ライト・ライブリフッド（正しい暮らし）賞は、スウェーデンのライト・ライブリフッド賞財団が一九八〇年から授与しており、「もうひとつのノーベル賞」と呼ばれる。「人類が直面している問題に解答を提示するべく取り組んでいる」人びとを支援することを趣旨とするものである。

九七年の受賞者は五人で、高木は、WISE-Paris（世界エネルギー情報サービス－パリ）を主宰していたマイケル・シュナイダーと共同での受賞だった。文中にあるように、高木を研究代表、シュナイダーを副代表とする「国際MOX燃料評価」（日本語版報告書は一九八八年、『MOX（プルトニウム燃料）総合評価』として七つ森書館刊）が認められたもので、「シュナイダーと高木は、人間社会からプルトニウムの脅威を取り除くために協力して闘い、プルトニウム産業による情報の操作や隠匿にたいして抵抗している多くの人びとの力となった」と、授賞理由に述べられている。

『原子力資料情報室通信』第二八三号（一九九七年十二月）が初出。若干の加筆を行ない、註を付して朝日選書『市民の科学をめざして』（一九九九年）に再録された。

第二部　原子力エネルギーについての認識と批判

＊「原子力社会」への拒否――反原発のもうひとつの側面

電力新報社発行の『電力新報』（現在は『エネルギーフォーラム』と改題）の一九七五年九月号に掲載された。編集部がつけた紹介文にいわく「巨大な技術システムとしての原子力が社会全体とのかかわりを深めるなかで、反原発運動も『原子力社会』の拒否という新たな側面が加わってきた。原子力問題が国民的な基盤に立ってこそ定着していくものである以上、この反原発の論理が提起する問題は無視できない」。

文中の「反原発市民連絡会議」は、一九七五年六月、米生物物理学者のアーサー・R・タンプリンを日本に招いた市民団体によって発足した。「連絡会議」としての活動はつづかなかったが、参加の各団体はその後も反原発運動の中心的役割を担いつづけた。「米国のAEC」は米原子力委員会。

＊原発反対運動のめざすもの――科学技術にかかわる立場から

情況出版発行の理論雑誌『情況』（第一期）の一九七六年一月号「特集　反原発・近代科学技術を撃つ！」の巻頭論文。

文中に引用されているゾーン＝レーテル『精神労働と肉体労働』の一節は、高木が『ぷろじぇ』第一〇号（一九七四年五月）に『唯物論的認識論と労働の社会化』の前半部「史的唯物論的認識論の本質」を訳出したさいに付した「訳者メモ」中に翻訳引用されたものである。

＊生活から反核の思想を問う

日本平和学会『平和研究』第七号（一九八二年一一月）の特集「生活様式と平和」に掲載。同学会第九回研究大会（一九八一年十一月十四日～十五日）の初日に行なった基調講演を元に書きおろした。

＊人間主体の立場から――科学技術立国と私たち

径書房が一九八二年から八四年まで刊行していた季刊誌『いま、人間として』の第五号（一九八三年六月）に掲載。

＊ソフトさとは何か――ソフト・パスへの一視点

長州一二編著『ソフト・エネルギー・パスを考える』（学陽書房、一九八一年）中の論文である。同書には、『ソフト・エネルギー・パス――永続的平和への道』（エイモリー・ロビンズ著、室田泰弘・槌屋治紀訳、時事通信社、一九七九年）をめぐって、著者のロビンス（この本以降は「ロビンス」と表記されるようになった）自身の問題提起「ソフトパスとは何か？」（構成＝地球の友・東京）と、さまざまな立場の日本の論者からの多様な受け止め方・批判が「ソフトパスと日本」としてまとめられている。

＊核エネルギーの解放と制御

岩波講座「転換期における人間」の第七巻『技術とは』（一九九〇年三月、岩波書店刊）に収められたもの。同講座は全一〇巻および別巻一巻よりなり、高木は第二巻『自然とは』にも「エコロジーの考え方」を寄せている。文中、ウェルズは、ハーバート・G・ウェルズ。

＊現在の計画では地層処分は成立しない

地層処分研究グループ（高木学校＋原子力資料情報室）が二〇〇〇年七月に発行したパンフレット『「高レベル放射性廃棄物地層処分の技術信頼性」批判』の第6章。秋津進、桜井恵が執筆した項目は割愛した。『高レベル放射性廃棄物地層処分の技術信頼性』は、一九九九年十一月に核燃料サイクル開発機構（現・日本原子力研究開発機構）が原子力委員会に提出した「地層処分研究開発第2次取りまとめ」である。

第三部　原子力発電所事故への警告

＊原発事故はなぜ起こるのか

朝日新聞社刊の月刊誌『科学朝日』(一九九六年終刊)の一九八六年十月号の特集「立体構成　サヨナラ原子力」に掲載。一部補正のうえ、高木著『チェルノブイリ——最後の警告』(七つ森書館)に採録された。本書では、後者を底本とした。

＊チェルノブイリ原発事故の波紋

岩波書店刊の月刊誌『科学』一九八六年八月号に掲載。一部補正のうえ、高木著『チェルノブイリ——最後の警告』(七つ森書館)に採録された。本書では、後者を底本とした。

文中「西ベルリン在住の山本知佳子さんの手紙」は一九八九年、山本知佳子著『ベルリンからの手紙——放射能は国境を越えて』として八月書館から刊行された。

＊核施設と非常事態——地震対策の検証を中心に

『日本物理学会誌』一九九五年一月の阪神・淡路大震災を受けた特集記事として、動力炉・核燃料開発事業団もんじゅ建設所の井上達也技術開発部部長代理「原子炉は地震に対し如何に設計されているか」と一対に、同年十月号に掲載された。

二〇一一年三月の東日本大震災・福島原発事故のあと、『『想定外』を一六年前に警告」とインターネット上で話題になり、共同通信の記事になったり、『朝日新聞』の連載「プロメテウスの罠」(二〇一二年五月三十一日付)に引用されたりしている。

＊「もんじゅ」事故のあけた穴

岩波ブックレット『もんじゅ事故の行きつく先は?』(一九九六年)の第1章である。動力炉・核燃料開発事業団はその後、核燃料サイクル開発機構に衣替えし、さらに日本原子力研究所と統合されて日本原子力研究開発機構となっている。科学技術庁も、文部省との統合で文部科学省となった。

＊「原発事故はなぜくりかえすのか」

岩波新書『原発事故はなぜくりかえすのか』は、病床で録音機に向かって口述したテープ起こしの原稿に朱を入れて書かれた。発行は二〇〇〇年十二月。十月八日に亡くなった高木には、手にすることができなかった。「高木仁三郎さんを偲ぶ会――平和で持続的な未来に向かって」が十二月十日に東京・日比谷公会堂で行なわれ、編集者の堺信幸が遺影に校正刷りを掲げて示した。

第四部　新しい自然観の模索

＊いま自然をどうみるか

一九八五年に白水社から刊行された『いま自然をどうみるか』（一九九八年六月に『いま自然をどうみるか（増補新版）』）の「序章」である。

この本を書くことで「私は、ほんとうに都会を離れ、科学者であることをやめるつもりでいたのである」と高木は、『現代』一九九六年八月号の特集「こういう人に私はなりたい」で告白している。「ところがである。その矢先に、チェルノブイリ原発事故が起こり、私は東京に連れ戻されるような形になった。そして、その惨劇の状況を知るにつけ、私は原子力問題から永遠に離れられない自分の立場を覚らされた」。

文中「一九八四年十一月十五日早朝に、東京の大井埠頭に、二五〇キログラムのプルトニウムが荷揚げされた」とあるのは、フランスの使用済み燃料再処理工場に委託して取り出されたプルトニウムの第一回の輸送のことである。

＊感性の危機と自然

慶應技術大学出版会の月刊誌『教育と医学』一九八七年十月号に掲載。

＊自然を保つ人間の責任とは

日本基督教団の出版局が刊行する『教師の友』の一九九一年八月号特集「神様に造られた世界」に掲載された。文中「ＪＰＩＣ会議」は、世界教会協議会が一九九〇年に韓国・ソウルで開催した「正義・平和・被造世界の一体化（ＪＰＩＣ）」会議」。

＊原子力―地球環境とどう関わるか

法蔵館の季刊誌『仏教』の別冊（一九九一年十一月）である『いのちの環境』に掲載。

＊エコロジーからコスモロジーへ

『宮沢賢治学会イーハトーブセンター会報』一九九七年九月号に掲載。「宮沢賢治学会イーハトーブセンター」は賢治愛好家と研究者の集う場であり、岩手県花巻市の「宮沢賢治イーハトーブ館」に本拠を置く。花巻市の主催する宮沢賢治賞・イーハトーブ賞の受賞者を答申し、「宮沢賢治イーハトーブ館」での展示、会報・機関誌を発行している。高木は、『宮沢賢治をめぐる冒険』（社会思想社）を上梓した一九九五年に「賢治科学思想の伝承と実践」を称えられ、イーハトーブ賞を受賞した。

＊環境報道を考える——原子力は環境問題ではないのか
日本新聞協会刊の月刊誌『新聞研究』一九九八年八月号の特集「環境報道を考える」に載ったインタビュー。

附論

＊脳死臓器移植と原子力技術——責任ある科学技術のあり方を問い直す（対談）高木＋佐々木力
書評紙『図書新聞』一九九五年一月二十一日号に掲載された対談。

＊高木仁三郎へのいやがらせ（高木久仁子）
海渡雄一編『反原発へのいやがらせ全記録——原子力ムラの品性を嗤う』（明石書店、二〇一四年）所収。

＊高木仁三郎という生き方（高木久仁子）
書き下ろし。

●高木仁三郎著作目録

発行年月	論文タイトルまたは書名	初出紙誌等	出版社	注記
一九六四年二月	Electrodeposition of Protoactinium	*J. of Inorganic & Nuclear Chemistry* vol. 26	Pergamon Press	H. Shimojima との共著論文
一九六四年四月	Silicon Surface Barrier Detector	*J. Nucl. Sci. Technol.* 1, No. 8	Atomic Energy Society of Japan	S. Goto との共著論文
一九六四年十一月	Diffusion of Non-Gaseous Fission Products in UO2 Single Crystals	*Z. für Naturforschung* 19a, heft11	Verlag der Zeitschrift für Naturforschung, Tubingen	N. Oi との共著論文
一九六五年二月	Studies on Protoactinium(V) in Sulphuric Acid Solution-I Centrifugation Study	*J. Inorg. Nucl. Chem.* vol. 27	Pergamon Press	H. Shimojima との共著論文
一九六五年四月	Distribution of Fission Products in Irradiated UO2	*J. Nucl. Sci. Technol.* Vol. 2, No. 4	Atomic Energy Society of Japan	N. Oi との共著論文
一九六五年五月	Determination of 240Pu and 239Pu Ratio by Spontaneous Fission Counting	*J. Nucl. Sci. Technol.* Vol. 2, No. 5	Atomic Energy Society of Japan	N. Oi との共著論文
	Diffusion of Non-Gaseous Fission Products in UO2 Single Crystals II	*Z. für Naturforschung* Band 20a, Heft 5	Verlag der Zeitschrift für Naturforschung	N. Oi との共著論文
一九六五年十二月	Evaporation Behavior of Non-Gaseous Fission Products from UO2	*Z. für Naturforschung* Band 20a, Heft 12	Verlag der Zeitschrift für Naturforschung	
一九六七年四月	Terrestrial Xenon Anomaly and Explosion of Our Galaxy	*J. of Geophysical Research* Vol. 72, No. 8	WILEY	K. Sakamoto, S. Tanaka との共著論文
一九六七年七月	An Extremely Low-Level Gamma-Ray Spectrometer	*Nuclear Instruments and Methods* 56, 1967	North-Holland Publishing	S. Tanaka, K. Sakamoto との共著論文
一九六七年	天然長寿命核種の半減期の測定（176Lu, 180Ta, 50V)	東大核研報告　INS-TCH-2	東京大学原子核研究所	田中重男、坂本浩、槌本道子との共著論文
一九六八年二月	珪岩中の Al26 探求に関する実験詳報〔天然微弱放射能探求の際の技術的問題〕	東大核研報告　INS-TCH-3	東京大学原子核研究所	田中重男、坂本浩、槌本道子、井上照夫との共著論文

一九六八年五月	Search for Aluminum 26 Induced by Cosmic-Ray Muons in Terrestrial Rock	*J. of Geophysical Research* Vol. 73, No. 10	WILEY	S. Tanaka, K. Sakamoto, M. Tsuchimoto との共著論文
一九六八年六月	Aluminum-26 and Beryllium-10 in Marine Sediment	*Science* vol. 160	the American Association for the Advancement of Science	S. Tanaka, K. Sakamoto,M. Tsuchimoto との共著論文
一九六八年七月	Te128 と Te130 の中性子吸収　断面積の比の測定	東大核研報告　INS TCH-4	東京大学原子核研究所	大西輝明、田中重男との共著論文
一九六八年十二月	Calculation of the Production Rate of Radioactivity by Cosmic Rays at Sea Level	*Institute for Nuclear Study*, University of Tokyo INSJ-110	Institute for Nuclear Study, University of Tokyo	S. Tanaka との共著論文
一九六八年	『微弱放射能測定技術』		コロナ社	ワット・ラムスデン著、田中重男・坂本浩との共訳
一九六九年六月	Cosmic-Ray Muon-Induced Iron 59 in Cobalt	*J. of Geophysical Research* Vol. 74, No. 12	WILEY	S. Tanaka との共著論文
一九七〇年四月	現代科学の超克をめざして——新しく科学を学ぶ諸君へ——	朝日ジャーナル　四月二十六日号	朝日新聞社	特集・混沌のうちに'70年新学期・その4
一九七〇年七月	Rare Gas Anomalies and Intense Muon Fluxes in the Past	*Nature* Vol. 227, No. 5256	Nature	
一九七〇年九月	Cosmic-Ray Produced Aluminum-26 in Silicate Spherules from Marine Sediments	京都大学理学部研究報告 KUNS-191	Faculty of Science, Kyoto University	K. Yamakoshi との共著論文
一九七一年七月	Xenon Anomaly in Tellurium Ore	*Institute for Nuclear Study*, University of Tokyo INS-J-129	Institute for Nuclear Study, University of Tokyo	S. Tanaka との共著論文
	深海底土中のベリリウムの分離定量 -Be10測定のための -	東大核研報告　INS-TCH-6	東京大学原子核研究所	井上照夫、坂本浩、田中重男との共著論文
一九七二年	2.1.7 Messung von myoneninduziertem 26Al in irdischem Gestein	*Jahresbericht* 1972	Max-Planck-Institüt für Kernphysik, Heidelberg	W. Hampel との共著論文
	2.1.8 Myoneninduzierte Nuclide in Telluriden	*Jahresbericht* 1972	Max-Planck-Institüt für Kernphysik, Heidelberg	J. Kiko, T. Kirsten との共著論文

一九七三年十二月	話題「科学者の社会的活動とSESPAの試み」	科学　Vol. 43、No. 12	岩波書店	
一九七四年九月	Cosmic-Ray Muon-Induced 129I in Tellurium Ores	*Earth and Planetary Science Letters* 24	North-Holland Publishing	H. Hampel, T. Kirsten との共著論文
一九七四年十一月	「科学鑑定」という虚構	実録　虚構解体其之一	「虚構解体」編集委員会	石山才（ペンネーム）
一九七五年三月	フォーラム　アメリカ国防省の研究援助	科学　Vol. 45、No. 3	岩波書店	
一九七五年五月	プルトニウム毒性の考察	科学　Vol. 45、No. 5	岩波書店	
一九七五年六月	Search for Cosmic Ray Produced Aluminum-26 in Silicate Spherules from Marine Sediments	*Institute for Nuclear Study*, University of Tokyo INS-Report-236	東京大学原子核研究所	K. Kobayashi, K. Nogami, T. Oyane, T. Shimamura, K. Yamakoshi, Y. Tazawa との共著論文
一九七五年八月	ホットパーティクル論争	科学　Vol. 45、No. 8	岩波書店	
	私たちの生活に原子力はいらない――原子力は人類と共存できない	『私たちにとって原子力は……』	朔人社	高頭祥八編、むつ市小学生の版画集
一九七五年九月	「原子力社会」への拒否――反原発のもう一つの側面	電力新報　249号	エネルギー・フォーラム	
	Measurement of Muon-Induced 26Al in Terrestrial Silicate Rock	*J. of Geophysical Research* 80, 3757	Wiley	W. Hampel, K. Sakamoto, S. Tanaka との共著論文
	原子炉の事故解析・原発の信頼性	技術と人間　9月号	技術と人間	タンプリン、ジルベルグ、コメイ論文の翻訳
	プルトニウムの毒性について	『原爆から原発まで（下）核セミナーの記録』上・下2巻	アグネ	原爆体験を伝える会編
一九七五年	ラスムッセン報告の批判――スウェーデン環境センター（抄訳）	『原子炉の事故解析』	原水爆禁止日本国民会議	タンプリン、ジルベルグ著の翻訳
	再処理施設とプルトニウムの毒性	『原子炉の事故解析』	原水爆禁止日本国民会議	

一九七六年一月	原発反対運動のめざすもの――科学技術にかかわる立場から	情況 91号	情況出版	
	安全性解析の欺瞞 ブライアン博士の証言	技術と人間 1月号	技術と人間	プルトニウム研究会
一九七六年二月	原子力の危険性(I)――アメリカ物理学会〝軽水炉の安全性研究〟に対するUCSの見解	科学 Vol. 46、No. 2	岩波書店	H. W. Kendall 論文の翻訳
	プルトニウム問題と化学者	現代化学	東京化学同人	
一九七六年三月	原子力の危険性(II)――アメリカ物理学会〝軽水炉の安全性研究〟に対するUCSの見解	科学 Vol. 46、No. 3	岩波書店	H. W. Kendall 論文の翻訳
	リノグラデンティア（鼻歩動物）の形態と生態	知の考古学 No. 7	社会思想社	H・シュテュンプケ論文、石山仁（ペンネーム）訳
	まず人間としての社会へのかかわりを！	化学と工業 29（3）	日本化学会	
一九七六年五月	「地獄の王」（プルトニウム）は管理できるか	朝日ジャーナル 五月十四日号	朝日新聞社	
一九七六年六月	大規模核戦争で人類は生き残れるか――NASの報告をめぐって	科学 Vol. 46、No. 6	岩波書店	
一九七六年六―九月	発電用原子炉における事故の実例（1）―（4）原発現場からのGE元技術者の証言	技術と人間 6―9月号	技術と人間	D・G・ブライデンボー、R・B・ハバード、G・C・マイナー論文の翻訳
一九七六年七月	特集 原子力発電は引合わない――日本の「原発計画」を試算する	週刊エコノミスト 七月二十七日号	毎日新聞社	
	『プルートーンの火』		社会思想社	教養文庫「現代の博物誌」
一九七六年九月	横暴・強引な原子力開発から何が起きるか――ハンフォード核燃料再処理工場事故が鳴らす警鐘	朝日ジャーナル 九月十七日号	朝日新聞社	
一九七六年十一月	原子力技術を考える	技術と人間 臨時増刊号原子力発電の危険性	技術と人間	

一九七六年十二月	『見る月見られる月』		社会思想社	教養文庫「現代の博物誌」、有馬次郎（ペンネーム）
一九七七年四月	黄信号が出た西独の原子力発電――ウィール原発に建設中止の判決	朝日ジャーナル　四月二十二日号	朝日新聞社	
一九七七年五月	核燃料再処理工場の大事故評価――西ドイツの IRS-290 報告をめぐって	科学　Vol.47、No.5	岩波書店	
一九七七年六月	『ウィールにもどこにも原発はいらない！――ウィール（西独）原発反対闘争の記録』		プルトニウム研究会	プルトニウム研究会ほかとの共著
一九七七年七月	『核燃料再処理工場――その危険性のすべて』		原子力資料情報室	原子力資料情報室運営委員会
一九七七年八月	原子力――その欺瞞の構造	経済評論　26（8）	日本評論社	
一九七八年一月	「人間の顔を持った」技術を求めて	朝日ジャーナル　一月十三日号	朝日新聞社	
	〃もう一つの技術〃を求めて（新しい技術運動の展開）	科学朝日	朝日新聞社	
一九七八年三月	原子力発電とエネルギー問題（講演録）		日本電気産業労働組合中国地方本部	
一九七八年四月	現代科学の問題としての原発――科学の危機から変革の科学へ	『反原発事典Ⅰ［反］原子力発電・篇』	現代書館	シリーズⅠ、反原発事典編集委員会編
	『太陽とともに＝自然と共存する技術』		社会思想社	G・ボイル、近藤和子と共訳、教養文庫
	『閉じたせかい開いたせかい』		社会思想社	有馬次郎（ペンネーム）、教養文庫
一九七八年六月	米下院政府活動委員会報告「原子力のコスト」　経済性神話への全面的批判	原発斗争情報　47号	原子力資料情報室	
一九七九年一月	巻頭言　はびこる〈原子力文化〉	科学　Vol.49、No.1	岩波書店	

一九七九年三月	RASMUSSEN 報告の再評価——危険評価再検討グループの報告	科学　Vol. 49、No. 3	岩波書店	
	『科学は変わる』		東洋経済新報社	東経選書
一九七九年四月	〈座談会〉運動に新しい風を	『反原発事典Ⅱ［反］原子力文明・篇』	現代書館	シリーズⅡ、前田俊彦・橋爪健郎と（司会津村喬）、反原発事典編集委員会編
一九七九年六月	『核文明の恐怖』		岩波書店	H・コルディコット著、阿木幸男との共訳、岩波現代選書、NS
	米原発事故と巨大技術の欠陥——ただちに全原発を止めて国民的な議論にかけるべきだ	月刊労働問題　262	日本評論社	
	虚構の科学　スリーマイル島原発事故に思う	第三文明	第三文明社	
	米国原発事故から学ぶべきもの	現代化学	東京化学同人	
一九七九年七月	くらしから見た巨大科学技術	国民生活　9（7）	国民生活センター	
	対抗的科学——政治と文化をつなぐ論理	現代の眼　20（7）	現代評論社	
一九七九年十月	『働かない安全装置！——スリーマイル島原発事故と日本の原発』		原子力資料情報室	原子力資料情報室運営委員会との共著
一九八〇年一月	『スリーマイル島原発事故の衝撃』		社会思想社	編著
	「生きる地球」を支える熱循環	科学朝日　40（1）	朝日新聞社	
一九八〇年二月	原子力　新〈アウシュビッツ〉体制へ　ロベルト・ユンク氏が語る	図書新聞　第191号	図書新聞	聞き手
一九八〇年四月	緊急報告　ラ・アーグ再処理工場で大事故！　電源共倒れで冷却系、換気系が危機に　大量の放射能漏れか、真相の追究を	原発斗争情報　69号	原子力資料情報室	
一九八〇年五月	原子力発電所における労働者被曝	科学　Vol. 50、No. 5	岩波書店	

一九八〇年七月	自然―人間―科学	『世界のなかの科学精神――科学と社会』	工作舎	日本の科学精神5、辻哲夫編、初出『ぷろじぇ』3、5、6号
一九八〇年十一月	80年代の原子力問題（講演録）	『日本の核燃料サイクル』	日本電気産業労働組合中国地方本部	
一九八一年四月	ソフトさとは何か――ソフト・パスへの一視点	『ソフト・エネルギー・パスを考える』	学陽書房	長須一二編著
一九八一年五月	なぜ反原発か――その視点と闘い／敦賀原発事故の本質を撃つ	『高木仁三郎講演録　原発ってなに？』	千葉・原発を考える会	
	『原子力――その神話と現実』		紀伊国屋書店	R・カーチス／E・ホーガン著、近藤和子・阿木幸男との共訳
一九八一年七月	『米ソ核戦争が起こったら』		岩波書店	西沢信正との共訳、米国技術評価局編、岩波現代選書、NS
	イスラエルのイラク原子炉爆撃に想う　先進国の輸出商戦こそが問題	原発斗争情報　84号	原子力資料情報室	
一九八一年十月	高木仁三郎講演記録『いま、普段着の科学者として考えること――専門に進む皆さんへのメッセージ』		オルターナティブを考える会	東大教養学部ゼミ「エネルギーとエントロピー」6・23／6・30講義録
一九八一年十一月	生活から反核の思想を問う	平和研究　7	早稲田大学出版部	日本平和学会編
	『危機の科学』		朝日新聞社	朝日選書
	『プルトニウムの恐怖』		岩波書店	岩波新書
一九八一年十二月	状況認識としての「危機の科学」――国家による科学技術管理の中で	週刊読書人第一四一一号	読書人	
一九八二年一月	新春対談　エコロジーを越える――プルトニウム社会と管理社会の中で	日本読書新聞第二一四〇号	日本出版協会	廣松渉との対談、シリーズ対談その4
	「科学の国」の行く手　座談会「技術立国」より「立民哲学」を考えるとき	朝日ジャーナル　一月二十九日号	朝日新聞社	米本昌平・藤原英司・吉岡斉との座談会

一九八二年六月	『元素の小事典』		岩波書店	岩波ジュニア新書
	スリーマイル島原発の現状と問題	『いま、TMIを問う――TMIからみた反核・反原発』	原子力資料情報室	共著
	〈核文明〉の問い直しを――核報道に望む（〈核〉をめぐる新聞報道）	新聞研究 371	日本新聞協会	
一九八二年七月	反核運動としての反原発運動	『反核の論理 欧米・第3世界・日本』	柘植書房	吉川勇一他編
一九八二年八月	被害者であり、加害者であること――反核の原点を考える	本 8月号	講談社	
	『プルトニウム時代の入口にたって』		反原発運動全国連絡会	高木仁三郎他
一九八二年九月	宇宙の軍事化を憂う	科学 52（9）	岩波書店	
一九八二年十月	『アトミックソルジャー』兵士をモルモットにした核実験の犯罪をあばく	朝日ジャーナル 十月二十九日号	朝日新聞社	
一九八二年十一月	「民衆の科学」への一視点	『いま、民衆の科学技術を問う』	新評論	フォーラム・人類の希望編
一九八二年十二月	『わが内なるエコロジー』		農山漁村文化協会	人間選書
一九八三年一月	『原発黒書』		原子力資料情報室	原子力資料情報室
一九八三年二月	原爆線量再評価の意味するもの	科学53（2）	岩波書店	
一九八三年五月	生存の質を問い続けたい	『これからどうなる――日本・世界・21世紀』	岩波書店	岩波書店編集部編
一九八三年六月	人間主体の立場から――科学技術立国と私たち	季刊 いま、人間として 5	径書房	
一九八三年七月	『核時代を生きる』		講談社	現代新書
一九八三年八月	『ぼくからみると』	かがくのとも 173号	福音館書店	片山健＝絵
一九八三年九月	「ハード」から「ソフト」へ、……だが……	ジュリスト増刊総合特集 23	有斐閣	

一九八三年十月	自然との共存をめざす教育を（第二次教育制度検討委員会に参加して）	国民教育 58	構造社出版	国民教育研究所
一九八三年十一月	核神話の時代を超えて	80年代 No.24（11・12月号）	野草社／新泉社	
	〈知〉の可能性とネガティビズム	歴史と社会 3	リブロポート	長幸男他、叢書歴史と社会
	微弱放射線の人体への影響II リスク評価と原爆線量見直し	日本物理学会誌 Vol.38、No.11	日本物理学会	
	G・オーウェル「一九八四」は空想ではない（反核の思想を問う）	月刊総評 311	日本労働組合総評議会	
一九八四年一月	「ザ・デイ・アフター」を見て――「その前日」の危うさを問う 〝到来〟拒むため、討論の広がり期待	読売新聞（夕刊）	読売新聞社	一九八四年一月二十日
一九八四年三月	TMI（スリー・マイル島）以後の重大事故が葬り去った安全神話	朝日ジャーナル 三月二十三日号	朝日新聞社	
一九八四年五月	すでに始まっているトマホークの配備	月刊 動く力	国鉄動力車労働組合機関誌	
	市民運動の観点から	別冊経済セミナー エントロピー読本	日本評論社	
	原子力問題の現段階	『エネルギー問題』	社会評論社	現代技術史研究会編
一九八四年八月	反原発・エコロジーについて	『ちば行動連続講座・講演録』	核と戦争のない社会を！軍拡の中曾根はゴメンだ！ちば行動	
一九八四年十二月	『核に滅ぶか？！』		径書房	前田哲男との対談、こみち双書
	エコロジーの未来と人間の再生	季刊 いま、人間として 11 終刊号	径書房	
一九八四年	原発大国日本――海外進出段階に入った日本の原発	法学セミナー増刊市民の平和白書'84	日本評論社	
	許すなトマホーク――巡航核ミサイルの配備を阻止するために		核と戦争のない世の中をめざす行動	スライドセット

一九八四年	核燃料サイクルは死のサイクル		プルトニウム研究会	スライドセット
一九八五年三月	〔対談〕2万4千年の憂鬱　プルトニウム社会の入口に立って	世界　3月号	岩波書店	青野聰との対談
	「プルトニウム神話」は崩壊する（核燃料サイクルの危険な猛進――青森・六ケ所村に建設ゴーサイン）	朝日ジャーナル　三月十五日号	朝日新聞社	
	『単位の小事典』		岩波書店	岩波ジュニア新書
	高木仁三郎さんに聞く（インタビュー）	『少数派の力を見直す』	日本はこれでいいのか！市民連合	日市連ブックレット　1
一九八五年四月	危険きわまりない放射性廃棄物	別冊経済セミナー　エントロピー読本II	日本評論社	
一九八五年五月	『放射性廃棄物――下北・幌延を核のゴミ捨て場にするな』		原子力資料情報室	原子力資料情報室運営委員会
一九八五年六月	光と闇の新世界37――科学と軍事技術　4回連載	読売新聞	読売新聞社	一九八五年六月十一～十四日
一九八五年九月	観念論に堕してはならぬ――「民衆的な知」に根ざした科学批判を！	朝日ジャーナル　九月十三日号	朝日新聞社	
	自然観の解放と解放の自然観	『現代科学技術と社会変革』4	新地平社	同編集委員会編、講座現代と変革
一九八五年十月	プルトニウム時代に生きる	『核の素顔』	女子パウロ会	
	講演　核文明と原発	季刊　群馬評論　24号	群馬評論社	
	自給と共同をめざす試みの場　かいつぶり	『もうひとつの日本地図』	野草社／新泉社	「80年代」編集部
一九八五年十一月	『いま自然をどうみるか』		白水社	
一九八六年二月	ニューサイエンス批判と科学技術論　科学技術批判の実践的課題	技術と人間　2月号	技術と人間	
	放射性廃棄物の委託は危険――「埋設」も許す法規改正断念を	朝日新聞　論壇	朝日新聞社	投稿、一九八六年二月二十五日

一九八六年四月	『エネルギーを考える　社会・未来・わたしたち8』		岩崎書店	
一九八六年五月	『科学とのつき合い方』		河合教育文化研究所	河合ブックレット
	チェルノブイリ原発事故特集　大事故はいつでもどこでも起る	原発斗争情報　142号	原子力資料情報室	
一九八六年七月	巻頭言　巨大事故と文明の選択	科学56（7）	岩波書店	
	科学技術万能信仰を警告する　ソ連原発事故の原因とその教訓	軍縮問題資料	宇都宮軍縮研究室	
	メルトダウンした〝安全神話〟	第三文明　七月号	第三文明社	
一九八六年八月	『チェルノブイリ原発事故のもつ意味』		原子力資料情報室	原子力資料情報室
	シリーズ現代の「差別」を考える——科学技術と差別	同和教育　293号	全国同和教育研究協議会	全国同和教育研究協議会
一九八六年九月	自然としての人間	福音と世界　9月号	新教出版社	
	Vo lume 1: Summary and Conclusions	*International Nuclear Reactor Hazard Study Volume 1: Summary and Conclusions*	Gruppe Okologie Hannover	R. Anderson, J. Takagi et al. Gruppe Okologie Hannover
一九八六年十月	『森と里の思想』		七つ森書館	前田俊彦との対談
	原発事故はなぜ起こるのか	科学朝日　46（10）	朝日新聞社	
一九八六年十一月	ヨーロッパをおおうセシウムの暗い影	朝日ジャーナル　十一月十四日号	朝日新聞社	
一九八六年十二月	緊急報告チェルノブイリ原発事故について（講演録）	『太平洋を非核の海に』	績文堂	反核1000人委員会
	『ヨーロッパ反原発の旅』		原子力資料情報室	
	『原発事故——日本では』		岩波書店	岩波ブックレット
	『チェルノブイリ——最後の警告』		七つ森書館	
一九八七年一月	世界の原子力発電所の設計と運転上の特徴と原子炉事故の危険性	『原子炉危険性国際研究　要約と結論』	原子力資料情報室	グリーンピース委託研究、R.アンダーソン、他と共著

一九八七年二月	原発事故の報道について	マスコミ市民	マスコミ市民フォーラム	
	Japan; Environment and Economy			Lecture at the Meeting of Club Niedevöterreich, Vienna
一九八七年三月	機械と人間	大法輪　3月号	大法輪閣	
一九八七年四月	セシウムに染まったヨーロッパ	『われらチェルノブイリの虜囚』	三一書房	水戸巌・反原発記者会との共著、三一新書
一九八七年五月	『科学の「世紀末」』		平凡社	関曠野との共著
	原子力安全の考え方	労働の科学　42（5）	大原記念労働科学研究所	
一九八七年六月	災害に立ち向かった英雄たちの無知	朝日ジャーナル　九月十九日号	朝日新聞社	
	『科学は変わる』		社会思想社	教養文庫
一九八七年十月	感性の危機と自然	教育と医学　10月号	慶應義塾大学出版会	
	自然界に対する侵略を無視するな　特集I鯨とクジラ	季刊オイコス　2号	スタジオバグ	
	核時代の付き合い方	『風のシグナル――宮沢賢治と現在をめぐる九つの対話』	キリン書房	インタビュー牧野立雄
一九八七年十二月	Reassessment of Atomic Bomb Casualties Strongly Suggests a Higher Radiation Risk	*NUKE INFO TOKYO* No.2	Citizens'Nuclear Information Center (CNIC)	原子力資料情報室の英名称
	『あきらめから希望へ』		七つ森書館	花崎皋平との共著
	技術体系のなかの原子力――暴走する原発をどうするか	国民文化　337	国民文化会議	
一九八八年一・二月	Recent cost-cutting trends pose dangers for nuclear power plants	*NUKE INFO TOKYO* No. 3	CNIC	
一九八八年二月	リスク評価と原爆線量見直し	『原子力発電の諸問題』	東海大学出版会	日本物理学会編

一九八八年三月	『もし――どっちのみちへいこうかな』	かがくのとも 228号	福音館書店	絵＝中野こういち
一九八八年四月	敗戦で知った思想のもろさ（インタビュー）	『メモワール15歳』	北泉社	古田武編
一九八八年六月	『プルトニウムが降ってくる――プルトニウム空輸の危険性』		原子力資料情報室	
	技術体系の中の原子力	『明日の日本を考える』	筑摩書房	日高六郎編
一九八八年七月	三輪妙子のエコロジストインタビュー P・ヴァイス、特別ゲスト高木仁三郎	季刊オイコス 5号	スタジオバグ	ペーター・ヴァイス聞き手三輪妙子
一九八八年八月	解説 矛盾の最前線から	『日本の原発地帯』	河出書房新社	鎌田慧著
一九八八年十月	『チェルノブイリ月誌』		反原発運動全国連絡会	
一九八八年十一・十二月	Difficulties Mount after 25 Years of Nuclear Power Generation	*NUKE INFO TOKYO* No. 8	CNIC	
一九八八年十二月	再処理問題（インタビュー）	『決定版原発大論争！』	宝島社	電力会社 vs 高木仁三郎、別冊宝島編集部、宝島文庫562
一九八九年三月	市民の側から政策論争を――始まった「脱原発法」制定署名運動（インタビュー）	世界 3月号	岩波書店	聞き手編集部
	I 続原発・徹底討論	朝まで生テレビ！『原発2――反映か？破滅か？文明の選択』	全国朝日放送	田原総一朗編
一九八九年六月	『巨大事故の時代』		弘文堂	叢書死の文化6
	『原発大情報』		三一書房	メディア・インターフェイス編
一九八九年八月	II部 徹底討論	『今、原子力を問う 原発・推進か、撤退か』	日本放送出版協会	日本放送協会編

一九八九年九月	エコロジーの考え方	『岩波講座2 転換期における人間2 自然とは』	岩波書店	宇沢弘文ほか編
	原発廃棄に向けて	『チェルノブイリ事故3周年の今、脱原発を考える』	神高教	神高教ブックレット
	専門的批判の組織化について	『社会から読む科学史2』	培風館	伊東・村上編、講座科学史
	二酸化炭素と原子力発電	科学 59(9)	岩波書店	黒田真樹との共著
一九八九年十月	「殺しの文化」から「生命の文化へ」〃自然とともに生きる〃という発想への転換	ひと 10月号	太郎次郎社	
一九九〇年二月	『食卓にあがった死の灰』		講談社	渡辺美紀子との共著、現代新書
	自然観への一視点——宮澤賢治の自然観をめぐって	『自然への共鳴3 地球的規模の創造的なかかわり』	思索社	黒坂美和子編
一九九〇年三月	核エネルギーの解放と制御	岩波講座『転換期における人間7 技術とは』	岩波書店	宇沢弘文ほか編
一九九〇年四月	低レベル放射線の危険性-BEIR-V報告の意味	科学 60(4)	岩波書店	
一九九〇年七月	『原発の即時停止は可能だ 西ドイツ・脱原発へのケーススタディ』		脱原発法ネットワーク	ヨーロッパ議会レインボー・グループの翻訳
	反原発から脱原発へ	『変わる世界を考える』	筑摩書房	日高六郎編
一九九〇年十月	エコロジーの考え方	『地球派読本』	福武書店	日本ペンクラブ編/立松和平選、福武文庫
	科学がひとり歩きする時代は終わった	『風車よまわれ』	連合出版	歌野敬との対談
	How to Prevent Industrial Accident Catastrophes? – Lessons from the Chernobyl and Some Recent Accidents	*Environtech Vienna 1990 Proceedings/ Hazardous Waste Management, Contaminated Sites and Industrial Risk Assessment*	Environtech Vienna	J. Takagi, ISEP(International Society for Environmental Protection)
	Japan's Fake Plutonium Shortage	*Bulletin of the Atomic Scientists* Vol. 60 No. 11	The Bulletin of the Atomic Scientists	B. Nishio との共著論文

一九九〇年十一月	原子力発電と地球環境、チェルノブイリ原発事故の波紋	『地球環境の危機』	岩波書店	内嶋善兵衛編
一九九〇年十一・十二月	Plutonium: 50 years on Growing skepticism about the rationale of Pu recycling	*NUKE INFO TOKYO* No. 20	CNIC	
一九九一年一月	『核燃料サイクル施設批判』		七つ森書館	
一九九一年一・二月	Comprehensive Critique of Rokkasho Project Published	*NUKE INFO TOKYO* No. 21	CNIC	
一九九一年二月	あわやメルトダウンの大事故	『美浜原発2号炉事故緊急資料集』	原子力資料情報室	
一九九一年三月	湾岸戦争と環境	科学 Vol. 61、No. 3	岩波書店	
一九九一年三・四月	A Major Accident that Nearly Ended in a Meltdown	*NUKE INFO TOKYO* No. 22	CNIC	
一九九一年四月	湾岸戦争と核汚染 ジュネーブ条約違反の原子力施設破壊そしてギロチン破断	月刊 Asahi Vol. 3、No. 4	朝日新聞社	
	湾岸戦争にともなう放射能汚染と気象異常	オイコス別冊戦争と環境破壊	オイコス事務所	
	破断の恐怖——美浜2号事故の示すもの	世界 4月号	岩波書店	
一九九一年五月	Erasure of the Chernobyl Accident is Unforgettable – A Critique of the IAEA/IAC Report		原子力資料情報室	
一九九一年六月	「エネルギー信仰」からの解放	週刊朝日百科 世界の歴史 130	朝日新聞社	
	〈全冊特集〉チェルノブイリ事故抹殺はゆるされない	原子力資料情報室通信 203号 臨時増刊	原子力資料情報室	
一九九一年七月	世界的視野から見た六ヶ所村核燃料サイクル基地	自然生活 No. 2	野草社／新泉社	一九九一年一月十一日青森国際ウランフォーラム講演
	Front Line とかくテクニカルに論じられますが、安全は、すぐれて社会的な問題です	Sj (Monthly The Safety Japan) SJ 219号	ホンダ安全運転普及本部	
	自然を保つ人間の責任とは	教師の友 7月号	日本基督教団出版局	

一九九一年九・十月	AEC's Ambitious Plutonium Program: Unrealistic and Controversial	*NUKE INFO TOKYO* No. 25	CNIC	
一九九一年十月	土地を売らなければ原発はできない	『原発に子孫の命は売れない』	七つ森書館	舛倉隆との対談、恩田勝亘著
一九九一年十一月	プルトニウム大国・日本の恐怖――最悪の核物質を備蓄して世界一への道	月刊 Asahi　11月号	朝日新聞社	
	Japanese Plutonium Utilization Program and its Problems	*Proceedings of the International Conference on Plutonium 1991,* Omiya, Japan	Secretariat of the ICP	
	『国際プルトニウム会議予稿集』		国際プルトニウム会議事務局	
	原子力――地球環境とどう関わるか	仏教別冊　6	法蔵館	
一九九一年十二月	『核の世紀末――来るべき世界への想像力』		農山漁村文化協会	人間選書
	高木仁三郎さんと「科学の危機と人間の復権」について語り合う	『天の穴、地の穴　野間宏生命対話』	社会思想社	野間宏対話集、立松和平編、教養文庫
一九九二年一月	論壇　プルトニウム計画に利益なし	朝日新聞	朝日新聞社	投稿、一九九二年一月三十一日
一九九二年二月	科学の目　焦点化してきたプルトニウム問題	科学　Vol. 62、No. 2	岩波書店	
	『マリー・キュリーが考えたこと』		岩波書店	岩波ジュニア新書
	プルトニウム大国化する日本の危険	朝日ジャーナル　二月二十一日号	朝日新聞社	ポール・レーベンサール、デービッド・ロウリーとの鼎談
一九九二年三・四月	Growing Press Concern Over Japan's Plutonium	*NUKE INFO TOKYO* No. 28	CNIC	
一九九二年七月	特集・核に汚染された地球　世界を脅かす日本のプルトニウム政策	軍縮問題資料　7	宇都宮軍縮研究室	
一九九二年九月	『核と人間』		和歌山愛隣協会特別集会実行委	和歌山愛隣教会特別集会講演録
一九九二年九・十月	Don't Approve Plutonium Export – An open letter to the French government	*NUKE INFO TOKYO* No. 31	CNIC	

一九九二年十月	Is the Shipment of Plutonium Necessary?	*Asia-Pacific Forum on Sea Shipments of Japanese Plutonium: Issues and Concerns*	Nuclear Control Institute & CNIC	
一九九二年十一月	徹底討論　プルトニウム利用計画是か非か	世界　十一月号	岩波書店	鈴木篤之との対談
一九九二年十二月	突出する日本のプルトニウム計画	現代化学　No.261	東京化学同人	
一九九二年	『発見から50年、いまプルトニウムを考える』		原子力資料情報室	
一九九三年一月	脱プルトニウムへ！ハンスト宣言	人間家族　225号	長本光男・人間家族編集室	
	聖書は核を予見したか？	『エコロジーとキリスト教』	東京創文社	富坂キリスト教センター編
	論壇　いま必要な政治的論議と決断	朝日新聞	朝日新聞社	投稿、一九九三年一月十五日
一九九三年三月	『原子力発電の問題点について——プルトニウムの危険性』	岩手高教組ブックレット No.2	岩手県高等学校教職員組合	講演
	QUI VOIT QUOI?		ARCHIMEDE l'ecole des loisirs	J. Takagi et K. Katayama, Jean-Christian Bouvier 訳
一九九三年四月	『反原発、出前します！——高木仁三郎講義録』		七つ森書館	反原発出前のお店編監修
	『プルトニウムを問う——国際プルトニウム会議・全記録』		社会思想社	編著
一九九三年十月	『原発をよむ』		アテネ書房	編著
一九九三年十一月	ロシアの海洋投棄から何を学ぶべきか	通販生活　秋号	カタログハウス	
一九九四年三月	私の中の宮沢賢治インタビュー	でくのぼうライフ　6号	でくのぼう出版	編集部、特集西暦2000年の選択　現代の危機をこえて
	日本もプルトニウム利用凍結のときが来た	週刊エコノミスト　三月二十九日号	毎日新聞社	
	『再処理——その徹底検証』		原子力資料情報室	

一九九四年三・四月	Proposal for a Moratorium on Japan's Plutonium Utilization Program	*NUKE INFO TOKYO* No. 40	CNIC	長計改訂への意見書
一九九四年四月	日本はエネルギーをもっとうまく活用できる（インタビュー）	GEO　インターナショナルゲオ　マガジン　Vol. 1、No. 4	同朋舎出版	編集部
	人がつながって、私が見える	季刊オイコス　12号	スタジオバグ	富山洋子との対談
	作品としての生	『瓢鰻まんだら　追悼・前田俊彦』	農山漁村文化協会	前田俊彦追悼録刊行会編
	エネルギー政策を考える枠組――共生、平和、分権、自立の価値観をもとに	月刊状況と主体　No. 221	谷沢書房	特集私は日本を、こうしたい（2）
	Critical Review of Japan's Plutonium Program	*Presented at the Carnegie Endowment for International Peace Meeting on "Japan's Role in Non-Proliferation and Arms Control."*	CNIC	
一九九四年五月	ヘリウム、酸素、フッ素（全体で22項目執筆）	『元素の事典』	朝倉書店	馬淵久夫編
一九九四年六月	科学の目「解体核兵器からのプルトニウムをどうするか」	科学　Vo. 64、No. 6	岩波書店	
一九九四年七月	エネルギーとエコロジー	『テクノロジーの思想3』	岩波書店	岩波講座「現代思想」
一九九四年十月	Evaluation of Internal Exposure Dose Due to Plutonium Released by the Chernobyl Accident	*Belarus-Japan Symposium, "Acute and Late Consequences of Nuclear Catastrophes: Hiroshima-Nagasaki and Chernobyl."*	Institute of Radiobiology Academy of Sciences of Belarus & CNIC	
	海外再処理と返還廃棄物	『いま、再処理の是非を問う――再処理を考える青森国際シンポジウム報告集』	原子力資料情報室	一九九四年六月二十六日青森市で開催
	『高木仁三郎が語る　プルトニウムのすべて』		原子力資料情報室	

一九九四年十二月	『プルトニウムの未来――2041年からのメッセージ』		岩波書店	岩波新書
一九九五年一月	責任ある科学技術のあり方を問い直す「臓器移植と原子力技術」	図書新聞 二二三〇号	図書新聞	佐々木力との対談
一九九五年三月	『ぼくからみると』		福音館書店	絵片山健、かがくのとも傑作集
一九九五年四月	『宮澤賢治をめぐる冒険――水や光や風のエコロジー』		社会思想社	絵・高頭祥八
	Contribution as a co-worker: Beyond the NPT: A Nuclear-Weapon-Free World – Document prepared on the occasion of the 1995 NPT Review and Extension Conference	*International Network of Engineers and Scientists Against Proliferation* (INESAP)	INESAP	
一九九五年六月	A Case for unilateral renunciation of civil use of plutonium	*IANUS Workshop on Fissile Materials and Tritium, Control of civilian fissile materials*	IANUS Technische Universität Darmstadt	
	徹底検証 大震災 どうなる!――原子力発電所	通販生活 152号	カタログハウス	司会田原総一朗、藤富、岸、小森、荻野、高木
一九九五年七月	これからが始まりである	『最後の國民学校生 50年の記録』	新泉社	田浪政博編
	Japanese Plutonium Program and Proliferation Concern	*INESAP Conference*	CNIC	J. Takagi INESAP Conference, Geneva
一九九五年八月	『科学者からみた〈やまなし〉』			第30回文芸教育全国教育集会記念講演（博多サンパレスにて）
一九九五年九月	核の物語――若い人々のために	世界 九月号	岩波書店	被爆50年特別企画
	プルトニウム社会の人権	軍縮問題資料 No.178	宇都宮軍縮研究室	特集核と人権
	『新版 単位の小事典』		岩波書店	岩波ジュニア新書
	モルロアとファンガタウファにおける核実験の影響	『オーストラリア科学諸問グループ報告』	原子力資料情報室	田窪雅文訳／監修

一九九五年十月	解説　日本とMOX計画の現在	『プルトニウム燃料産業——その影響と危険性』	七つ森書館	C・キュッパース、M・ザイラーとの共著、鮎川ゆりか訳、CNIC編
	核施設と非常事態——地震対策の検証を中心に	日本物理学会誌　Vol. 50，No. 10	日本物理学会	
一九九五年十一月	Nuclear Power is No Future Energy to APEC Countries		CNIC & Campaign to Halt the Export of Nuclear Power Plants	
	Overseas Reprocessing Contracts and Transport of Japanese Wastes		CNIC	
一九九五年十一・十二月	Plutonium Surplus and Rokkasho Costs Soar	*NUKE INFO TOKYO* No. 50	CNIC	
一九九五年十二月	古い時代に始末が付けられるか	月刊フォーラム　12月号	フォーラム90s／社会評論社	フォーラム90s編集・発行
一九九五年	エネルギー消費社会	『小学校国語』６年下	学校図書	教科書
	Civil Plutonium Surplus and Proliferation	*Against Proliferation Towards General Disarmament*	agenda Verlag	J. Takagi, Wolfgang Liebert/Jurgen Scheffran
	1:Critical Review of Japan's Plutonium Program, 2: A Case for Unilateral Renunciation of Civil Use of Plutonium, 3: Nuclear Power is No Future Energy to APEC Countries, 4: Overseas Reprocessing Contracts and Transport of Japanese Wastes, 5: Technology and Control: Resisting Nuclear Plants, An Interview with Takagi Jinzaburo	*Critique of Japan's Nuclear Energy Program -Collected Papers of Jinzaburo Takagi, Dr. 1994-95*	CNIC	J. Takagi etc.
	Technology and Control: Resisting Nuclear Plants. An interview with Takagi Jinzaburo, The Ideology of Science and Technology	*AMPO Japan-Asia Quarterly Review*	PACIFIC-ASIA RESOURCES CENTER	編集部

一九九五年	The Japanese Plutonium Program and Proliferation Concern	*Verification 1995*	Westview Press	"J.Takagi, Y.Ayukawa, J. B. Poole & R. Guthrie"
一九九六年一月	賢治と科学	文学　季刊第7巻第1号	岩波書店	特集宮沢賢治
一九九六年二月	安全神話の崩壊と「もんじゅ」事故	世界　二月号	岩波書店	
一九九六年四月	『核の50年――いまどこに向かうか』		日本基督教団大阪教区核問題小委員会	講演録（一九九五年九月十五日、東梅田教会）
	『もんじゅ事故の行きつく先は』		岩波書店	岩波ブックレット
	曲がり角の時代にたって	『脱原発年鑑96』	七つ森書館	原子力資料情報室編
	チェルノブイリ原発事故から10年　今こそ「始まり」を始めよう！	『エネルギーシンポジウム'96 チェルノブイリから10年　見えてきた！　21世紀エネルギーの展望　予稿集』	エネルギーシンポ'96実行委員会	一九九六年四月二十七日、日本教育会館一ツ橋ホール
一九九六年八月	賢治「研究」から賢治「実践」へ――異質な二つの世界の共存と共闘	週刊金曜日　八月九日号	金曜日	宮澤賢治について
	環境と生態系の社会学	『核の社会学』	岩波書店	井上俊他編集、岩波講座現代社会学
一九九六年十月	『ハングル版　プルトニウムの未来――2041年からのメッセージ』		The Earth Love Publication Association	
	『MOXを評価する――IMA（国際MOX燃料評価プロジェクト）中間発表会　予稿集』		原子力資料情報室	一九九六年十月二十六日　京都市国際交流会館イベントホール
一九九六年	Japan's Plutonium Program: A Critical Review	*Japan's Nuclear Future*	Carnegie Endowment	(ed) Selig. S. Harrison
一九九七年二月	International Reprocessing Report：　Japan	*Energy and Security*　No. 2	IEER Press	
一九九七年三月	市民のための科学技術と原子力資料情報室	日本物理学会講演概要集　第52巻第1号	日本物理学会	
一九九七年四月	原子力施設が嫌われるこれだけの理由	第30回原産年次大会予稿集	日本原子力産業会議	

一九九七年六月	科学の目　動燃東海村再処理工場爆発事故について	科学　Vo. 64、No. 6	岩波書店	
一九九七年七月	『MOXを評価する――IMA (International MOX Assessment) 中間報告会記録集』		原子力資料情報室	一九九六年十月二十六日　京都市国際交流会館イベントホール
一九九七年八月	原子力エネルギーと環境	*Sut Bulletin*　No.8	東京理科大出版会	大林ミカと共著
一九九七年九月	エコロジーからコスモロジーへ	宮沢賢治学会イーハトーブセンター会報　第15号	宮沢賢治学会イーハトーブセンター	
一九九七年十月	Reprocessing in Japan	*IEER: Energy & Security*　No. 2	Institute for Energy and Environmental Research	
一九九七年十一月	Comprehensive Social Impact Assessment of MOX Use in Light Water Reactors		IMA Project/CNIC	
一九九七年十二月	『もんじゅ事故と日本のプルトニウム政策』		七つ森書館	もんじゅ事故総合評価会議、もんじゅ事故総合評価会議代表小出昭一郎、事務局長高木仁三郎
一九九七年	So Many Reasons for Nuclear Facilities Being Deemed Unacceptable_a call for more social fairness			Attachment to Update of J. Takagi to RLA Foundation Keynote Speech by J. Takagi at the 30th Annual Meeting of Japan Atomic Industrial Forum, April 9-11, Tokyo
一九九八年一月	プルトニウム軽水炉利用の中止を提言する――プルサーマルに関する評価報告	科学　Vol. 68 No. 1	岩波書店	Vol. 68、No. 1
	『プルトニウムと市民のはざまで　一九九七年ライトライブリフッド賞受賞記念講演』		自費出版	
	『このままだと20年後のエネルギーはこうなる』		カタログハウス	20年後シリーズ

一九九八年四月	原発で地球は救えない――「増設で温暖化抑止」論のどこが問題か	サイアス　36号	朝日新聞社	大林ミカとの共著
	〝負の財産〟プルトニウムにしがみつく日本政府	週刊金曜日　四月十七日号	週刊金曜日	
一九九八年五月	『増補新版いま自然をどうみるか』		白水社	
一九九八年八月	いま、プルトニウムは：世界に正当化できない日本のプルトニウム政策	『プルサーマル――暴走するプルトニウム政策』	原子力資料情報室	
	環境報道を考える――原子力は環境問題ではないのか	新聞研究　No.565	日本新聞協会	インタビュー、聞き手編集部
	『MOX総合評価』		七つ森書館	マイケル・シュナイダー他、訳阿部純子、大塚一夫、田窪雅文、細川弘明、IMA（国際MOX燃料評価）プロジェクト最終報告
一九九八年十月	語る　高木仁三郎の世界――「分からない」にこだわる／自立した科学者育てる	朝日新聞	朝日新聞社	インタビュー竹内敬二（編集委員）、一九九八年十月十五日
	Life Cycle Assessment of Nuclear Energy Phase II: Reprocessing-Mox Use Fuel Cycle	*Workshop on Sustainable Peaceful Energy Future in Asia '98*	CNIC	S. Fujino との共著論文
一九九八年十二月	『核燃料サイクルの黄昏』		緑風出版	緑風出版編集部編、クリティカル　サイエンス2
一九九九年一月	『市民の科学をめざして』		朝日新聞社	朝日選書
一九九九年二月	旅と故郷と	季刊　ぐんま　秋　No.60	群馬県教育振興会	
	『持続可能で平和なエネルギーの未来』		地球温暖化防止調布会議実行委員会	講演録
	インタビュー　市民向けの「科学の学校」を始めた理由は何ですか？	生活と自治	生活クラブ事業連合生活協同組合連合会	生活と自治編集部

一九九九年三月	高木仁三郎さんからのメッセージ　今、科学を志す人に　希望の科学を目指せ	サイアス　53号	朝日新聞社	
	「市民の不安を共有する」	科学　Vol.69	岩波書店	
	『新版　元素の小事典』		岩波書店	岩波ジュニア新書
一九九九年五月	いまこそ市民のための科学教育を	月刊クーヨン	クレヨンハウス	
一九九九年六月	インタビュー　私の生きてきた道、いま伝えたいこと	世界　六月号	岩波書店	
	これからの市民社会と科学・専門性	社会運動　231	市民セクター政策機構	中山靖隆、「社会運動」編集委員会　特集Ⅰ：市民セクターにおける専門性をめぐって
	本講義「プルトニウムと市民」	高木学校Ｂコース第1回連続講座報告集「化学物質と生活」98―99冬	高木学校	一九九八年十二月五日高木学校公開講座講義
一九九九年九月	旅と故郷と	季刊　ぐんま　60号	群馬県教育振興会	
	『市民科学者として生きる』		岩波書店	岩波新書
一九九九年十月	高木学校とその志	想像　86号	想像発行所	
一九九九年十一月	空っ風に育てられて	季刊　上州風　創刊号　冬	上毛新聞社	
	Problems Caused by Decommissioning of Nuclear Power Plants	*Presentation at 1999 SPENA Workshop,11/25-28 Bankok, Thailand*		T.Katsutaとの共著論文
一九九九年十二月	東海村臨界事故とはどのような事故か（インタビュー）	世界　十二月号	岩波書店	
	現代の肖像　反原発運動に命をかけて（インタビュー）	ＡＥＲＡ　十二月二十日号	朝日新聞社	野口均・文
	『恐怖の臨界事故』		岩波書店	原子力資料情報室編、岩波ブックレット
二〇〇〇年一月	21世紀の科学技術と市民	『これからどうなる21』	岩波書店	岩波書店編集部編

二〇〇〇年二月	科学を「われわれのもの」にする方法――事故続出のニッポンで	論座　2月号	朝日新聞社	米本昌平との対談
	原子力エネルギーの過去・現在・未来	『日本の科学と文明』	同成社	伊東俊太郎編
	座談会〝奪われし未来〟を取り戻すために	『〝奪われし未来〟を取り戻せ　有害化学物質対策――NGOの提案』	リム出版新社	中下裕子、藤原寿和との座談会　化学物質問題市民研究会編
二〇〇〇年三月	座談会「若者たちの見たTMI」	『若者たちが見たスリーマイル島原発』	高木学校／原子力資料情報室	座談会
	学校をひらく世界をひらく――高木学校の高木仁三郎さんと若い科学者に聞く	季刊ひとりから　第5号	編集室ふたりから	板橋志保・上田昌文・勝田忠広、金住典子&原田奈翁雄との座談会
二〇〇〇年四月	これでは事故はまた起きるJCO事故最終報告批判（インタビュー）	世界　四月号	岩波書店	特集脱原子力以外に道はない
二〇〇〇年五月	今なぜ原子力安全行政の独立が必要か	『原子力規制行政の独立を求めて―JCO臨界事故を繰り返さないために』	原子力規制行政研究会	
	Criticality Accident at Tokai-mura		Citizens' Nuclear Information Center	J. Takagi & CNIC, G. Hoerner, A. Fukami & T. Miwa
二〇〇〇年六月	『ハングル版　市民科学者として生きる』		緑色評論社	金源植訳
	JCO事故から考える（インタビュー）	『原子力市民年鑑2000』	七つ森書館	原子力資料情報室編
二〇〇〇年七月	第6章　現在の計画では地層処分は成立しない	『「高レベル放射性廃棄物地層処分の技術的信頼性」批判』	高木学校＋原子力資料情報室	3.2項と3.6項は他著、地層処分問題研究グループ
	緊急講義　東海JCO臨界事故	『高木学校Bコース第2回連続講座報告集「エネルギーと生活」』	高木学校	一九九九年十月九日、二十三日講義
二〇〇〇年八月	『原子力神話からの解放――日本を滅ぼす九つの呪縛』		光文社	カッパブックス
二〇〇〇年九月	人類は科学技術とどう向き合っていくか（インタビュー）	『チェルノブイリからの伝言』	オフィスエム	聞き手・鎌田實他、日本チェルノブイリ連帯基金

二〇〇〇年十月	『証言――核燃料サイクル施設の未来は』		七つ森書館	
	科学技術の転換に向けて	『黄昏の哲学』	河出書房新社	小松美彦との対談、小松美彦著
二〇〇〇年十一月	『鳥たちの舞うとき』		工作舎	
二〇〇〇年十二月	高レベル放射性廃棄物の地層処分はできるか I 変動帯日本の本質	科学 Vol.70、No.12	岩波書店	
	『原発事故はなぜくりかえすのか』		岩波書店	岩波新書
二〇〇一年三月	高レベル放射性廃棄物の地層処分はできるか II 安全性は保証されてはいない	科学 Vol.71、No.3	岩波書店	
二〇〇一年五月	『人間の顔をした科学』		七つ森書館	市民科学ブックス
二〇〇一年八月	世界の常識に逆行する日本の原発行政を市民の力で変えていく	通販生活 特別編集号	カタログハウス	高木仁三郎・相沢一正・司会石弘之、二〇〇〇年六月十日開催環境セミナー「どうなる、日本の原発」――臨界事故から学ぶべきこと再録
二〇〇一年九月	『ハングル版 原子力神話からの解放』		Green Review Publishing Co.	
二〇〇一―二〇〇四年	『高木仁三郎著作集』全12巻		七つ森書館	
二〇〇二年四月	エコロジーと脱原発 男中心の原子力社会を終わりにする	『20人の男たちと語る性と政治』	御茶の水書房	松井やよりとの対談、松井やより著
二〇〇五年二月	『ハングル版 どっちのみちへいこうかな』		翰林出版社	
二〇〇五年六月	『ハングル版 マリー・キュリーの考えたこと』		Para Books	
二〇〇六年一月	『ハングル版 いま自然をどうみるか』		Green Review Publishing Co.	
二〇一一年五月	『原子力神話からの解放』		講談社+α文庫	光文社カッパブックスより発行へ一部訂正補注
二〇一二年三月	『科学の原理と人間の原理』		方丈堂出版／Octave	金沢教務所版の商業出版 講演録

二〇一二年七月	『高木仁三郎セレクション』		岩波書店	佐高信・中里英章編岩波現代文庫
二〇一四年三月	『市民の科学』		講談社	学術文庫、原本『市民の科学をめざして』解説金森修
二〇一四年七月	『ぼくからみると』		のら書店	原本『かがくのとも傑作集　ぼくからみると』
二〇一五年十一月	*The Law of Science versus The Law of Life*		方丈堂出版／Octave	Naoki Sakai、訳『科学の原理と人間の原理』英語版
二〇一六年十月	『中国語繁体字（台湾）版　ぼくからみると』		Alfa International Publishers	のら書店版『ぼくからみると』、台湾で出版

高木仁三郎年表

	高木仁三郎に関する事項	出来事
［一九三八年］		
七月十八日	開業医高木四郎と鶴の三男として誕生	
［一九五一年］		
四月	群馬大学附属中学校へ入学	
十一月十日	父四郎、胃がんで死去	
［一九五四年］		
四月	群馬県立前橋高校へ入学	
［一九五七年］		
四月	東京大学理科一類へ入学	
［一九五九年］		
四月	理学部化学科へ進学	
［一九六一年］		
四月	日本原子力事業株式会社（ＮＡＩＧ）入社、核化学研究室に配属	
［一九六二年］		
二月	東京神田の古書店で、グレン・シーボーグの“Transuranium Elements”（Methuen, 1958）（『超ウラン元素』）を購入	
	この頃、東芝中央研究所ＲＩ室でも研究	
［一九六五年］		
七月一日	東京大学原子核研究所の助手に採用、田中重雄研究室で宇宙線ミュー粒子反応生成物の研究　最初の研究対象はアルミニウム26	
［一九六九年］		
七月一日	東京都立大学理学部助教授就任	
七月	東京大学より理学博士の学位授与	
［一九七〇年］		
四月	都立大学職員反戦結成	
四月二十六日	朝日ジャーナルに「現代科学の超克をめざして――新しく科学を学ぶ諸君へ」寄稿	
十一月二十八日		美浜原発一号炉（ＰＷＲ三四万ｋＷ）が営業運転開始
	梅林宏道と山口幸夫が創刊した科学同人誌『ぷろじぇ』に参加	
［一九七一年］		

二月～三月　三里塚第一次強制代執行阻止闘争に参加、ノンセクトの学生労働者を集め三里塚闘争労学連絡会議（労学連）結成
　三里塚、第一次代執行
三月　労学連、「しだれ梅団結小屋」を開設
九月　三里塚第二次強制代執行阻止闘争に参加
　三里塚、第二次強制代執行、九月一六日東峰十字路で三警官死亡

［一九七二年］
二月　三里塚岩山大鉄塔建設を準備
四月　西独マックス・プランク核物理研究所へ客員研究員として出張、七三年五月帰国

［一九七三年］
三月　東京都立大学退職
　美浜一号炉で燃料棒の大折損事故（七六年末まで隠蔽）
八月三十一日　岩波『科学』科学時事（無署名記事）の執筆を担当
十月

［一九七四］
七月十七日　美浜一号炉、蒸気発生器細管の損傷で運転停止（五年半）
九月一日　原子力船「むつ」放射線漏れ事故
十一月十三日　米、カレン・シルクウッド怪死事件

［一九七五年］
一月二十五日　久米三四郎からプルトニウム問題に取り組むよう要請を受ける
六月　『原発斗争情報』（『原子力資料情報室通信』の前身）刊行開始
八月二十四日　アーサー・タンプリン博士を招き原子力発電の危険性について講演会討論会を開く
九月　京都市で初の反原発全国集会開催
原子力資料情報室（代表は武谷三男）創設、世話人となる
大場英樹らとプルトニウム研究会を結成

［一九七六年］
二月二十日　米、GE社の三技師、原発の危険性を内部告発し辞職
春　美浜原発一号炉燃料棒折損事故を追及

［一九七七年］
七月十五日　原子力資料情報室がパンフレット『核燃料再処理工場』を刊行、全面的に執筆
十月二十六日　全国各地で第一回「反原子力の日」、東京では「反原子力週間'77」
十一月七日　動燃、東海村再処理施設でプルトニウム初抽出

［一九七八年］
三月二十日　新型転換炉原型炉「ふげん」（一六・五万ｋＷ）臨界

四月九日　反原発運動全国連絡会発足
五月十五日　反原発運動全国連絡会が「反原発新聞」創刊（八八年まで編集長）
夏　千葉県鴨川市郊外に自然との共同をめざす「かいつぶり荘」を仲間と手作りで建設

【一九七九年】
三月二十一日　東京の市民グループと石神井公園で丸木俊、三里塚空港反対同盟農民をゲストに「太陽と土と三里塚と…」集会開催
三月二十六日～　独、ゴアレーベンで再処理工場計画をめぐり三十一日まで国際シンポ、最終日に一〇万人余のデモ
三月二十八日　スリーマイル島原発事故以来メディアからの問合せ殺到　アメリカ、ペンシルバニア州のスリーマイル島原発二号炉で炉心溶融事故
四月二十七日　原子力資料情報室、大飯1号炉安全解析を批判
五月二十四日　「原発モラトリアムを求める会」野間宏・小野周が呼びかけ発足
十月一日　原子力資料情報室パンフレット『働かない安全装置　スリーマイル島事故と日本の原発』を発行
十一月二十日　原子力安全委・学術会議共催の「スリーマイル島事故学術シンポ」に全国の住民が抗議行動

【一九八〇年】
三月二十日　「原発労働者被曝問題研究会」開催
四月十五日　花巻・盛岡へ旅行、羅須地人協会を訪ねる
八月　仏、ラ・アーグ再処理工場で電源喪失事故

【一九八一年】
三月二十九日　シンポジウム「いまＴＭＩを問う」主催
六月七日　イスラエルがイラクの原子炉を爆破

【一九八二年】
一月二十五日　米、ギネイ原発で蒸気発生器細管の大破損事故
五月二十三日　平和のための東京行動、ティーチ・インの広場で反核・反原発のマラソン講演会
六月二十四日　原子力資料情報室パンフレット『いまＴＭＩを問う』を刊行
七月十九日　高知県窪川町で日本初の原発住民投票条例が成立
土本典昭監督『原発切抜帖』製作に協力
十月　東京の市民グループと「核と戦争のない世の中をめざす行動」を展開
十一月二十六日　浜岡原発からフランスへ使用済み燃料搬出に抗議行動、フランス、シェルブール港でも連日のデモ

【一九八三年】

一月十二日　原子力資料情報室原発斗争情報一〇〇号記念『原発黒書』を刊行
二月六日　ロンドン条約締結国会議が放射性廃棄物の海洋投棄のモラトリアムを可決
六月　ソ連、巡航ミサイル搭載原潜、ペトロパブロフスク東方沖で沈没。乗員九〇人全員死亡
七月十一日　英による放射性廃棄物の海洋投棄に国際的な反対行動
八月二十七日―二十八日　京都市で反原発全国集会一九八三開催
九月三十日　日本物理学会で初の原子力推進・反対の論者による原子力シンポジウム
十月二十六日　米政府、高速増殖炉原型炉クリンチリバーの建設断念
十一月七日　「核と戦争のない世の中をめざす行動」主催「レーガンもトマホークも来るな」集会開催
十一月　米映画「ザ・デイ・アフター」反響をよぶ
十二月　米AGNS社がバーンウェル再処理工場の運転開始を断念し封鎖

[一九八四年]
四月　岩波書店「世界」四月号で林洋子、藤田祐幸氏と座談会「私の中の宮澤賢治」、このメンバーなどでなめとこ山会議発足
五月九日　米地裁がネヴァダ核実験の被害住民一〇人への損害賠償を政府に命ずる判決
十月　「貯蔵工学センター」計画の北海道幌延町をはじめて訪れる
十一月十五日　仏から返還の再処理プルトニウムを積んだ晴新丸が東京港に入港、プルトニウムは動燃東海事業所に陸送
十二月一日　「核燃料サイクル施設問題を考える県民シンポジウム」（青森）に協力
十二月二日　インド、ボパールのユニオン・カーバイド社の農薬工場でイソシアン酸メチルの貯蔵タンクが爆発し毒ガスが大量に漏れ出す事故発生

[一九八五年]
一月三日　米レーガン大統領、戦略防衛構想（SDI）打ち出す
五月三十日　原子力資料情報室パンフレット『放射性廃棄物』刊行
六月十八日　フィリピン、バターン地域で二万人の反原発行動
七月二十九日　「反核燃料サイクル国際交流の集い」（青森）に全面協力
九月十五日　日比谷公会堂で「三里塚・東峰裁判完全勝利をめざす集会」実行委員長

九月二十六日	もんじゅ裁判提訴	
九月二十七日		ロンドン条約締結国会議で海洋投棄のモラトリアムを無期限延長
［一九八六年］		
一月二十八日		ケネディ宇宙センターでスペースシャトル、チャレンジャー打上げ直後に爆発大破。乗員七人全員死亡
四月二十六日		ソ連ウクライナのチェルノブイリ原発四号炉で核暴走事故
四月二十七日	千葉県鴨川市のかいつぶり荘で田植え中、チェルノブイリ原発事故の第一報を聞き、急遽東京へ戻る	
四月三十日		フィリピン政府がバターン原発の未稼動廃炉を決定
五月三十日	『原発斗争情報』一四二号でチェルノブイリ原発事故特集	
八月一日	原子力資料情報室『チェルノブイリ原発事故の持つ意味』刊行	
八月二十五日		ＩＡＥＡがウイーンでチェルノブイリ事故専門家会議を開催
九月	ＩＡＥＡ特別総会に対抗してウィーンで開かれた反原発国際会議に参加、オーストリア、ドイツを訪問（『ヨーロッパ反原発の旅』参照）	
十月三日		ソ連原潜、大西洋上で火災爆発、原子炉2基弾道ミサイル16基、核弾頭2基海底へ
十二月九日		米、サリー2号炉で二次系配管の大破断事故
十二月十日	『ヨーロッパ反原発の旅』刊行	
［一九八七年］		
一月八日	『原子炉危険性国際研究』（グリーンピース委託研究）を原子力資料情報室より刊行	
二月二十七日		英の高速増殖炉原型炉ＰＦＲで蒸気発生器細管の大破損事故
三月九日		仏の高速増殖炉スーパーフェニックスで燃料貯蔵タンクからナトリウム漏れ
三月二十七日	原子力資料情報室、東京・東上野へ移転	
三月三十一日	『原発斗争情報』を『原子力資料情報室通信』と改題	
四月二十日	『食卓へあがった死の灰』刊行	
五月	原子力資料情報室代表に就任	
七月十五日		米、ノースアンナ1号炉で蒸気発生器細管の破断事故
七月		オーストリア、ツベンテンベルグ原発の解体はじまる
十月一日	英文隔月刊ニューズレター Nuke Info Tokyo（NIT）創刊	

十月二十三日　原子力資料情報室、食品汚染問題シンポジウム「食卓を死の灰から守るには」主催
十一月一日　放射能汚染食品測定室を開設
十一月二十五日　仏原子力庁がスーパーフェニックスII計画を白紙撤回
十一月三十日　ベルギーの放射性廃棄物管理機構がモル再処理工場の運転再開を断念、解体撤去を表明
十二月二十六日　原子力資料情報室『チェルノブイリ事故関連資料集』を刊行
十二月　米ソ中距離核兵器（INF）全廃条約調印
「反原発出前のお店」発足、講師養成講座を開く

［一九八八年］
一月二十一日　ソ連で初めて住民の反対でクラスノダール原発建設中止
四月十五日　NHKの三時間の特別討論（NHKスペシャル「シリーズ21世紀」）出演
四月二十三日　東京日比谷で「原発とめよう二万人行動」事務局長
六月八日　香港での非核アジア太平洋会議に参加
六月十五日　原子力資料情報室公開研究会「プルトニウム空輸の危険性」開催
十二月十五日　原子力資料情報室公開研究会「世界は脱原発に向かう」開催
テレビ朝日の徹夜討論「朝まで生テレビ」出演
朝日新聞、紙上討論に出演

［一九八九年］
一月二十二日　脱原発法制定に向けて署名活動スタート、合計三三〇万人の署名を集め、第一次、第二次の国会請願を九〇年、九一年に行なう
五月三十日　独ヴァッカースドルフ再処理工場建設中止
十月三日　韓国公害追放運動連合の招きで訪韓
十一月　ベルリンの壁撤去

［一九九〇年］
二月二十日　高木仁三郎・渡辺美紀子著『食卓にあがった死の灰』（講談社現代新書）刊行
三月　体調を崩し休養のため小笠原父島、母島へザトウクジラを見に旅行
四月十九日　原子力資料情報室「プルトニウム輸送は不要だ！　ポール・レーベンソール氏に聞く」開催
六月二十日　原子力資料情報室、東京・元浅草へ移転
夏　三カ月の休暇をとる。脱原発法制定頓挫、資料室内部からも批判、うつ病に罹り静養。CDを購入しモーツァルトを聞く。六ヶ所村核燃料サイクル施設批判執筆開始
七月十三日　原子力船「むつ」が初の原子力による航行
十月三日　東西ドイツ統一、ドイツ連邦共和国誕生

十月十五日　米議会が放射線被害者補償法案を可決
十一月　ウィーンの環境保護国際会議に出席後、アムステルダムにてプルトニウム輸送についてブレーンストーミング
十一月　韓国安眠島の核廃棄物処分場計画、科学技術庁が計画撤回を表明

［一九九一年］

一月　湾岸戦争はじまる
二月九日　美浜二号炉で蒸気発生器細管の破断事故
二月　原子力資料情報室『美浜二号機事故緊急資料集』刊行
三月二十一日　独政府、カルカー高速増殖炉原型炉 SNR-300 建設断念
三月二十三日　原子力資料情報室公開研究会「大量被ばくを強要するＩＣＲＰ新勧告を許さない！＋美浜二号炉事故緊急報告」をヒバク反対東京実行委と共催
六月七日　米など多国籍軍、イラクのオシラク原子炉など核施設を爆破
六月十五日　原子力資料情報室『チェルノブイリ事故抹殺は許されない』刊行
七月二十日　原子力資料情報室公開研究会「プルトニウム社会の分かれ道にたつ」開催
十一月二日　原子力資料情報室とグリーンピースインターナショナルの共催で「国際プルトニウム会議」開催
十一月七日　核燃阻止一万人訴訟原告団が六ケ所低レベル廃棄物埋設事業の許可取消裁判を提訴
十一月二十八日　ベルリンの「原子炉の使用済み燃料と核兵器からの核分裂物質の処分の問題に関するワークショップ」に参加
十二月二十五日　ソヴィエト連邦崩壊
十二月二十六日　福島原発の元労働者の白血病に、原発で初の労災認定

［一九九二年］

二月十四日　原子力船「むつ」実験終了を宣言
二月二十六日　米ヤンキーロー原発の閉鎖を電力会社が発表、寿命延長を断念
二月二十八日　原子力資料情報室、東京・東中野へ移転
三月二十七日　六ケ所ウラン濃縮施設操業開始
三月二十八日　原子力資料情報室公開研究会「プルトニウムが社会を脅かす」開催
五月　このころから悪質な嫌がらせ・中傷がひどくなる
六月三十日　原子力資料情報室パンフレット『こんなにこわい身近な放射線』発行
七月十六日　原子力資料情報室公開研究会「『もんじゅ』を止めよう！　東京集会」をもんじゅ訴訟原告団・弁護団と共催
八月二十二日〜二十三日　京都市で反原発全国交流集会、全体集会で問題提起
九月　原子力資料情報室『柏崎刈羽原発大事故の災害評価』刊行

十月四日　原子力資料情報室と核管理研究所の共催で「アジア・太平洋プルトニウム輸送フォーラム」開催
十月二十九日　伊方1号炉、福島第二1号炉の設置許可取消訴訟が最高裁で敗訴確定
十一月十八日　英原子力公社総裁が欧州高速炉計画からの撤退表明
十二月八日　六ケ所低レベル廃棄物埋設センターにドラム缶の搬入開始
十二月十二日　多田謡子反権力人権賞を受賞

［一九九三年］
一月三日　米・ロ、第二次戦略兵器削減条約STARTⅡ調印
一月三日　科学技術庁前にすわりこんで、プルトニウム輸送に抗議するハンガーストライキ、「脱プルトニウム宣言」を発する
一月五日　フランスからの返還プルトニウムを積んだ「あかつき丸」が東海港に入港
四月六日　ロシアのトムスク再処理工場で爆発事故
四月　原子力産業会議の年次大会に一般参加者として参加し、「対等に議論する場を持とう」と呼びかける
六月二十六日～　東京、大阪などで第一回ノーニュークス・アジアフォーラム開催
七月二十四日　独行政裁がハナウMOX燃料工場の建設許可は無効と判決
八月二十七日　INESAP（核拡散に反対する国際科学技術者の会）のワークショップに参加
九月十七日　核燃阻止一万人訴訟原告団が六ケ所高レベル廃棄物管理事業の許可取り消しを提訴
九月十八日　大阪府立弥生文化博物館で『核の世紀』をどう終わるか」講演
九月二十五日　原子力資料情報室と原子力産業会議とシンポジウム「今なぜプルトニウムか」を共催、パネリストに
十月十七日　ロシア海軍が低レベル放射性廃液の日本海への海洋投棄再開
十一月八日　ロンドン条約締約国会議、放射性廃棄物の海洋投棄禁止を決定
十二月二十二日　サンケイ児童出版文化賞受賞

［一九九四年］
三月五日　原子力開発利用長期計画に関する「ご意見をきく会」で意見陳述
三月十六日　原子力資料情報室公開研究会「スリーマイル島原発事故から一五年／いま明らかになる廃炉への十戒」開催
四月五日　動力炉・核燃料開発事業団（動燃）高速増殖炉原型炉「もんじゅ」が臨界
四月二十六日　米カーネギー国際平和財団「日本のプルトニウム政策」討論会で招待スピーチ
五月十九日　原子力資料情報室公開研究会「高木仁三郎プルトニウムのすべてを語る」開催

六月　原子力資料情報室パンフレット『こんなに還ってくる放射性廃棄物』発行
六月三日～六日　ソウル、ヨンガンへ招かれ訪韓
六月二十六日　原子力資料情報室が「再処理を考える青森国際シンポジウム」を主催
七月一日　原子力資料情報室公開研究会「ドイツ脱原発最新情報」開催
七月二十五日　原子力資料情報室「プルトニウム人体実験は、なぜ起こったか」原水禁と共催
七月二十七日　静岡県磐田労基署、中部電力浜岡原発の元労働者嶋橋伸之さんら二人の白血病を労災認定

十月三日　ベラルーシ—日本シンポジウム「広島・長崎・チェルノブイリ原発事故による急性・晩発性の影響」日本側事務局を担当
十月二十日　パンフレット『いま、再処理の是非を問う』発行
十月二十六日　パンフレット『高木仁三郎が語るプルトニウムのすべて』発行
[一九九五年]
一月十七日　阪神・淡路大震災
一月十八日　原子力資料情報室公開研究会「もうすぐ還ってくる！　高レベル放射性廃棄物」開催
一月二十日～　ニューヨークでの核兵器物質に関する国際シンポジウムに参加
二月十七日　韓国の廃棄物処分場計画がもちあがった掘業島に隣接する徳積島などで講演
二月二十二日　原子力資料情報室とプルトニウム・フリー・フューチャーなどと共催し、米バークレイで「アジア太平洋プルトニウムフォーラム」
二月　原子力資料情報室リーフレット『地震大国に原発はごめんだ』発行
四月二十六日　フランスより初の返還高レベル廃棄物を積んだパシフィック・ピンテイル号が青森県六ヶ所村のむつ小川原港に入港

五月十一日　核不拡散条約の無期限延長決定、直後に中国が核実験、仏も実験再開
六月十四日　原子力資料情報室公開研究会「NPTをこえて」開催
六月二十六日　新潟県巻町で原発住民投票条例成立
九月二十二日　宮澤賢治学会イーハトーブ賞受賞
九月二十三日　原子力資料情報室創立二〇周年集会とパーティー開催、『脱原発の二〇年』発行
十一月一日　「MOX燃料（ウラン・プルトニウム混合酸化物燃料）の軽水炉利用の社会的影響に関する包括的評価」（通称国際MOX燃料評価＝IMAプロジェクト）スタート
十二月八日　福井の高速増殖炉「もんじゅ」でナトリウム漏洩火災事故
十二月　独のシーメンス社、ハナウMOX工場解体を決定
[一九九六年]

一月十二日　原子力資料情報室公開研究会「海外から見た日本のプルトニウム計画」開催
三月十六日　「もんじゅ事故総合評価会議」発足、事務局長
三月　コルボーンら『奪われし未来』出版、環境ホルモン問題へ
四月五日　台湾国会が龍門原発計画撤回決議
四月二十五日　原子力委員会が設けた「原子力政策円卓会議」に参加
四月二十六日　原子力資料情報室『脱原発年鑑96』発行
四月二十七日　チェルノブイリ原発事故一〇年のシンポジウム「21世紀エネルギーの展望」を共催、特別講演
五月十七日　新潟県巻町で原発の賛否を問う住民投票に向けた町主催のシンポジウムで推進派と討論（八月四日の投票では反対派が勝利）
六月二十四日　ロシアのクラスノヤルスクで開催の「第三回国際放射線生態学会議——使用済み核燃料の行方」に参加
六月二十八日　東海原発の九八年三月末廃炉が決定
八月四日　新潟県巻町で原発賛否の住民投票、原発に反対
九月十一日　国連総会、包括的核実験禁止条約（CTBT）を採択
十月二十四日〜二十六日　京都で「国際MOX評価会議」ワークショップと中間報告会開催
十一月七日　世界初のABWR（改良型沸騰水型炉）柏崎刈羽6号が営業運転開始
十二月八日　ロシアのコストロマで住民投票、原発建設の再開に反対

［一九九七年］
一月二日　ロシア船籍のタンカー「ナホトカ号」が島根県沖で沈没、流出重油が日本海岸に漂着して甚大な被害
二月　政府、福島・新潟・福井県へプルサーマル計画協力要請
二月七日　原子力資料情報室公開研究会「ここまで来た原発の老朽化」開催
三月十一日　東海再処理工場アスファルト固化施設で火災・爆発事故
四月十日　第三〇回日本原子力産業会議年次大会記念シンポジウムのセッション「原子力はなぜ『迷惑施設』といわれるのか」で基調講演
四月十四日　原子力資料情報室公開研究会「東海再処理、爆発の真相」開催
四月二十六日　原子力資料情報室『脱原発年鑑97』を発行
六月　『IMA中間報告記録集、MOXを評価する』を発行
六月十九日　仏政府が高速炉スーパーフェニックスの閉鎖を発表
七月二十二日　もんじゅ事故総合評価会議が最終報告を発表
九月一日　フィリピンでのノーニュークス・アジアフォーラム企画「アジアのNGOのための持続可能なエネルギー会議」で基調講演

九月十日　もんじゅに一年間の運転停止命令
十一月二日　原子力資料情報室公開研究会「放射性廃棄物問題を考える」開催
十一月二十日　IMA報告完成、高木仁三郎・ミヒャエル・ザイラーが東京で記者会見、二十一日にパリ、二十七日にロンドンでマイケル・シュナイダーが記者会見
十二月一日～　京都COP3へNGOとして原子力資料情報室と地球の友ジャパンが国際市民会議「持続可能で平和なエネルギーの未来」を共催、特別講演
　京都で第三回気候変動枠組み条約締約国会議（COP3）開催
十二月三日　長崎原爆被爆者手帳友の会平和賞受賞
十二月八日　ライト・ライブリフッド賞をマイケル・シュナイダーと共同受賞、スウェーデン議会で授賞式

［一九九八年］

二月　仏、スーパーフェニックスの廃炉を決定
四月四日　第五五回京都フォーラムで「科学者の良心と公共的責任」講演
四月　高木学校開校に向けたブレインストーミング
五月　インド・パキスタン地下核実験
六月十九日　原子力資料情報室公開研究会「インド、パキスタンの核実験と原発」開催
七月十六日　大腸ガンとわかり慈恵医大第三病院（狛江）に緊急入院
七月三十日　S字結腸ガン切除手術
八月一日　原子力資料情報室パンフレット『プルサーマル――暴走するプルトニウム政策』発行
八月六日　インド・パキスタンの核実験にさいして出された科学者の声明「科学技術の非武装化を」を呼びかける
八月十三日　高木学校第〇回夏の学校開催、録音メッセージを届ける
八月十四日　高木学校第〇回夏の学校二日目、病院より外出許可を得て出席
八月十六日　高木学校第〇回夏の学校四日目に出席
八月二十二日　慈恵医大第三病院を退院。すでに肝臓に転移があり今後の治療方針を検討。原子力資料情報室の代表を辞任
九月六日－八日　肝臓癌切除のための血管造影検査のため癌研病院へ入院
九月二十日　門脈塞栓術を受けるために癌研近くの病院に入院、九月二十三日退院
十月一日　癌研病院へ肝臓への転移癌切除のため入院
十月二日　午後、外出許可を取り原子力資料情報室でNHKテレビの取材を受ける
十月九日　ガン転移のため肝臓の三分の二を切除する手術
十月二十八日　癌研病院退院
十一月　退院後、抗がん剤服用
十二月五日　高木学校第一回連続講座「化学物質と生活」第一回「プルトニウムと市民」を講演
十二月十九日　高木学校第一回連続講座「化学物質と生活」第二回「環境ホルモンと化学物質管理」開催

［一九九九年］

一月九日　高木学校第一回連続講座「化学物質と生活」第三回「暮らしの中のダイオキシンと塩素化合物」開催
一月十五日　高木学校第一回連続講座「化学物質と生活」第四回「フロン問題における政策課題」開催
一月十六日　高木学校第一回連続講座「化学物質と生活」第五回「アルツハイマー病とアルミニウム」開催、午後から全体討論会
二月四日　大動脈の近くのリンパに腫れが出、マーカー値上昇。癌研化学療法科を受診、入院治療をすすめられ、入院の順番待ちとなる
二月六日　NHK教育テレビ「未来潮流」で「科学を人間の手に――高木仁三郎・闘病からのメッセージ」放映
三月十九日　癌研病院へ抗がん剤治療のため入院
三月二十七日　シンポジウム「スリーマイル島原発事故・二〇年目のメッセージ」開催
三月　入院中に『市民科学者として生きる』を執筆
四月二十六日　六ケ所再処理施設計画の運転開始延期
四月半ば～　抗がん剤の副作用がひどくなり苦しむ
五月二日　二日から五日まで外泊許可をとり家へ戻る
五月九日　検査の結果、リンパ節の腫れがひく、肝臓の影も薄くなったとの説明をうける。抗がん剤の在宅治療に切り替え癌研病院退院
五月十一日　仙台の清水内科外科病院の清水宏幸先生（中医）の診察を受けに行き、抗がん剤の副作用を緩和する漢方薬の処方をうける
六月三日　千葉県鴨川市かいつぶり荘後継のパッシブソーラーハウス「かまねこ庵」竣工
八月二十七日～二十九日　高木学校夏の学校開催
八月　声明「成田空港の滑走路暫定案を白紙に戻すよう訴えます」を起案
九月九日　かまねこ庵ソーラー発電開始
九月二十五日　高木学校Bコース第二回連続講座「エネルギーと生活」第一回「暮らしの中のエネルギー」開催
九月二十七日　英核燃料公社、日本のプルサーマル用燃料のデータ捏造
九月三十日　茨城県東海村の核燃料加工施設「ジェー・シー・オー（JCO）東海事業所」で臨界事故
十月九日　高木学校Bコース第二回連続講座「エネルギーと生活」第二回「エネルギーと交通」
十月二十三日　高木学校Bコース第二回連続講座「エネルギーと生活」第三回「原子力発電と放射性廃棄物」／緊急講義「東海JCO臨界事故」開催
十一月六日　高木学校Bコース第二回連続講座「エネルギーと生活」第四回「これからのエネルギー」開催
十二月一日　原子力資料情報室公開研究会「恐怖の臨界事故」開催
十二月十六日　英核燃料公社が製造した高浜4号炉用MOX燃料の寸法データ偽造を関西電力が認め、装荷断念

十二月二十日　岩波ブックレット原子力資料情報室編『恐怖の臨界事故』発行
十二月二十一日　ジェー・シー・オー臨界事故で被曝した大内久さんが死去

［二〇〇〇年］

一月三十一日　NHK取材
二月二日　岩波「世界」インタビュー
二月七日　NHK人間講座「人間の顔をした科学を求めて」のビデオ収録
二月十一日　かまねこ庵にてNHK人間講座「人間の顔をした科学を求めて」のビデオ収録
二月十九日〜二二日　南紀白浜へ招かれて講演・静養に出かける
二月　三重県知事、芦浜原発計画を白紙撤回
三月四日、五日　かまねこ庵で「原子力神話からの解放」テープ吹き込み
三月七日　高木学校特別講義
三月二十五日　渋谷宮下公園で「日の丸君が代反対集会」で挨拶。屋外集会での最後のスピーチとなる。
三月二十八日　NHK人間講座「人間の顔をした科学を求めて」第一回「東海村臨界事故から思索する」放映
三月二十九日　NHK人間講座「人間の顔をした科学を求めて」第二回「市民科学者宮澤賢治」放映
三月三十日　NHK人間講座「人間の顔をした科学を求めて」第三回「あきらめから希望へ」放映
四月二十七日　六ケ所ウラン濃縮工場の核燃料物質加工事業許可処分確認・取消請求訴訟、第四五回口頭弁論に証人として証言するために青森へ向かう
　ジェー・シー・オー臨界事故で被曝した篠原理人さんが死去
四月二十八日　青森地裁で行なわれた核燃料サイクル訴訟公判で事故の危険性を証言。
四月二十九日　三沢市公会堂にて「私たちの運動と核燃の未来」を記念講演
五月二十七日　原子力資料情報室の総会議事のあと話題提供
五月　新潟県刈羽村住民投票、プルサーマルに反対
六月十日　カタログハウス主催環境セミナー「どうなる日本の原発〜臨界事故から学ぶべきこと」に講師として出席
六月二十二日　原子力資料情報室公開研究会「高レベル放射性廃棄物・地層処分可能か？」開催
七月二日　田尻宗昭記念基金より田尻賞を受賞
七月十日　「高木基金の構想と我が意向」作成
七月二十二日〜二五日　鴨川市かまねこ庵で岩波新書『原発事故はなぜくりかえすのか』をテープに吹き込み
八月三十日　遺言書および遺言にたいする補記を作成、河合弘之弁護士に託す
八月四日〜十七日　かまねこ庵ですごす。「鳥たちの舞うとき」テープ吹き込み
八月二十六日　高木学校夏の学校へ出席挨拶
九月八日　免疫療法治療のため東京女子医大病院へ入院
九月十九日　聖路加国際病院緩和ケア病棟へ転院

十月八日　聖路加国際病院にて死去

十二月十日　日比谷公会堂で「高木仁三郎さんを偲ぶ会」開催、河合弘之が遺言「高木基金の構想と我が意向」に基づき高木基金設立の呼びかけ

［二〇〇一年］

九月　非営利特定活動法人高木仁三郎市民科学基金（The Takagi Fund for Citizen Science）助成活動を開始

タ行

ハ行

マ行

ラ行

ワ行

事項索引

（本書にとって枢要な項目だけを精選してある。）

ア行

カ行

サ行

ワ行

ナ行

ハ行

フォン・ヒッペル, F.　332, 356

マ行

ヤ行

ラ行

人名索引

（序論・附論を問わず、本書全体から重要な人名のみを選択している。f,　ff は、それぞれページが次ページ、次々ページに及ぶことを示す。）

［編者略歴］
佐々木力（ささき・ちから）
1947 年、宮城県生まれ。東北大学で数学を学んだあと、プリンストン大学大学院で科学史・科学哲学を修め、Ph. D.（歴史学）。東京大学教授、中国科学院大学教授などを歴任。現在、中部大学中部高等学術研究所特任教授、環境社会主義研究会会長。主要著作――『科学論入門』、『近代学問理念の誕生』、『数学史』（以上、岩波書店）、『デカルトの数学思想』（東京大学出版会）、『東京大学学問論――学道の劣化』（作品社）、『反原子力の自然哲学』（未來社）。

［編集協力者略歴］
高木（中田）久仁子（たかぎ・くにこ）
1945 年、神奈川県生まれ。東京女子大学文理学部卒。東京都立大学経済学部助手を経て、現在、特定非営利活動法人高木仁三郎市民科学基金理事。
西尾漠（にしお・ばく）
1947 年、東京都生まれ。東京外国語大学ドイツ語学科中退。高木仁三郎前代表・前編集長のあとを継ぐかたちで、原子力資料情報室共同代表、『はんげんぱつ新聞』編集長。著書に、『日本の原子力時代史』、『原発事故！』（以上、七つ森書館）、『新・なぜ脱原発なのか』（緑風出版）など。

高木仁三郎　反原子力文選——核化学者の市民科学者への道

発行——二〇一八年十一月三十日　初版第一刷発行

定価——(本体四二〇〇円+税)

著　者——高木仁三郎

編　者——佐々木力

編集協力者——高木久仁子・西尾漠

発行者——西谷能英

発行所——株式会社　未來社
東京都文京区小石川三—七—二
振替〇〇一七〇—三—八七三八五
電話・(03) 3814-5521 (代表)
http://www.miraisha.co.jp/
Email:info@miraisha.co.jp

印刷・製本——萩原印刷

ISBN 978-4-624-40067-5 C0036

本書の関連書

（消費税別）

佐々木力著
反原子力の自然哲学
科学史・科学哲学と数学史を専門とする著者が、原発事故を契機に原子力の発見からその自然哲学の内実を十七世紀を起点にあらためて論じ、その危険性を明らかにした野心的大著。
三八〇〇円

ベンサイド著／佐々木力監訳／小原耕一・渡部實訳
時ならぬマルクス
〔批判的冒険の偉大さと逆境（十九―二十世紀）〕歴史的理性批判、現代の社会学的省察、実証的科学性批判についてマルクス思想の現代的蘇生をはかる最高密度の理論構築の書。
六八〇〇円

原田勇男著
東日本大震災以後の海辺を歩く
〔みちのくからの声〕仙台在住の詩人が、3・11以後の被災地を歩き、見て、現場の声に耳を傾け、大震災のいまだ癒えぬ傷跡と向き合い寄りそう言葉を模索する。写真24点収録。
二〇〇〇円

柴野徹夫著／安斎育郎協力
明日なき原発
〔『原発のある風景』増補新版〕福島原発事故をうけ81年刊の先駆的原発ルポを増補・再編集。放射線防護学の権威・安斎育郎氏の協力のもと我々が踏み出すべき一歩を示す。
一八〇〇円